高等职业教育机电类专业系列教材

液压与气压传动技术

主　编　温银萍　陈永峰

副主编　何　冰　孙珂琪　朱　帅

　　　　王　冲　韦建龙　白　晶

主　审　南黄河

西安电子科技大学出版社

内 容 简 介

本书根据职业技术教育的教学要求，以"项目导向、任务驱动"为架构，按新形态教材理念编写，书中配备相应的信息化教学资源。

本书共九个项目，主要内容包括：认识液压传动系统、拆装液压动力元件、拆装液压执行元件、认识液压辅助元件、认识液压控制元件及搭建液压基本回路、分析典型液压传动系统、认识气压传动系统、认识气动元件及搭建气动基本回路、分析典型气压传动系统。每个项目由若干个工作任务组成，每个任务末均附有一定数量的习题。

本书可用作高职高专智能工程机械运用技术、铁道养路机械应用技术、机电一体化技术、城市轨道交通机电技术等相关专业的教材，也可作为国家新兴战略性产业相关企业培养紧缺高端技能型人才的参考书。

图书在版编目(CIP)数据

液压与气压传动技术 / 温银萍，陈永峰编著. —西安：西安电子科技大学出版社，2022.8
(2025.8 重印)
ISBN 978-7-5606-6597-9

Ⅰ. ①液… Ⅱ. ①温… ②陈… Ⅲ. ①液压传动—高等职业教育—教材 ②气压传动—高等职业教育—教材 Ⅳ. ①TH137 ②TH138

中国版本图书馆 CIP 数据核字(2022)第 148020 号

策　　划　张紫薇　成　毅
责任编辑　张紫薇　高　樱
出版发行　西安电子科技大学出版社(西安市太白南路 2 号)
电　　话　(029) 88202421　88201467　　邮　　编　710071
网　　址　www.xduph.com　　电子邮箱　xdupfxb001@163.com
经　　销　新华书店
印刷单位　西安日报社印务中心
版　　次　2022 年 8 月第 1 版　2025 年 8 月第 5 次印刷
开　　本　787 毫米×1092 毫米　1/16　印张 14.5
字　　数　344 千字
定　　价　39.00 元
ISBN　978-7-5606-6597-9

XDUP 6899001-5

前　言

本书根据高等职业教育智能工程机械运用技术、铁道养路机械应用技术、机电一体化技术、城市轨道交通机电技术等相关专业的培养要求，以社会需求为出发点，以技能培养为目标，力求实现理论与实践的结合、知识与技能的结合，做到通俗易懂，便于自学。在内容的选取上，也尽量贴近工程实践，所选项目均是该专业领域的一线典型案例。

全书共九个项目，每个项目由多个任务组成，相应的理论任务和实训任务能够让学生掌握液压与气压传动系统的原理与组装技能，使理论知识与实践操作融合一体，实现在工作中学习、在学习中工作的有机融合。

本书贯彻“少而精”和“理论实训一体”的原则。知识结构由浅入深、循序渐进，符合认知规律。编写内容突出课程内容的针对性和实用性，兼顾先进性和前瞻性。为方便读者自主学习，本书添加了动画视频资源的二维码链接，读者可以手机扫码进行观看学习。

本书主要突出以下特点：

(1) 职业教育特色鲜明。本书编写力求理论知识以应用为目的，以“必需、够用”为度，以掌握概念、强化应用为教学重点，增加生产现场的应用性知识，具有鲜明的职业教育特色，有利于技能型人才培养。

(2) 注重理论联系实际。在编写中，着重基本概念和原理阐述，突出理论知识应用，加强针对性和实用性，反映了液压与气动技术的新发展，具有内容适当、浅显易懂、实践性强的特点。

(3) 元件与回路、系统相结合。改革传统的“元件—回路—系统”的编写方式，编写时将元件与回路紧密结合，学生学完了元件后就学习该元件在系统中的作用及应用回路，更符合认知规律。

本书由陕西铁路工程职业技术学院温银萍、陈永峰担任主编，何冰、孙珂琪、朱帅、王冲、山西天地煤机装备有限公司韦建龙、中联重科股份有限公司白晶担任副主编，具体的编写分工如下：项目一、六由陈永峰、韦建龙编写；项目二、七由温银萍、白晶编写；

项目三由王冲编写；项目四、五由孙珂琪编写；项目八由朱帅编写；项目九由何冰编写；由陕西铁路工程职业技术学院南黄河担任主审。

本书在编写过程中，得到了西安重型机械研究院、山西天地煤机装备有限公司、中联重科股份有限公司等企业的大力支持和帮助，同时编者参考了国内相关教材及大量文献，在此向有关企业和相关作者表示由衷的感谢。

由于编者水平所限，书中不足之处敬请读者批评指正，以便修订时改进。

编　者

2022 年 6 月

目　　录

项目一 认识液压传动系统

液压与气压传动技术是机械设备中发展速度最快的技术之一，特别是近年来，机电一体化技术的发展推动着机械设备与微电子、计算机技术的结合，液压与气压传动技术已经成为一门包括传动、控制、检测在内的完整的自动控制技术。

液压与气压传动是以液压油或压缩空气为工作介质进行能量传递和控制的一种传动形式，它们的工作原理基本相同，都是利用各种元件组成具有一定功能的基本控制回路，再将若干基本控制回路加以综合利用，从而构成能够完成特定任务的传动和控制系统，实现能量的传递、转换与控制。本项目首先介绍液压传动系统。

【项目概述】

本项目分为3部分内容，包括初识液压传动系统、选用液压油、学习液压流体力学的基础知识。

任务1.1 初识液压传动系统

【任务目标】

1. 知识目标

(1) 了解液压传动系统的特点；

(2) 掌握液压传动系统的工作原理。

2. 能力目标

(1) 能对照液压千斤顶、机床工作台等分析液压系统的工作原理及组成；

(2) 了解液压传动的优缺点及应用发展。

3. 素质目标

(1) 具备独立思考和主动探究能力；

(2) 具备团队协作意识和职业精神。

【任务内容】

认识液压千斤顶、机床液压传动系统。

【相关知识】

1. 液压千斤顶的工作原理

图 1-1 为液压千斤顶的工作原理图。液压千斤顶主要由大小液压缸、单向阀、油箱、截止阀和管道等组成。使用液压千斤顶时，首先提起手柄使小液压缸 1 小活塞(A_1)向上移动，小活塞下端油腔容积增大，形成局部真空，这时单向阀 3 打开，从油箱吸油；当用力压下手柄使小活塞下移时，小液压缸下腔压力升高，单向阀 3 关闭，单向阀 2 打开，小活塞下腔油液经管道进入大液压缸 6 的下腔，推动大活塞(A_2)向上移动，顶起重物。如此反复扳动手柄，便可使重物逐渐升起。物体上升和工作时截止阀 5 关闭，当需要放下重物，大液压缸活塞下降时打开截止阀 5，液体在重力的作用下流回油箱，这就是液压千斤顶的工作原理。

液压传动工作原理课件　　液压传动工作原理微课　　液压千斤顶工作原理图动画

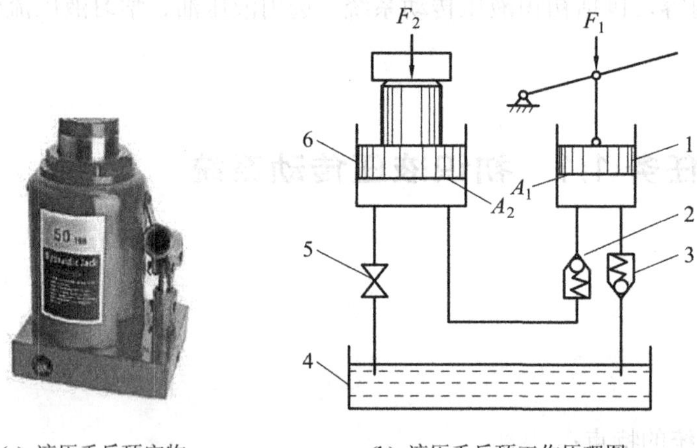

1—小液压缸；
2、3—单向阀；
4—油箱；
5—截止阀；
6—大液压缸。

(a) 液压千斤顶实物　　(b) 液压千斤顶工作原理图

图 1-1　液压千斤顶实物和工作原理图

2. 机床工作台液压系统的工作原理

图 1-2 为机床工作台液压系统的工作原理图。它由油箱 1、过滤器 2、液压泵 3、流量控制阀 5、换向阀 7、液压缸 9、换向手柄 12、溢流阀 16 以及连接这些元件的管路等组成。

机床工作台液压系统的工作原理是：当液压泵 3 由电动机驱动旋转时，从油箱 1 经过过滤器 2 吸油，经换向阀 7 和管路 11 进入液压缸 9 的左腔，推动活塞杆及工作台 10 向右运动。液压缸 9 右腔的油液经管路 8、换向阀 7 和管路 6、4 排回油箱；通过扳动换向手柄 12 切换换向阀 7 的阀芯，使其处于左端的工作位置，则液压缸活塞作反向运动；切换换向阀 7 阀芯的工作位置，使其处于中间位置，则液压缸 9 在任意位置停止运动。

调节和改变流量控制阀 5 的开度大小，可以调节进入液压缸 9 的流量，从而调节液压缸 9 活塞及工作台 10 的运动速度。液压泵 3 排出的多余油液经管路 15、溢流阀 16 和管路 17 流回油箱 1。液压缸 9 的工作压力取决于负载。液压泵 3 的最大工作压力由溢流阀 16 调定，其调定值应为液压缸的最大工作压力及液压系统中油液经各类阀和管路的压力损失之和。因此，液压系统的工作压力不会超过溢流阀的调定值，溢流阀对液压系统还有超载保护作用。

机床工作台工作原理

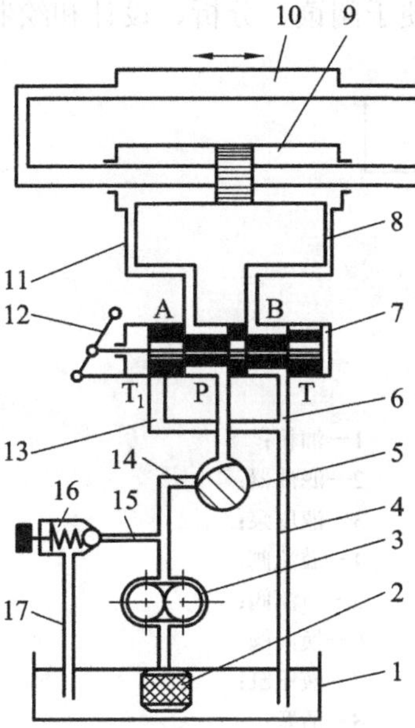

1—油箱；
2—过滤器；
3—液压泵；
4、6、8、11、13、14、15、17—管路；
5—流量控制阀；
7—换向阀；
9—液压缸；
10—工作台；
12—换向手柄；
16—溢流阀。

图 1-2　机床工作台液压系统的工作原理图

3. 液压传动系统的组成及表示方法

液压传动系统组成及表示方法课件　　液压传动系统组成及表示方法微课

1) 液压传动系统的组成

从以上液压千斤顶和机床工作台液压系统的例子可以看出，一个完整的、能够正常工作的液压传动系统，应该由以下几个主要部分组成。

(1) 动力元件。动力元件供给液压系统压力油，把原动机的机械能转化成液压能。常见的动力元件是液压泵。

(2) 执行元件。执行元件是把液压能转换为机械能的装置。其形式有做直线运动的液压缸，也有做旋转运动的液压马达。

(3) 控制元件。控制元件完成对液压系统中工作液体的压力、流量和流动方向的控制调节。这类元件主要包括各种液压阀，如溢流阀、节流阀以及换向阀等。

(4) 辅助元件。辅助元件是指油箱、蓄能器、油管、管接头、滤油器、压力表以及流量计等。这些元件主要起散热、储油、蓄能、输油、连接、过滤、测量压力和测量流量等作用，以保证系统能正常工作，是液压传动系统不可缺少的组成部分。

(5) 工作介质。工作介质在液压传动及控制中起传递运动、动力及信号的作用，包括液压油或其他合成液体。工作介质直接影响液压系统的工作性能。

2) 液压传动系统的图形符号

液压传动系统的工作原理图较直观、容易理解，但图形较复杂，难以绘制。在实际工作中，我们常用图形符号来绘制，如图 1-3 所示。图形符号不表示元件的具体结构，只表示元件的功能，可简化系统图，使原理更直观，便于阅读、分析、设计和绘制。

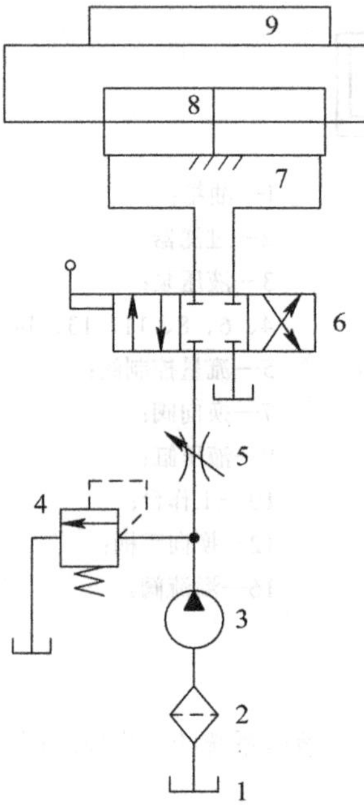

1—油箱；
2—滤油器；
3—液压泵；
4—溢流阀；
5—节流阀；
6—换向阀；
7—液压缸；
8—活塞；
9—工作台。

图 1-3　液压传动系统图形符号图

4. 液压传动的优缺点及应用发展

液压传动发展史、应用及特点课件　　液压传动发展史、应用及特点微课

1) 液压传动的优缺点

与机械传动和电力拖动系统相比，液压传动具有以下优点：

(1) 安装方便灵活。由于液压传动是油管连接，所以系统各部分的布局安装有很大的灵活性，这是比机械传动优越的地方。

(2) 体积小，输出力大。在同等功率情况下，液压传动装置体积小、重量轻、结构紧凑。例如，同样功率的液压马达重量只有电动机的 10%。液压系统一般使用的压力为几兆帕到十几兆帕，甚至可达 50 MPa 以上。

(3) 过载的危险小，能自动润滑。系统设置有溢流阀，当系统压力超过设定压力时，将溢流阀阀芯打开，液压油经溢流阀流回油箱，故系统压力无法超过设定压力。同时，由于各种元件的运动都在油液中，能够自润滑，元件使用寿命长。

(4) 调速范围大。借助流量阀、变量泵或变量马达，可以实现无级调速，调速范围可达 2000∶1。

(5) 工作性能好。液压装置工作平稳、反应快、冲击小，易于实现快速启动、制动和频繁换向。

(6) 易于自动化控制。液压控制阀的控制操作简单方便，特别是机、电、液配合使用时，很容易实现复杂的自动工作循环。

(7) 液压元件属机械工业基础件，标准化、系列化和通用化程度较高，有利于缩短机器的设计、制造周期和降低制造成本。

与机械传动和电力拖动系统相比，液压传动具有以下缺点：

(1) 液压传动不能保证严格的传动比。这是由液压油的可压缩性和泄漏不可避免造成的。

(2) 液压系统对温度敏感。油温上升时，油的黏度降低；油温下降时，黏度升高。油的黏度发生变化时，流量也会跟着改变，造成速度不稳定。若采用石油基液压油作为介质时还需注意防火问题。

(3) 液压传动效率偏低。这是由于在传动过程中，能量需经两次转换。

(4) 液压系统故障不易诊断。由于液压控制元件的运动、油液的流动基本都在密闭环境内进行，系统出现故障时难以直观发现是如何造成的，往往要求维修人员有较强的分析能力。

2) 液压传动的应用与发展

液压传动有着广泛的发展前景。随着设计制造和使用水平不断提高，液压传动的优点在不断拓展，有些缺点也正被逐步克服。

不论是液压传动还是气压传动，相对于机械传动来说，都是一门新兴的技术。若从 17 世纪中叶帕斯卡提出静压力传递原理或 18 世纪末英国制成第一台水压机开始算起，液压传动已有两三百年的历史，但直到第二次世界大战期间，这项技术才得到真正的发展。二战后，随着现代科学技术的迅速发展和制造工艺水平的提高，各种液压元件的性能日益完善，液压技术迅速转向民用工业，在机床、工程机械、农业机械、运输机械、冶金机械等许多机械装置，特别是重型机械设备中得到了非常广泛的应用，并渗透到工业的各个领域中，成为工业领域中一门非常重要的控制和传动技术。尤其是在出现了精度高、响应速度快的伺服阀后，液压技术的应用更是飞速发展。在 20 世纪 70 年代末至 80 年代末，电子计算机的迅速发展，促使液压技术进入了数控液压伺服技术的时期。目前普遍认为，电子技术和液压技术相结合是液压系统实现自动控制的发展方向。

【实施步骤】

1. 仔细观看液压千斤顶工作动画，回答下列问题。

(1) 液压千斤顶的组成；

(2) 描述液压千斤顶的工作过程；

(3) 思考液压千斤顶能够实现举升功能所具备的必要条件。

2. 仔细观看机床液压系统工作动画，并与液压千斤顶进行对照分析，回答下列问题。

(1) 机床液压系统的组成；

(2) 机床液压系统各组成部分的作用；

(3) 查阅相关资料，分组讨论液压传动在生产生活中的应用。

【思考与练习】

1. 什么是液压传动，其基本工作原理是什么？

2. 液压传动系统由哪些部分组成？各部分的作用是什么？

任务 1.2 选用液压油

【任务目标】

1. 知识目标

(1) 掌握液压油的基本性质(主要是黏性)；

(2) 掌握黏度的表示方法，液压油牌号的意义、种类；

(3) 正确使用液压油。

2. 能力目标

(1) 熟练掌握黏度的表示方法，能根据液压油牌号正确判断油的黏度；

(2) 能正确合理选用和使用液压油。

3. 素质目标

(1) 具备独立思考和主动探究能力；

(2) 具备团队协作意识和职业精神。

【任务内容】

学习液压油相关理论知识并掌握液压油的选用。

【相关知识】

1. 液压油的作用和种类

液压油的作用、类型及性能课件　　　液压油的作用、类型及性能微课

1) 液压油的作用

在液压系统中，液压油主要有以下几种作用：

(1) 传递运动与动力。将泵的机械能转换成液体的压力能并传至各处，由于液压油本身具有黏性，因此在传递过程中会产生一定的能量损失。

(2) 润滑。液压元件内各运动部件都可受到液压油的充分润滑，从而降低元件磨损，提高使用寿命。

(3) 密封。液压油本身的黏性对细小的间隙有密封的作用。

(4) 冷却。系统损失的能量会转变成热量，被液压油带出，从而具有冷却的作用。

2) 液压油的种类

液压油的种类很多，主要分为矿物油型、乳化型和合成型三大类型。液压油的主要品种及其特性和用途见表1-1。

表 1-1　液压油的主要品种及其特性和用途

类　型	名　称	ISO代号	特性和用途
矿物油型	普通液压油	L-HL	精制矿油加添加剂，提高抗氧化和防锈性能，适用于室内一般设备的中低压系统
	抗磨液压油	L-HM	L-HL油加添加剂，改善抗磨性能，适用于工程机械、车辆液压系统
	低温液压油	L-HV	L-HM油加添加剂，改善黏温特性，可用于环境温度在-20℃～-40℃的高压系统
	高黏度指数液压油	L-HR	L-HL油加添加剂，改善黏温特性，黏度指数(VI)值达175以上，适用于对黏温特性有特殊要求的低压系统，如数控机床液压系统
	液压导轨油	L-HG	L-HM油加添加剂，改善黏-滑性能，适用于机床中液压和导轨润滑合用的系统
	全损耗系统用油	L-HH	浅度精制矿油，抗氧化性、抗泡沫性较差，主要用于机械润滑，可作液压代用油，用于要求不高的低压系统
	汽轮机油	L-TSA	深度精制矿油加添加剂，改善抗氧化、抗泡沫等性能，为汽轮机专用油，可作液压代用油，用于一般液压系统
乳化型	水包油乳化液	L-HFA	又称高水基液，特点是难燃、黏温特性好，有一定的防锈能力，润滑性差，易泄漏。适用于有抗燃要求，油液用量大且泄漏严重的系统
	油包水乳化液	L-HFB	既具有矿油型液压油的抗磨、防锈性能，又具有抗燃性，适用于有抗燃要求的中压系统
合成型	水—乙二醇液	L-HFC	难燃，黏温特性和抗蚀性好，能在-30℃～60℃温度范围使用，适用于有抗燃要求的中低压系统
	磷酸酯液	L-HFDR	难燃，润滑抗磨性能和抗氧化性能良好，能在-54℃～135℃温度范围内使用，缺点是有毒，适用于有抗燃要求的高压精密液压系统

矿物油型液压油润滑性和防锈性好，黏度等级范围较宽，因而在液压系统中应用很广泛。据统计，有90%以上的液压系统采用矿物油型液压油作为工作介质。

矿物油型液压油的主要品种有普通液压油、抗磨液压油、低温液压油、高黏度指数液压油、液压导轨油及其他专用液压油(如航空液压油、舵机液压油、汽轮机油等)，它们都是以全损耗系统用油为基础原料，精炼后按需要加入适当的添加剂制得的。

普通液压油是以精制的石油润滑油馏分，加抗氧化、防锈和抗泡沫等添加剂制成的，其性能可满足液压传动系统的一般要求，广泛适用于在 0℃～40℃温度环境下工作的中低压系统。

矿物油型液压油中的其他油品，包括抗磨液压油、低温液压油、高黏度指数液压油、液压导轨油等，都是经过深度精制并添加各种不同的添加剂制成的，对相应的液压系统具有优越的性能。

目前，我国液压传动采用全损耗系统用油和汽轮机油的情况仍很普遍。全损耗系统用油是一种机械润滑油，价格虽较低廉，但精制程度较浅，抗氧化稳定性较差，使用过程中易生成黏稠胶块，阻塞元件小孔，影响液压系统性能。系统压力越高，问题越严重。因此，只有在低压系统且要求不高时才可用全损耗系统用油作为液压代用油。至于汽轮机油，虽经深度精制并加有抗氧化、抗泡沫等添加剂，其性能优于全损耗系统用油，但它是汽轮机专用油，并不充分具备液压传动用油的各种特性，只能作为一种代用油，用于一般液压传动系统。

矿物油型液压油有很多优点，但其主要缺点是可燃。在一些高温、易燃、易爆的工作场合，为了安全起见，应该在液压系统中使用难燃性液体，如水包油、油包水等乳化液，即乳压型液压油；或使用水－乙二醇、磷酸酯等合成液，即合成型液压油。

2. 液压油的主要性质

1) 密度 ρ

液体单位体积的质量称为密度。密度随着温度或压力的变化而变化，但变化不大，通常可以忽略不计。工业液压油系矿物油，密度为 0.85～0.95 g/cm^3；油包水型液压油含油较多，密度为 0.92～0.94 g/cm^3；水包油型液压油含水较多，密度为 1.05～1.1 g/cm^3。在一般计算中，取液压油系矿物油，密度 $\rho = 900$ kg/m^3。

2) 黏性

液体在外力作用下流动时，分子间的内聚力要阻止分子相对运动而产生一种内摩擦力，液体的这种性质称为黏性。液体只有在流动(或有流动趋势)时才会呈现黏性，黏性使流动液体内部各处的速度不相等。静止液体不呈现黏性。黏性的大小可以用黏度来表示，常用的黏度有动力黏度和运动黏度等。

动力黏度是指流体内单位面积上的内摩擦力，用 μ 表示，单位是 Pa·s。

运动黏度是指动力黏度与液体密度的比值，用 ν 表示，国际单位为 m^2/s，工程上常用 cm^2/s、mm^2/s。运动黏度无明确的物理意义，但工程上常用运动黏度作为液体黏度的标志。液压油的牌号就是用液压油在 40℃时运动黏度的平均值来表示的，例如牌号为 L-HL32 的液压油在 40℃时运动黏度的平均值为 32 mm^2/s。

3) 可压缩性

液体受压力作用而发生体积变小的性质称为液体的可压缩性。一般情况下可以把液压油当成不可压缩的，但在需要精密控制的高压系统中，油液的压缩率是不能忽略的。另外，在液压设备工作过程中，液压油中总会混进一些空气，由于空气有很强的可压缩性，所以这些气泡的混入会使液压油的压缩率大大提高，严重影响液压系统的工作性能。

液压油还有其他一些性质，如稳定性、抗泡沫性、抗乳化性、抗燃性、防锈性、润滑性以及相容性等。这些性质是通过在液压油中加入各种添加剂来实现的。

3. 液压油的选用

液压油的选用主要包含品种和黏度两个方面。选用液压油时，一般根据液压元件产品样本和说明书所推荐的工作介质来选，或者根据液压系统的工作条件(系统压力、运动速度、工作温度、工作环境等)来选择。当确定液压油品种后，再选择液压油的黏度，同时需注意液压系统的特殊要求。例如，在低温条件下工作的系统宜选用黏度较低的液压油，高压系统则需选择抗磨性好的液压油。当系统的工作压力较高、环境温度较高、工作部件运动速度较慢时，为了减少系统的泄漏，宜选用黏度较高的液压油；工作压力较低、环境温度较低、运动速度较快时，为了减少系统的功率损失，宜选用黏度较低的液压油。

4. 液压油的污染与控制

液压油的污染是液压系统发生故障的主要原因，液压系统的故障有75%以上是由于工作介质污染引起的。它严重影响液压系统的可靠性及液压元件的寿命，因此液压油的正确使用、管理以及污染控制，是提高液压系统的可靠性及延长液压元件使用寿命的重要方法。

1) 液压油的污染及危害

液压油污染是指液压油中含有水分、空气、微小固体颗粒及胶质状生成物等杂质。液压油污染后将产生以下危害：

(1) 堵塞过滤器，使液压泵吸油困难，产生噪声。

(2) 堵塞阀类元件的小孔或缝隙，使阀动作失灵。

(3) 微小固体颗粒还会加剧零件磨损，擦伤密封件，使泄漏增加。

(4) 水分和空气的混入会降低液压油的润滑能力，加速氧化变质，产生气蚀，还会使液压系统出现振动、爬行等现象。

2) 液压油污染的原因

液压油污染的原因是多方面的，总体来说可分为系统内部残留、内部生成和外部侵入三种。造成液压油污染的主要原因有以下几点：

(1) 液压油虽然是在比较清洁的条件下精炼和调制而成的，但在油液运输和储存过程中会受到管道、油桶、油罐的污染。

(2) 液压系统和液压元件在加工、运输、存储、装配过程中，灰尘、焊渣、型砂、切屑、磨料等残留物造成污染。

(3) 在液压系统运行中，由于油箱密封不完善以及元件密封装置损坏或不良而引起系统外部侵入灰尘、砂土、水分等污染物，从而造成污染。

(4) 液压系统运行过程中产生污染物。金属及密封件因磨损而产生的颗粒、通过活塞杆等处进入系统的外界杂质、油液氧化变质的生成物也都会造成油液的污染。

3) 液压油污染的控制

为了保证液压系统可靠地工作，防止液压油被污染，在实际工作中可采用下列措施来控制污染：

(1) 严格清洗系统元件。

(2) 尽量减少外来污染物。液压油必须经过过滤器注入，油箱通大气处要增加空气过滤器，液压缸活塞杆端部应安装防尘密封。

(3) 控制液压油的温度。一般系统的工作温度应控制在65℃以下，机床液压系统则应控制在55℃以下。

(4) 采用高性能的过滤器，并定期检查、清洗和更换滤芯。

(5) 定期检查和更换液压油。应根据液压设备使用说明书要求和维护保养规程，定期检查、更换液压油，换油时应将油箱和管道清洗干净。

【实施步骤】

1. 仔细查阅相关资料，回答下列问题。

(1) 实训用装载机、挖掘机所使用液压油的牌号是多少？

(2) 如何根据气味、颜色、黏性等判断实训用装载机、挖掘机液压油的污染情况？

(3) 实训用装载机、挖掘机油液的污染物是什么？产生这些污染物的原因是什么？

2. 仔细思考如何才能将装载机、挖掘机的已污染的液压油全部更换干净？

【思考与练习】

1. 液压油分为哪三种类型？

2. 选用液压油主要应考虑哪些因素？

3. 液压污染有哪些危害？如何控制液压污染？

任务1.3　学习液压流体力学的基础知识

【任务目标】

1. 知识目标

(1) 掌握静力学基本方程的物理意义；

(2) 掌握流量连续性方程、伯努利方程的物理意义；

(3) 了解液体流经孔口的流量及其与压力差、孔型的关系。

2. 能力目标

(1) 能利用连续性方程和伯努方程解决实际问题；

(2) 能利用小孔流量公式分析流量与压力间的特性关系。

3. 素质目标

(1) 具备独立思考和主动探究能力；

(2) 具备团队协作意识和职业精神。

【任务内容】

在综合实验台完成雷诺实验、沿程阻力和局部阻力实验以及伯努利方程实验。

【相关知识】

1. 液体静力学基础

1) *液体静压力*

静止液体在单位面积上所受的法向力称为静压力。静压力在液压传动中简称压力，在物理学中则称为压强。如果在静止液体中某点处微小面积 ΔA 上作用有法向力 ΔF，则该点的压力定义为

$$p=\lim_{\Delta A\to 0}\frac{\Delta F}{\Delta A} \tag{1-1}$$

若法向作用力 F 均匀地作用在面积 A 上，则压力可表示为

$$p=\frac{F}{A} \tag{1-2}$$

我国采用法定计量单位 Pa 来计量压力，$1\text{Pa}=1\ \text{N/m}^2$。液压技术中习惯用 MPa，$1\text{MPa}=10^6\text{Pa}$。

液体静压力有两个重要特性：

(1) 液体静压力垂直于承压面，其方向和该面的内法线方向一致。这是由于液体质量点之间的内聚力很小，不能受拉，只能受压；

(2) 静止液体内任一点所受到的压力在各个方向上都相等。如果某点受到的压力在某个方向上不相等，那么液体就会流动，这就违背了液体静止的条件。

2) *液体静力学基本方程*

如图 1-4 所示，密度为 ρ 的液体在容器内处于静止状态，如要计算出液体内离液面深度为 h 的某一点的压力，可以从液体内取出一个底面通过该点的垂直小液柱作为控制体。假设小液柱的底面积为 ΔA，高为 h，由于小液柱处于受力平衡状态，因此可列出小液柱的力学平衡方程为

$$p\Delta A=p_0\Delta A+\rho gh\Delta A$$

即

$$p=p_0+\rho gh \tag{1-3}$$

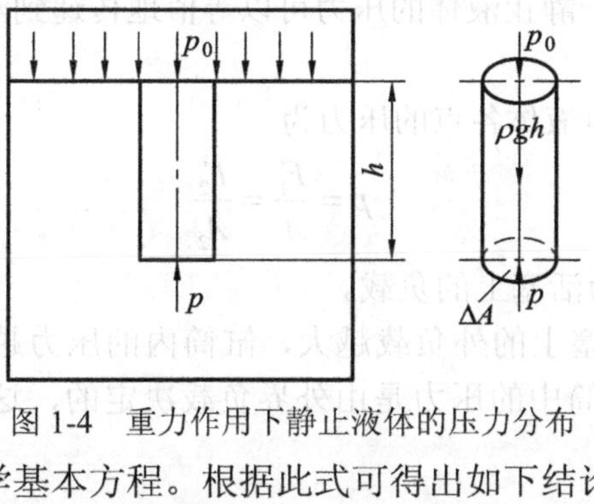

图 1-4 重力作用下静止液体的压力分布

式(1-3)称为液体静力学基本方程。根据此式可得出如下结论：

(1) 静止液体内部任意点的压力都由液面上的压力 p_0 和该点以上液体自重形成的压力

ρgh 两部分组成。

(2) 静止液体内的压力随液体深度的增加而呈线性增加。

需要注意的是，液体在受外界压力作用的情况下，液体自重所形成的那部分压力 ρgh 相对非常小，在分析液压系统的压力时常可忽略不计，因而我们可以近似地认为整个液体内部的压力是相等的。

3) 压力的表示和单位

根据度量基准的不同，压力有两种表示方法：以绝对零压力作为基准所表示的压力，称为绝对压力；以当地大气压力为基准所表示的压力，称为相对压力。因绝大多数测压仪表的外部均受大气压力作用，所以仪表指示的压力是相对压力。今后，如不特别指明，液压传动中所提到的压力均为相对压力。

绝对压力、相对压力和大气压力三者之间的关系为

$$\text{绝对压力} = \text{大气压力} + \text{相对压力(表压力)} \tag{1-4}$$

当绝对压力小于大气压力时，我们把这种物理现象称为真空。而把绝对压力不足于大气压力的那部分压力值称为真空度，它是具体衡量真空的物理量。真空度、大气压力、绝对压力和相对压力的关系为

$$\text{真空度} = \text{大气压力} - \text{绝对压力(绝对压力小于大气压力时)} \tag{1-5}$$

绝对压力、相对压力和真空度之间的关系如图 1-5 所示。

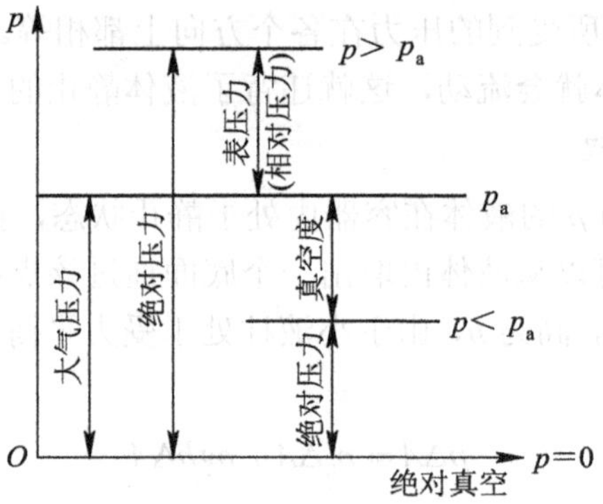

图 1-5　绝对压力、相对压力和真空度的关系

4) 静止液体中的压力传递

在密闭容器内，施加于静止液体的压力可以等值地传递到液体各处，这就是帕斯卡原理，也称为静压传递原理。

如图 1-6 所示，容器内液体各点的压力为

$$p = \frac{F_1}{A_1} = \frac{F_2}{A_2} \tag{1-6}$$

式中，A 为活塞面积，F 为活塞上的负载。

由此可见，作用在活塞上的外负载越大，缸筒内的压力越高。若负载恒定不变，则压力不再升高，这说明缸筒中的压力是由外界负载决定的，这是液压传动中的一个重要概念。

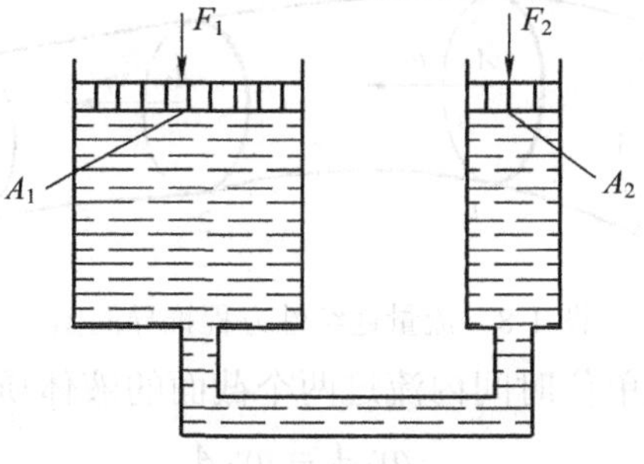

图 1-6　帕斯卡原理

2. 液体动力学基础

1) 基本概念

(1) 理想液体和实际液体。一般把既无黏性，又不可压缩的假想液体称为理想液体，而把事实上既有黏性又可压缩的液体称为实际液体。

(2) 恒定流动和非恒定流动。液体流动时，若液体中任何一点的压力、速度和密度都不随时间而变化，则称液体是在作恒定流动；反之，只要压力、速度或密度中有一个参数随时间变化，则液体的流动被称为非恒定流动，如图 1-7 所示。研究液压系统静态性能时，可以认为流体作恒定流动；但在研究其动态性能时，则必须按非恒定流动来考虑。

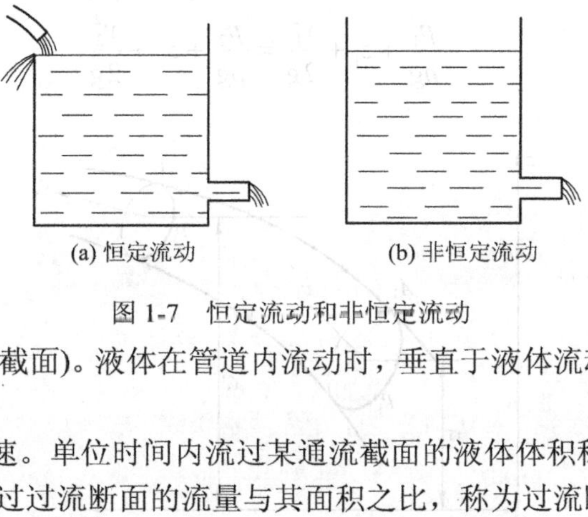

(a) 恒定流动　　(b) 非恒定流动

图 1-7　恒定流动和非恒定流动

(3) 过流断面(通流截面)。液体在管道内流动时，垂直于液体流动方向的截面称为过流断面或通流截面。

(4) 流量和平均流速。单位时间内流过某通流截面的液体体积称为流量，用 Q 表示，常用单位为 L/min；流过过流断面的流量与其面积之比，称为过流断面处的平均流速，用 v 表示。

(5) 层流和紊流。液体的流动状态可以通过雷诺实验装置来观察。液体在管道内流动时，如果是层流，则其能量损失较小；如果是紊流，则其能量损失较大。液体流动时的两种流态用雷诺数 Re 来判断。

2) 流量连续性方程

流量连续性方程是质量守恒定律在流体力学中的表达方式。液体在管内作恒定流动，任取 1、2 两个通流截面，设其面积分别为 A_1 和 A_2，两个截面中液体的平均流速和密度分别为 v_1、v_2 和 ρ_1、ρ_2，如图 1-8 所示。

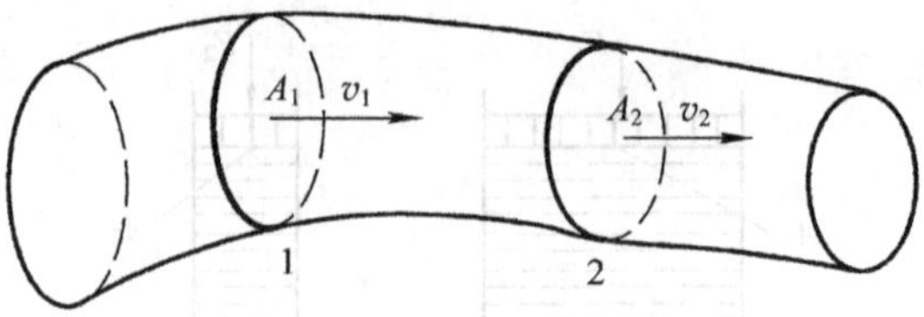

图 1-8　流量连续性方程推导简图

根据质量守恒定律，在单位时间内流过两个截面的液体质量相等，即

$$\rho v_1 A_1 = \rho v_2 A_2 \tag{1-7}$$

若不考虑液体的压缩性，则

$$Q = v_1 A_1 = v_2 A_2 = vA = \text{常量} \tag{1-8}$$

这就是液流的流量连续性方程，它说明恒定流动中流过各截面的不可压缩流体的流量是不变的，而液体的流速则与流通截面面积成反比。

3) 伯努利方程

(1) 理想液体的伯努利方程。

如图 1-9 所示，理想液体在管内作恒定流动时，单位重量液体具有 3 种形式的能量，分别为压力能 $\dfrac{p}{\rho g}$、位能 z、动能 $\dfrac{v^2}{zg}$，根据能量守恒定律可得

$$\frac{p_1}{\rho g} + z_1 + \frac{v_1^2}{2g} = \frac{p_2}{\rho g} + z_2 + \frac{v_2^2}{2g} \tag{1-9}$$

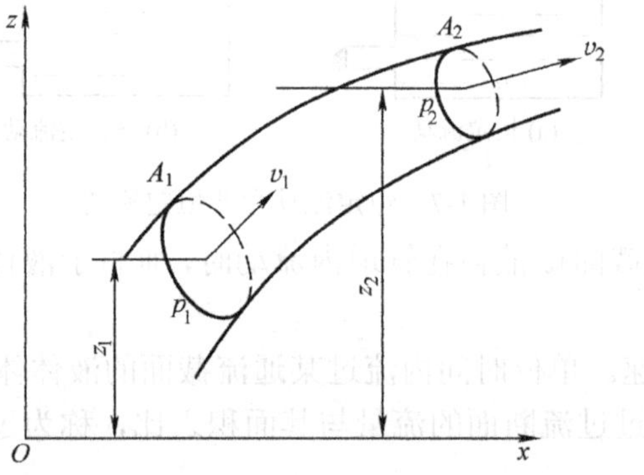

图 1-9　液流连续性方程推导简图

这就是理想液体的伯努利方程，其物理意义在于：理想液体在密闭管道内流动时，其压力能、位能和动能三者可以互相转换，但总的能量不变。

(2) 实际液体的伯努利方程。

实际液体流动时还需克服由黏性所产生的摩擦阻力，故存在能量损耗。设实际液体在流动时能量损失为 h_w，其动能修正系数为 α，则实际液体作恒定流动时的能量方程为

$$\frac{p_1}{\rho g} + z_1 + \frac{\alpha_1 v_1^2}{2g} = \frac{p_2}{\rho g} + z_2 + \frac{\alpha_2 v_2^2}{2g} + h_w \tag{1-10}$$

4) 液体流经小孔的流量

液体流经小孔的情况可以根据孔长 l 与孔径 d 的比值分为三种情况：$l/d \leqslant 0.5$ 时，称为薄壁小孔；$0.5 < l/d \leqslant 4$ 时，称为短孔；$l/d > 4$ 时，称为细长孔。

(1) 薄壁小孔。

当流体流经薄壁小孔时，由于流体的惯性作用，使通过小孔后的流体形成一个收缩截面 A_c(见图 1-10)，然后再扩大，这一收缩和扩大过程便产生了局部能量损失。当管道直径与小孔直径之比 $d/d_0 \geqslant 7$ 时，流体的收缩作用不受孔前管道内壁的影响，这时称流体完全收缩；当 $d/d_0 < 7$ 时，孔前管道内壁对流体进入小孔有导向作用，这时称流体不完全收缩。

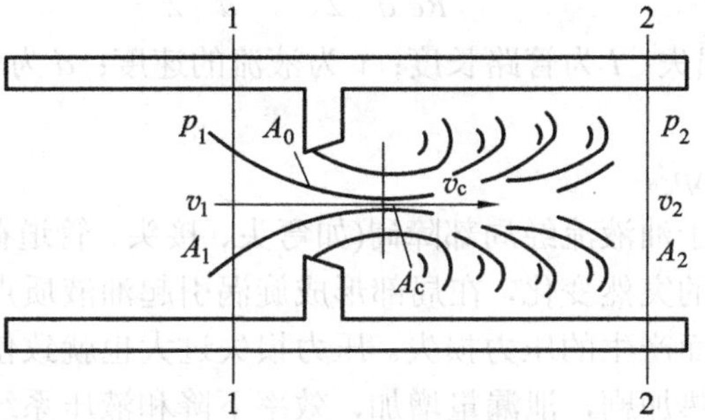

图 1-10　通过薄壁小孔的流体

流经小孔的流量为

$$Q = C_d A_0 \sqrt{\frac{2\Delta p}{\rho}} \tag{1-11}$$

式中，C_d 表示流量系数，完全收缩时其取值为 0.62～0.63，不完全收缩时其取值为 0.7～0.8；A_0 表示小孔的截面积；Δp 表示小孔前后的压差。

(2) 短孔和细长孔。

短孔的流量表达式同公式(1-11)，但流量系数 C_d 不同。短孔加工比薄壁小孔容易，常用作固定节流器。

细长孔的流量可用式(1-12)来计算，即

$$Q = \frac{\pi d^4}{128\mu l}\Delta p \tag{1-12}$$

式中，μ 表示动力黏度，Δp 是小孔两端的压力差，l 是小孔的长度，d 是小孔的直径。

(3) 流量通用公式。

分析各种孔、管的流量公式，可以归纳出一个通用公式，即

$$Q = KA\Delta p^m \tag{1-13}$$

式中，K 是由孔的形状、尺寸和液体性质决定的系数；A 是小孔的过流断面面积；Δp 是小孔两端的压力差；m 是由孔的长径比决定的指数，薄壁孔为 0.5，细长孔为 1，短孔为 0.5～1。

5) 液体流动中的压力损失和流量损失

由于实际液体是有黏性的，所以流动时黏性阻力要损耗一定能量，这种能量损耗表现

为压力损失。在液压系统中，压力损失不仅表明系统损耗了能量，并且由于液压能转变为热能，将导致系统的温度升高，甚至性能变差。因此，在设计液压系统时，要尽量减少压力损失。压力损失可分为两类：沿程压力损失和局部压力损失。

(1) 沿程压力损失 Δp_λ。

液体在等径直管中流动时因黏性摩擦而产生的压力损失，称为沿程压力损失。这类压力损失是由液体流动时的内、外摩擦力所引起的。液体的流动状态不同，所产生的沿程压力损失也有所不同。沿程压力损失的公式为

$$\Delta p_\lambda = \frac{64}{Re}\frac{l}{d}\frac{\rho v^2}{2} = \lambda\frac{l}{d}\frac{\rho v^2}{2} \tag{1-14}$$

式中，Δp_λ 为沿程压力损失；l 为管路长度；v 为液流的速度；d 为管路内径；ρ 为液体的密度；λ 为沿程阻力系数。

(2) 局部压力损失 Δp_ζ。

局部压力损失是由于油液流经局部障碍(如弯头、接头、管道截面突然扩大或收缩)时，由于液流的方向和速度的突然变化，在局部形成旋涡引起油液质点间以及质点与固体壁面间相互碰撞和剧烈摩擦而产生的压力损失。压力损失过大也就致使液压系统中功率损耗的增加，这将导致油液发热加剧，泄漏量增加，效率下降和液压系统性能变坏。其损失可以由经验公式求得：

$$\Delta p_\zeta = \zeta\frac{\rho v^2}{2} \tag{1-15}$$

式中，ρ 为液体的密度；v 为液流的速度；ζ 为局部阻力系数。

由于液体流经局部阻力区域的流动情况非常复杂，所以 ζ 的值仅在个别场合可用理论求得，一般都必须通过实验来确定。ζ 的具体数值可从有关手册查到。

(3) 液压系统管路的总压力损失 Δp。

液压系统的管路一般由若干段管道和一些阀、过滤器、管接头、弯头等组成，因此管路总压力损失就等于所有直管中的沿程压力损失 Δp_λ 和所有这些元件的局部压力损失 Δp_ζ 的总和，即

$$\Delta p = \Sigma\Delta p_\lambda + \Sigma\Delta p_\zeta = \Sigma\lambda\frac{l}{d}\frac{\rho v^2}{2} + \Sigma\zeta\frac{\rho v^2}{2} \tag{1-16}$$

从总压力损失计算公式可以看出，减小流速，缩短管路长度，减少管路截面的突变，提高管路内壁的加工质量等，都可以使总压力损失减小。因其中以流速的影响为最大，故液体在管路系统中的流速不应过高。

(4) 流量损失。

在液压系统中，各液压元件都有相对运动的表面，如液压缸内表面和活塞外表面。因为要有相对运动，所以它们之间都有一定的间隙。如果间隙的一边为高压油，另一边为低压油，高压油就会经间隙流向低压区，从而造成泄漏。同时，由于液压元件密封不完善，一部分油液也会向外部泄漏。这种泄漏会造成实际流量减少，这就是我们所说的流量损失。流量损失影响运动速度，而泄漏又难以绝对避免，所以在液压系统中液压泵的额定流量要略大于系统工作时所需的最大流量。通常也可以用系统工作所需的最大流量乘以一个值为1.1～1.3 的系数来估算。

6) 液压冲击和空穴现象

(1) 液压冲击。

在液压系统中，常常由于一些原因而使液体压力突然急剧上升，形成很高的压力峰值，这种现象称为液压冲击。

① 液压冲击的危害。

液压系统中出现液压冲击时，液体瞬时压力峰值可以比正常工作压力大好几倍，特别是在压力高、流量大的情况下，极易引起系统的振动、噪声，甚至会损坏密封装置、管道或液压元件。这样不但影响系统的工作质量，而且会缩短系统的使用寿命。

② 液压冲击产生的原因。

在阀门突然关闭或运动部件快速制动等情况下，液体在系统中的流动会突然受阻，这时，由于液流的惯性作用，液体从受阻端开始，迅速将动能逐层转换为液压能，因而产生了压力冲击波。此后，这个压力波又从该端开始反向传递，将压力能逐层转化为动能，这使得液体又反向流动，然后在另一端又再次将动能转化为压力能，如此反复地进行能量转换。由于这种压力波的迅速往复传播，便在系统内形成压力振荡。由于液体受到摩擦力以及液体和管壁的弹性作用不断消耗能量，才使振荡过程逐渐衰减而趋向稳定。产生液压冲击的本质是动量变化。

③ 减小液压冲击产生的措施。

在液压系统使用中，经常可通过延长阀门关闭和运动部件制动换向的时间、限制管路流速及运动部件的速度、增大管路直径、缩短管道长度、在冲击区域设置蓄能器等形式减小液压冲击。

(2) 气穴现象。

① 气穴现象的机理及危害。

气穴现象又称为空穴现象。在液压系统中，如果某点处的压力低于液压油所在温度下的空气分离压时，原先溶解在液体中的空气就会分离出来，使液体中迅速出现大量气泡，这种现象叫作气穴现象。当压力进一步减小而低于液体的饱和蒸气压时，液体将迅速汽化，产生大量蒸气气泡，使气穴现象更加严重。

气穴现象多发生在阀门和液压泵的吸油口。在阀口处，一般由于通流截面较小而使流速很高，根据伯努利方程，该处的压力会很低，以致产生气穴。在液压泵的吸油过程中，吸油口的绝对压力会低于大气压力，如果液压泵的安装高度太大，再加上受到吸油口处过滤器和管路阻力、油液黏度等因素的影响，泵入口处的真空度会很大，亦会产生气穴。

当液压系统中出现气穴现象时，大量的气泡使液流的流动特性变坏，造成流量和压力的不稳定，当带有气泡的液流进入高压区时，周围的高压会使气泡迅速崩溃，使局部产生非常高的温度和冲击压力，引起振动和噪声。当附着在金属表面上的气泡破灭时，局部产生的高温和高压会使金属表面剥落，时间一长会造成金属表面的侵蚀，甚至出现海绵状的小洞穴。这种由于气穴造成的对金属表面的腐蚀作用称为气蚀。气蚀会缩短元件的使用寿命，严重时会造成故障。

② 减少气穴现象的措施。

为减少气穴现象和气蚀的危害，一般采取如下措施：

a. 减小阀孔或其他元件通道前后的压力降。

b. 尽量降低液压泵的吸油高度，采用内径较大的吸油管并少用弯头，吸油管端的过滤器容量要大，以减小管路阻力，必要时对大流量泵采用辅助泵供油。

c. 各元件的连接处要密封可靠，以防止空气进入。

d. 对容易产生气蚀的元件，如泵的配油盘等，要采用抗腐蚀能力强的金属材料，增强元件的机械强度。

【实施步骤】

在学习液压流体力学相关知识的基础上，利用多功能流体力学综合实验台完成下列任务：

(1) 通过雷诺实验观察层流、紊流的流态。

(2) 通过沿程阻力和局部阻力实验，加深对沿程阻力和局部阻力的感性认识以及对其机理的理解。

(3) 通过伯努利方程仪实验，体会位能和动能的相互转换。

【思考与练习】

1. 液压系统中的压力是怎样形成的？压力的大小取决于什么？
2. 连续性方程的本质是什么？它的物理意义是什么？
3. 液体的伯努利方程的物理意义是什么？

聚 焦 思 政

液压传动技术是一门新兴技术，它是在液体静压力传动原理的基础上发展而来的，此前，液压传动的介质一直是水，后来液压机械和元件又被运用到起重机和船舶锚机上。但是纯水黏度低，润滑性差，容易腐蚀元件，存在着多方面的缺陷，并且这些问题没有得到很好的解决，因而在很长一段时间内液压技术没有取得重大的进展。直到 20 世纪初，石油工业的兴起和耐油合成橡胶的出现，才推动了液压传动技术的发展，之后液压传动技术逐渐成熟和完善起来。

然而，液压技术采用矿物油为介质，高温条件下容易出现燃烧现象，并且，如果系统出现泄漏现象，很容易造成环境污染。因此，以水为介质的液压传动，又重新进入人们研究的视野。水具有清洁性和阻燃性，有利于环境保护和使用安全，在液压传动中具有良好的运用效果。随着现代科学技术的发展和进步，纯水作为传动介质的缺点逐渐被克服，对纯水液压传动的研究和运用越来越广泛。

水液压传动的能源、资源及财力消耗要远远低于油压传动和其他介质的液压传动，它是理想的绿色技术和安全技术，在食品、饮料、医药、电子、包装等对环境污染要求严格的场合，在冶金、热轧、铸造等高温明火环境，在海水淡化、海上救捞、海洋资源调查、船舶工程、海洋建筑以及内陆水库大坝、港口码头和河道工程的检测与维护等领域，均具有广阔的应用前景。

总而言之，纯水液压传动是液压发展的新方向。随着低碳经济的兴起，资源节约型和环境友好型的绿色制造成为现代机械工程发展的重要目标之一。

项目二　拆装液压动力元件

液压动力元件起着向系统提供动力的作用，是系统不可缺少的核心元件。液压泵是液压系统的动力元件，为系统提供具有一定流量和压力的液压油。液压泵将原动机输出的机械能转换为工作液体的压力能，再以压力、流量的形式输入系统中，它是一种能量转换装置，是液压系统的心脏。

【项目概述】

本项目分为 5 部分内容：认识液压泵、拆装齿轮泵、拆装叶片泵、拆装柱塞泵、拆装螺杆泵。

任务 2.1　认识液压泵

【任务目标】

1. 知识目标

(1) 掌握液压泵的工作原理及其正常工作的条件；

(2) 了解液压泵的工作参数。

2. 能力目标

(1) 能够理解液压泵的工作原理；

(2) 能通过铭牌了解液压泵的性能参数。

3. 素质目标

(1) 具备独立思考和主动探究能力；

(2) 具备团队协作意识和职业精神；

(3) 具备严谨、细致的工作作风。

【任务内容】

认识液压泵、进行液压泵的性能测试。

【相关知识】

液压泵概述课件　　液压泵概述微课

1. 液压泵的分类

液压泵的分类方式很多，它可按压力的大小分为低压泵、中压泵和高压泵；也可按流量是否可调节分为定量泵和变量泵；还可按液压泵的结构分为齿轮泵、叶片泵、柱塞泵和螺杆泵，其中，齿轮泵和叶片泵多用于中、低压系统，柱塞泵多用于高压系统，螺杆泵主要用于对流量、压力等参数要求较高的精密机床液压系统。各类液压泵的图形符号如图 2-1 所示。

(a) 单向定量液压泵　(b) 单向变量液压泵　(c) 双向定量液压泵　(d) 双向变量液压泵

图 2-1　液压泵的图形符号

2. 液压泵的工作原理

液压系统使用的液压泵都是容积式泵。它是依靠密封容积周期性变化来工作的。

图 2-2 所示为液压泵的工作原理图。泵体 3 和柱塞 2 构成一个密封容积，偏心轮 1 由原动机带动旋转。当偏心轮 1 由图示位置顺时针旋转半周时，柱塞在弹簧 6 的作用下向下移动，密封容积逐渐增大，形成局部真空，油箱内的油液在大气压的作用下，顶开单向阀 4 进入密封腔中，实现吸油；当偏心轮 1 继续旋转半周时，它推动柱塞 2 向上移动，密封容积逐渐减小，油液受柱塞 2 挤压而产生压力，使单向阀 4 关闭，油液顶开单向阀 5 从而输入系统，就是压油。容积式泵的流量大小取决于密封工作腔容积变化的大小和次数。若不计泄漏，则流量与压力无关。

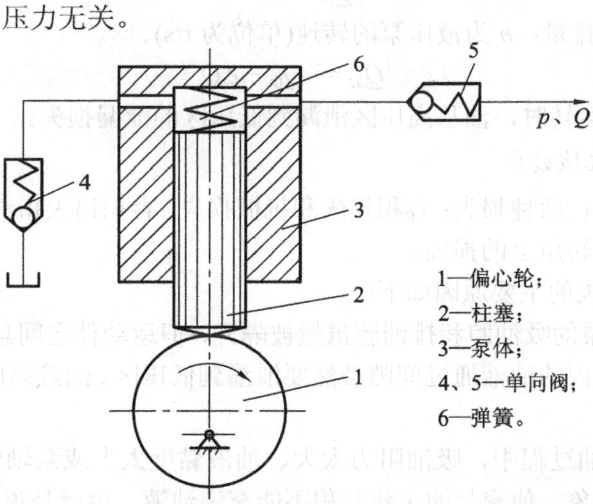

1—偏心轮；
2—柱塞；
3—泵体；
4、5—单向阀；
6—弹簧。

单柱塞液压泵动画

图 2-2　液压泵的工作原理图

由此得出如下结论：

(1) 液压泵输出的流量取决于密封工作腔容积变化的大小。

(2) 液压泵输出压力取决于油液从工作腔排出时遇到的阻力。

液压泵正常工作的必备条件如下：

(1) 有呈周期性变化的密封容积。

(2) 有与密封容积变化相协调的配流装置。

(3) 吸油时油箱与大气相通。

3. 液压泵的主要性能参数

1) 压力

(1) 工作压力。液压泵实际工作时的输出压力称为液压泵的工作压力，它是一个变化值。工作压力取决于外负载的大小和排油管路上的压力损失，而与液压泵的流量无关。

(2) 额定压力。液压泵在正常工作条件下，按试验标准规定连续运转的最高压力称为液压泵的额定压力，也是在液压泵铭牌或产品样本上标出的压力，它是一个定值，超出此值即为过载。

(3) 最高允许压力。在超过额定压力的条件下，根据试验标准规定，允许液压泵短暂运行的最高压力值称为液压泵的最高允许压力。超过此压力，液压泵的泄漏会迅速增加，液压泵的工作情况会迅速恶化。故不允许液压泵超过最高允许压力工作。

2) 排量

排量用 V 表示，单位为 mL/r，它是液压泵主轴每转一周所排出液体体积的理论值。如果液压泵排量固定，则为定量泵；若排量可变，则为变量泵。定量泵因其结构简单、密封性较好、泄漏小等特点，一般在高压时效率也较高。

3) 流量

流量为液压泵单位时间内排出的液体体积(国际单位为 m^3/s，常用单位为 L/min)，分为理论流量 Q_{th} 和实际流量 Q_{ac} 两种，其中

$$Q_{th} = Vn \tag{2-1}$$

式中，V 为液压泵的排量；n 为液压泵的转速(单位为 r/s)。

$$Q_{ac} = Q_{th} - \Delta Q \tag{2-2}$$

式中，ΔQ 为液压泵运转时，油从高压区泄漏到低压区的泄漏损失。

4) 容积效率和机械效率

液压泵工作时存在两种损失：容积损失和机械损失，容积损失指液压泵流量上的损失，机械损失指液压泵在转矩上的损失。

(1) 造成容积损失的主要原因如下：

① 容积式液压泵的吸油腔和排油腔虽然被隔开，但运动件之间总是存在一定的间隙，因此液压泵内高压区内的油液通过间隙必然要泄漏到低压区。油液黏度越低，压力越高时，泄漏越大。

② 液压泵在吸油过程中，吸油阻力太大、油液黏度太大或泵轴转速太高等原因都会造成液压泵的吸空现象，使密封的工作容积不能充满油液，也就是说，液压泵的工作腔没有被充分利用。

上述两种原因，都会使液压泵产生容积损失，液压泵的实际流量总是小于理论流量。但是，只要液压泵设计合理，第二种原因是可以避免的；但液压泵工作时因泄漏造成的容积损失是不可避免的，即液压泵的容积损失可以近似地看作全部由泄漏造成。

容积效率是液压泵实际流量与理论流量的比值。它反映了液压泵容积损失的程度。液压泵的容积效率 η_V 的计算公式为

$$\eta_V = \frac{Q_{ac}}{Q_{th}} \tag{2-3}$$

(2) 造成机械损失的主要原因如下：

① 液压泵工作时，各相对运动件(如轴承与轴、轴与密封件、叶片与泵体内壁)之间有机械摩擦，从而产生摩擦阻力损失。这种损失与液压泵输出压力有关。输出压力越高，摩擦阻力越大，损失越大。

② 油液在液压泵内流动时，由于液体的黏性而产生的黏滞阻力，也会造成机械损失。这种损失与油液的黏度及液压泵的转速有关，油液黏度越大、液压泵的转速越高，机械损失越大。

由于上述两种原因的存在，要求液压泵的实际输入扭矩应大于理论上需要的扭矩。

机械效率是液压泵理论输入转矩与实际输入转矩的比值。液压泵的机械效率 η_m 的计算公式为

$$\eta_m = \frac{T_{th}}{T_{ac}} \tag{2-4}$$

式中，T_{th} 为液压泵的理论输入转矩；T_{ac} 为液压泵的实际输入转矩。

电动机输入转矩和转速(角速度)，即机械能带动液压泵运动，液压泵的输出量是液体的压力和流量，即压力能，如不考虑能量转换的损失，则输入功率等于输出功率。

5) *液压泵的总效率和功率*

液压泵的总效率 η 的计算公式为

$$\eta = \eta_V \eta_m = \frac{P_{ac}}{P_m} \tag{2-5}$$

式中，P_{ac} 为液压泵实际输出功率；P_m 为电动机输出功率。

液压泵的功率 P_{ac} 的计算公式为

$$P_{ac} = PQ_{ac} \tag{2-6}$$

式中，P 为液压泵的输出的工作压力；Q_{ac} 为液压泵的实际输出流量。

【实施步骤】

1. 实验目的

本实验测量如下定量叶片泵的特性曲线。

(1) 实际流量 Q_{ac} 与工作压力 p 之间的关系，即 Q_{ac}–p 曲线。

(2) 容积效率 η_V、总效率 η 与工作压力 p 间的关系，即 η_V–p 和 η–p 曲线。

(3) 输入功率 P_i 与工作压力 p 之间关系，即 P_i–p 曲线。

通过以上测量，了解液压泵的静态特性、技术性能。

2. 实验设备及液压系统原理

本实验在液压教学实验台进行，本实验部分的液压系统原理图如图 2-3 所示。

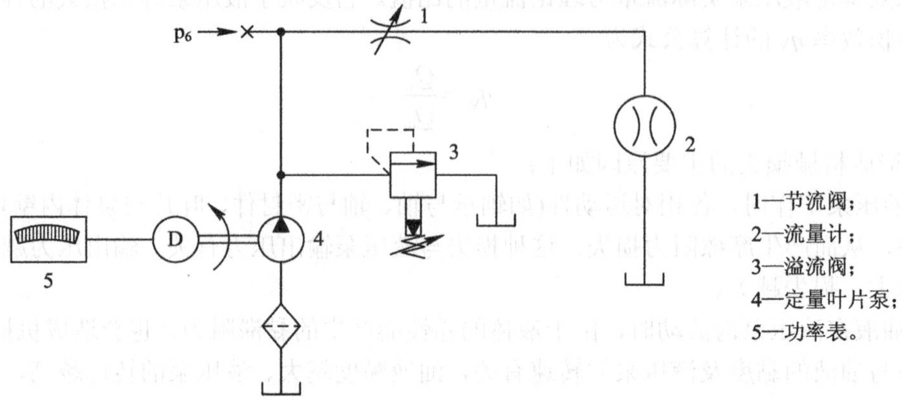

图 2-3　液压泵的性能测试实验液压系统原理图

3. 实验内容及原理

1) 液压泵的流量—压力特性

液压泵因内部泄漏产生流量损失。油液黏度越低，工作压力越高，其损失越大。本实验测定液压泵在不同工作压力下的实际流量，得出流量—压力特性曲线。

压力由压力表 p_6 读出，流量由流量计示数 ΔV(体积量)和秒表时间 t 计算得出。

(1) 空载(零压)流量。在实际生产中，液压泵的理论流量 Q_{th} 并不是按液压泵设计时的几何参数和运动参数计算得到的，通常在额定转速下，以空载时的流量 Q_{NL} 代替 Q_{th}。本实验以节流阀 1 的开口为最大的情况下测出液压泵的流量为空载流量。

(2) 额定流量。液压泵工作在额定压力和额定转速的情况下，测出的流量为额定流量 Q_n，本实验通过节流阀 1 进行加载，调节工作压力。

(3) 不同压力下的实际流量 Q_{ac}。不同的压力由节流阀 1 调定，用流量计 2 测出相应压力 p 下的流量 Q_{ac} 为

$$Q_{ac} = \frac{\Delta V}{t} \tag{2-7}$$

2) 液压泵的容积效率 η_V 的计算公式

$$\eta_V = \frac{Q_{ac}}{Q_{th}} \approx \frac{Q_{ac}}{Q_{NL}} \tag{2-8}$$

利用上述方法测出不同压力 p 下的实际流量 Q_{ac}，即可计算出不同压力下的 η，记录好数据，再作出 η_V–η 曲线。

3) 液压泵的总效率 η 的计算公式

$$\eta = \frac{P_o}{P_i} = \eta_m \eta_V \tag{2-9}$$

输入功率 P_i 用电功率表间接测出。功率表指示的数值 P_1 为电动机的输入功率，再根据该电动机的功率曲线，查出功率为 P_1 时的电动机效率 η_1，则此时电动机的输出功率也

就是液压泵的输入功率 $P_i = P_1\eta_1$。

图 2-4 所示为电动机效率 η_1 曲线图，可求得总效率 η 为

$$\eta = \frac{P_o}{P_i} = \frac{PQ_{ac}}{60P_1\eta_1} \tag{2-10}$$

4. 实验步骤

(1) 将各电磁阀置于“0”位，溢流阀 3 的弹簧放松，节流阀 1 关闭，压力表开关置于 p_6 位置。

(2) 启动液压泵 4，将溢流阀 3 调节为安全阀。逐渐调高溢流阀 3 的压力，使压力 p_6 高于液压泵(YB-6.3 型)的额定压力—安全阀压力 7.5 MPa。

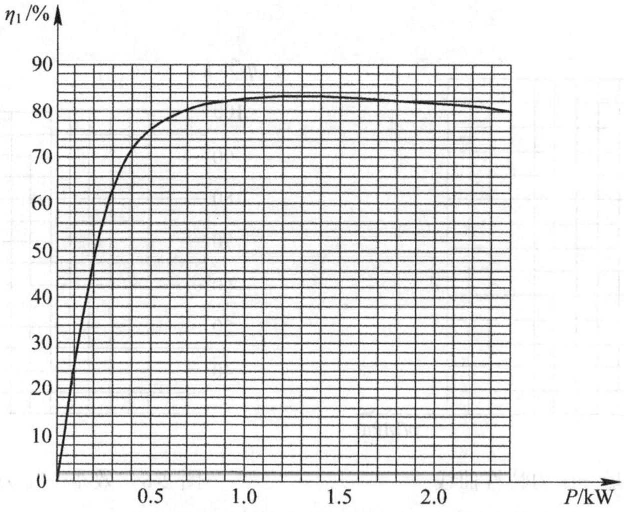

图 2-4　JO2-22-4 型电动机效率曲线

(3) 将节流阀 1 完全打开，使 p_6 的压力为 0，测出在零压时的空载流量 Q_{NL}。

(4) 调节节流阀 1，使 p_6 的压力从 0 开始，以 1 MPa 的间隔，逐渐上升到 6.3 MPa，分别记下对应的功率表读数 P_1 并测量实际流量 Q_{ac}。

5. 实验数据报告

将实验数据记录入表 2-1。

表 2-1　实验数据记录表

实验数据记录：　　　　　　　　　　　　　　　　　　　　　　实验油温：＿＿＿＿℃

序号	测算内容	1	2	3	4	5	6	7	8
1	液压泵的压力 p(MPa)								
2	液压泵输出的液容积变化量 ΔV(L)								
3	对应 ΔV 所需时间 t(s)								
4	液压泵流量 $Q = \Delta V/t \times 60$(L/min)								
5	液压泵的输出功率 P_o(kW)								
6	电动机输入功率 P_1(kW)								

续表

序号	测算内容	1	2	3	4	5	6	7	8
7	对应于 P_1 电动机效率 η_1								
8	液压泵输入功率 $P_i = P_1\eta_1$(kW)								
9	液压泵的容积效率 η_V(%)								
10	液压泵的总效率 η(%)								
11	液压泵的机械效率 $\eta_m = \eta/\eta_V$(%)								

根据实验数据分析计算，在图 2-5、2-6 中分别作出液压泵流量—压力特性曲线和效率压力特性曲线。

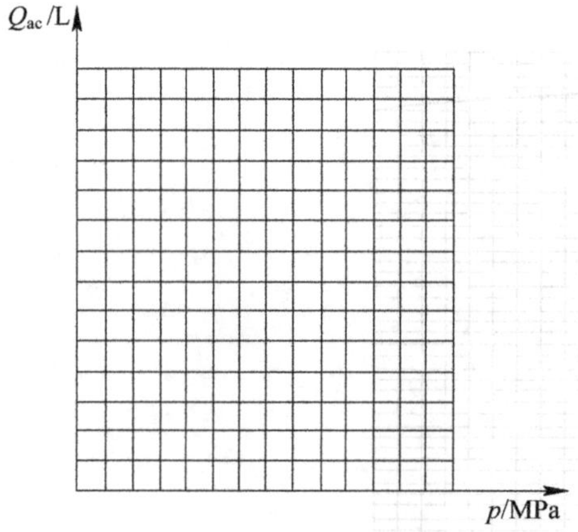

图 2-5　流量—压力特性曲线

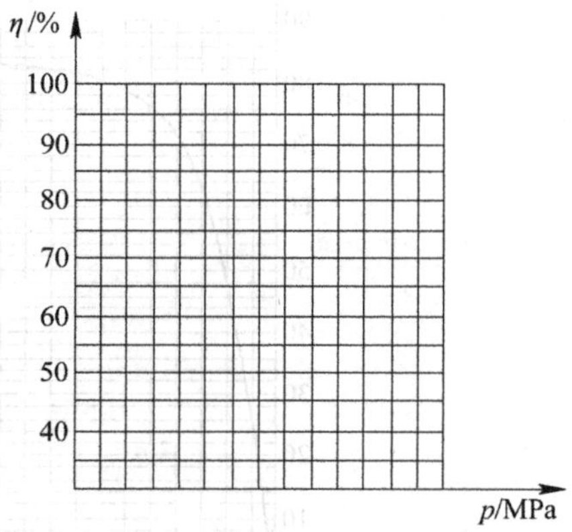

图 2-6　效率—压力特性曲线

分析计算，在图 2-7 中作出输入功率—压力特性曲线。

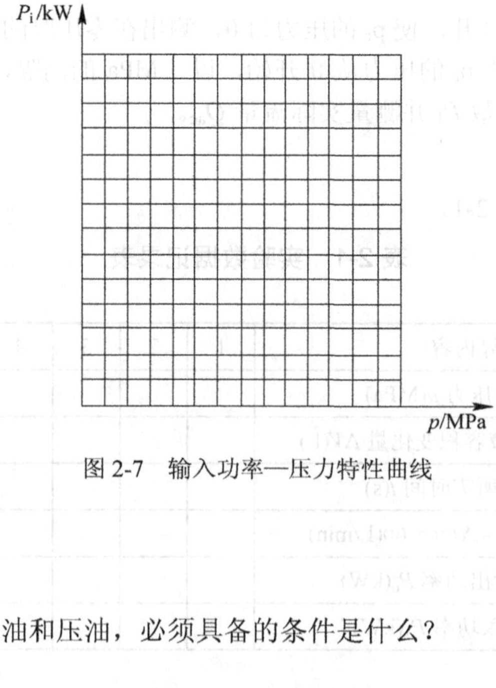

图 2-7　输入功率—压力特性曲线

【思考与练习】

1. 液压泵要完成吸油和压油，必须具备的条件是什么？

2. 某一液压泵输出油压 $p = 10$ MPa，排量 $V = 100$ mL/r，转速 $n = 1450$ r/min，容积效率 $\eta_V = 0.95$，总效率 $\eta = 0.9$，求液压泵的输出功率和电动机的驱动功率。

3. 某液压泵的工作压力为 10 MPa，实际输出流量为 60 L/min，容积效率为 0.9，机械效率为 0.94，试求：① 液压泵的输出功率；② 驱动该液压泵的电动机所需功率。

任务 2.2　拆装齿轮泵

【任务目标】

1. 知识目标

(1) 掌握常用齿轮泵的工作原理；

(2) 掌握常用齿轮泵的结构特点。

2. 能力目标

(1) 能够理解齿轮泵的工作原理，熟悉齿轮泵图形符号；

(2) 能够熟练说出齿轮泵的结构组成部分。

3. 素质目标

(1) 具备独立思考和主动探究能力；

(2) 具备团队协作意识和职业精神；

(3) 具备严谨、细致的工作作风。

【任务内容】

拆装、分析齿轮泵。

【相关知识】

齿轮泵课件　　齿轮泵微课

齿轮泵是液压系统中常用的泵，按其结构形式，可分为外啮合式齿轮泵和内啮合式齿轮泵两种。

齿轮泵的主要性能指标包括以下几个方面：

(1) 排量。在液压工程中，齿轮泵排量范围非常广泛，一般为 0.05～800.00 mL/r，但是常用范围为 2.5～250.0 mL/r。

(2) 压力。目前具有良好轴向和径向补偿措施的中、小排量的齿轮泵的最高工作压力均超过了 25 MPa，最高达 32 MPa 以上。大排量齿轮泵的许用压力亦可达到 16～20 MPa。

(3) 转速。微型齿轮泵的最高转速可达 20000 r/min 以上，常用为 1000～3 000 r/min。齿轮泵的工作转速也有下限，一般为 300～500r/min。

(4) 寿命。低压齿轮泵的寿命为 3000～5000 h，高压外齿轮泵额定压力下的寿命一般只有几百小时，高压内齿轮泵的寿命可达 2000～3000 h。

1. 外啮合齿轮泵的结构及工作原理

外啮合式齿轮泵由于其结构简单、制造方便、价格低廉、体积小、重量轻、自吸性能好、对油液污染不敏感等优点，所以应用比较广泛。但缺点是流量脉动大、噪声大。

1) 外啮合齿轮泵的结构

图 2-8 为 CB-B 型齿轮泵的结构图。它是分离三片式结构(即泵体，前、后端盖三片)用两个定位销定位，用六个螺钉固紧。泵体内装一对啮合齿轮，分别用键连接在由滚针轴承支撑的主动轴和从动轴上。为了使齿轮能灵活地转动，同时又要使泄漏最小，在齿轮端面和泵盖之间应留有适当的间隙(轴向间隙量为 0.025～0.04 mm)，另外为避免齿顶和泵体内壁相碰，齿顶和泵体内表面也留有一定的间隙(径向间隙量一般取 0.13～0.16 mm)。

该泵采用了内部泄油方式，从压油腔泄漏到滚针轴承的油液可通过泄油小孔 a、b、c 流回吸油腔，以保证冷油循环润滑轴承，同时也降低堵头和骨架式密封圈处的密封要求。为防止油液从泵体与盖板结合面处向外泄漏和减小螺钉的拉力，在泵体两端面上开有卸荷槽，使渗入泵体和盖板结合面间的压力油引回吸油腔。为了减小径向不平衡力对泵带来的不良影响，CB-B 型齿轮泵采取了缩小压油口的办法使压油腔的油压仅作用在一至两个齿的范围内。

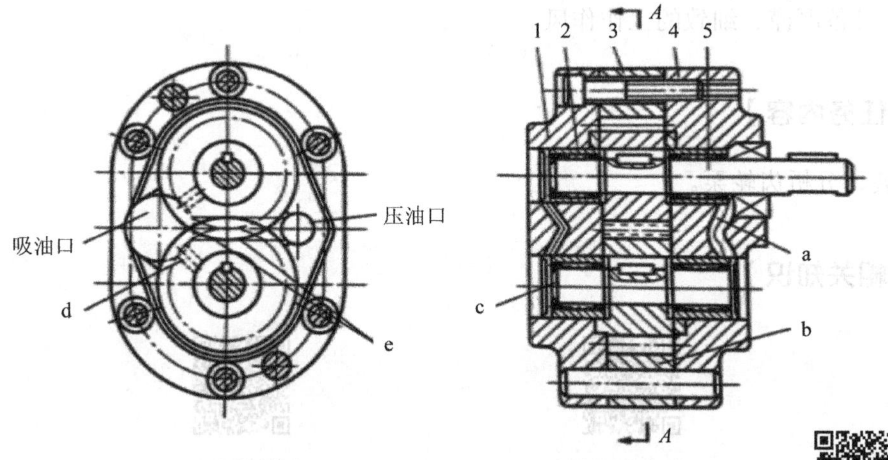

1—后泵盖；2—滚针轴承；3—泵体；4—前泵盖；5—传动轴；
a、c、d—泄油通道；b—端面卸荷槽；e—困油卸荷槽。

图 2-8　CB-B 型齿轮泵结构图

外啮合齿轮泵动画

2) 外啮合齿轮泵工作原理

外啮合齿轮泵的工作原理图如图 2-9 所示。两个相互啮合的齿轮、泵体和两个端盖是组成齿轮泵的主要工作零件，它们形成密封的工作容积。该密封的工作容积以相互啮合齿轮的轮齿接触的啮合线为界，分隔成左右两个密封的空腔，右腔接吸油口，左腔接压油口。当主动轴带动主动齿轮按图示方向旋转时，在右腔中，啮合的两轮齿逐渐脱开，工作容积逐渐增大，形成局部真空。油箱中的油液在大气压力作用下经吸油口进入吸油腔，流入各个齿槽中，齿槽中的油液随齿轮转动，沿箭头所示方向被带到左腔。同时，在左腔中齿轮啮合处的轮齿逐渐啮合，使工作容积逐渐减小，油液压力增加，形成高压油液，左腔的高压油液被挤压，经压油口排出。这样，齿轮不停地转动，吸油腔不断地从油箱中吸油，压油腔就不断地排油，这就是齿轮泵的工作原理。

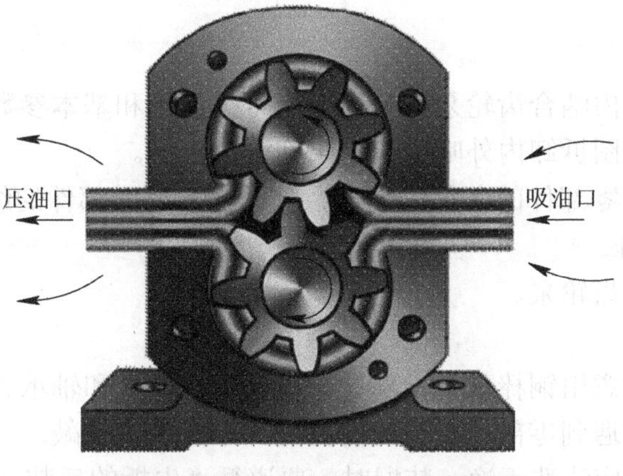

图 2-9　外啮合齿轮泵的工作原理图

2. 内啮合齿轮泵的结构和工作原理

内啮合齿轮泵有渐开线齿轮泵和摆线齿轮泵(又称为转子泵)两种，如图 2-10 所示，内啮合齿轮泵的工作原理与外啮合齿轮泵的工作原理相似。在渐开线齿形的内啮合齿轮泵中，小齿轮和内齿轮之间装有一块月牙形隔板，将吸油腔与压油腔隔开，如图 2-10(a)所示。在摆线齿形的内啮合齿轮泵中，小齿轮和内齿轮只相差一个轮齿，不需要设置隔板，如图 2-10(b)所示。内啮合齿轮泵中的小齿轮是主动轮，内齿轮的轴中心线与小齿轮轴中心线有一偏心距，工作时各自绕自身的轴中心线旋转。

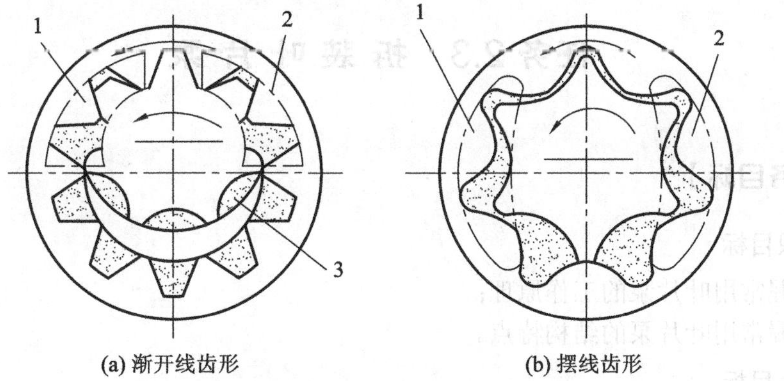

(a) 渐开线齿形　　(b) 摆线齿形

1—吸油腔；2—压油腔；3—隔板。

图 2-10　内啮合齿轮泵的工作原理图

内啮合渐开线齿轮泵动画　　内啮合摆线齿轮泵动画

内啮合齿轮泵结构紧凑、体积小、重量轻，由于齿轮转向相同、相对滑动速度小，故摩擦损失小、寿命长。此外，内啮合齿轮泵还具有流量小、自吸能力强、噪声小、效率高等优点，是一种高性能泵。但是内啮合齿轮泵的加工精度高、结构复杂、成本高，远不如外啮合齿轮泵应用广泛。同时，内啮合齿轮泵可正、反转，故也可作为液压马达使用。

【实施步骤】

(1) 记录外啮合、内啮合齿轮泵的名称、型号、规格和基本参数。

(2) 参照结构原理图拆卸内外啮合齿轮泵并清洗干净。

(3) 指出拆下的各零部件的名称，观察、分析各主要零部件的结构、作用，以及内外啮合齿轮泵的工作原理。

(4) 装配内外啮合齿轮泵。

拆装注意事项：

(1) 拆装时，应注意用铜棒敲打零部件，以免损坏部件和轴承。

(2) 拆卸过程中，遇到零部件卡住的情况时，不能硬砸乱敲。

(3) 装配前，零件应清洗干净。装配时，要遵循“先拆的后装，后拆的先装”的原则，合理安装。

(4) 安装完毕后，泵应能够灵活平稳转动，没有阻滞和卡死现象。

【思考与练习】

1. 在齿轮泵中，开卸荷槽的原则是什么？
2. 为什么齿轮泵通常只能作低压泵使用？

任务 2.3　拆装叶片泵

【任务目标】

1. 知识目标

(1) 掌握常用叶片泵的工作原理；

(2) 掌握常用叶片泵的结构特点。

2. 能力目标

(1) 能够理解叶片泵的工作原理，熟悉叶片泵图形符号；

(2) 能够熟练说出叶片泵的结构组成部分。

3. 素质目标

(1) 具备独立思考和主动探究能力；

(2) 具备团队协作意识和职业精神；

(3) 具备严谨、细致的工作作风。

【任务内容】

拆装、分析叶片泵。

【相关知识】

叶片泵在中低压系统中应用广泛，其流量脉动小、工作平稳、噪声小。但其结构复杂，自吸能力差，对油液污染比较敏感。按每转吸、压油次数和轴、轴承等零件所受径向液压力分为单作用叶片泵和双作用叶片泵；按叶片泵输出流量是否可变，可分为定量叶片泵和变量叶片泵。下面重点介绍单作用叶片泵和双作用叶片泵的结构及工作原理。

1. 单作用叶片泵的结构和工作原理

单作用叶片泵课件　　单作用叶片泵微课

单作用叶片泵又称变量叶片泵，其工作原理如图 2-11 所示，它由转子 1、定子 2、叶片 3、配油盘、泵体(图中未示出)等组成。定子和转子间有偏心距 e，叶片装在转子槽中，并可在槽内滑动。当转子转动时，由于离心力的作用，使叶片紧靠在定子内壁，这样在定子、转子、叶片和两侧的配油盘间就形成了若干个密封容腔。转子每转一转，每个容腔完成一次吸压油。改变定子和转子之间偏心距 e 的大小，可改变泵输出的流量。改变偏心的方向，吸压油的方向也随之改变，即成为双向泵。

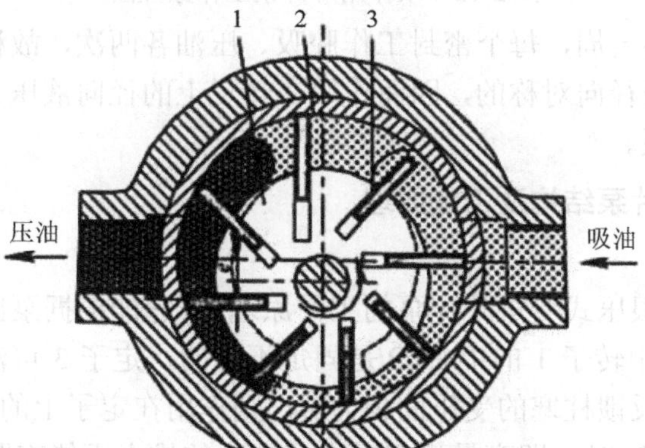

1—转子；2—定子；3—叶片。

图 2-11　单作用叶片泵工作原理图

单作用叶片泵工作原理动画

该泵转子受到不平衡的径向液压力作用，所以这种泵一般不宜用于高压。

2. 双作用叶片泵的结构和工作原理

双作用叶片泵课件　　双作用叶片泵微课　　双作用叶片泵工作原理动画

图 2-12 为双作用叶片泵的工作原理图。它主要由定子 1、压油口 2、转子 3、叶片 4、吸油口 5、配油盘 6、转动轴和泵体(图中未示出)等组成。定子内表面由两段大半径 R 圆弧、两段小半径 r 圆弧和四段过渡曲线这八个部分组成，定子和转子是同心的。转子旋转时，叶片靠离心力和根部油压作用伸出并紧贴在定子的内表面上，两叶片之间和转子的外圆柱面、定子内表面及前后配油盘形成了一个个密封工作容腔。转子逆时针方向旋转时，密封工作腔的容积在右上角和左下角处逐渐增大，形成局部真空而吸油，为吸油区。在左上角和右下角处逐渐减小而压油，为压油区。吸油区和压油区之间有一段封油区把它们隔开。

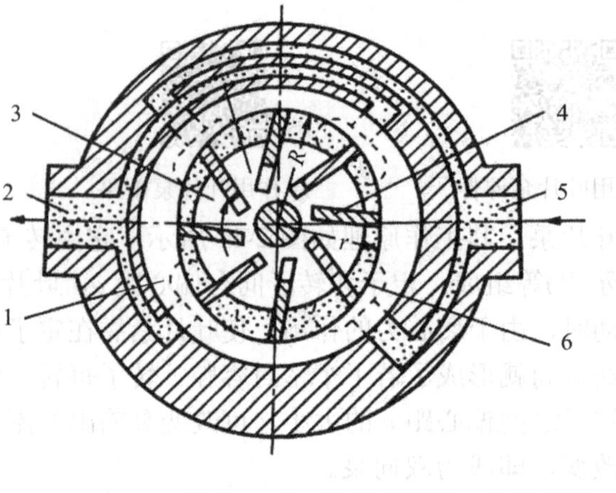

1—定子；
2—压油口；
3—转子；
4—叶片；
5—吸油口；
6—配油盘。

图 2-12　双作用叶片泵工作原理图

这种泵的转子每转一周，每个密封工作腔吸、压油各两次，故称双作用叶片泵。泵的两个吸油区和压油区是径向对称的，因而作用在转子上的径向液压力是平稳的，故这种叶片泵又称平衡式叶片泵。

3. 限压式变量叶片泵结构及工作原理

1) 工作原理

图 2-13 为外反馈限压式变量叶片泵的工作原理图，它能根据泵出口压力的大小自动调节泵的排量。图 2-13 中转子 1 的中心 O 是固定不动的，定子 3 可沿滑块滚针轴承左右移动，其中心为 O_1。设反馈柱塞的受压面积为 A，则作用在定子上的反馈力 pA 小于作用在定子上的弹簧预紧力 Fx 时，即变量活塞对定子产生的推力不能克服调压弹簧 2 的作用力时，定子被弹簧推到最右边的位置上，使定子和转子之间保持原始偏心距 e_0(调节螺钉 6 用以调节泵的原始偏心距 e_0，进而调节流量)，泵的输出流量也最大。当泵的压力升高到 $pA>Fx$ 时，反馈力克服弹簧预紧力，推动定子左移 x，偏心距 e_x减小。泵输出流量 q 随之减小。压力越高，偏心距越小，输出流量也越小。当压力达到使泵偏心所产生的流量全部用于补偿泄露时，泵的输出流量为零，无论外负载如何加大，泵的输出压力都不再升高，所以这

种泵被称为外反馈限压式变量叶片泵。

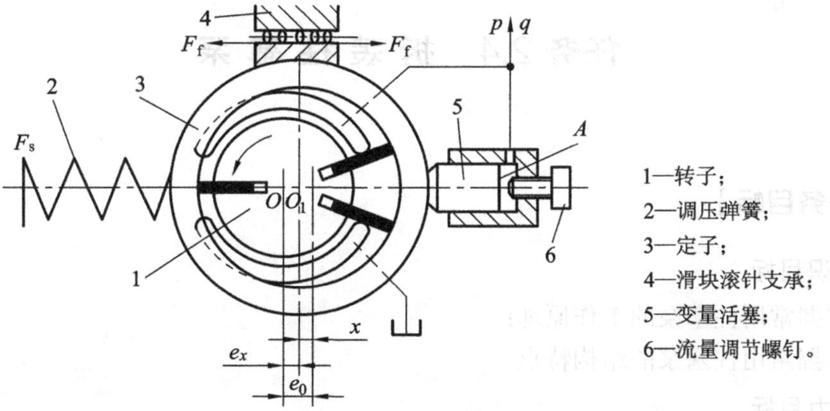

图 2-13 外反馈限压式变量叶片泵

2) 结构特点

(1) 限压式变量叶片泵与定量叶片泵相比，其结构复杂，相对运动机件多，泄漏和噪声较大，有径向不平衡力，容积效率和机械效率较低。

(2) 限压式变量叶片泵能按负载压力自动调节流量，在功率使用上较为合理，可减少油液发热。因此，它多用在执行元件有快、慢速和保压阶段要求的液压系统中。

目前，高性能单作用叶片泵几乎毫无例外地采用外反馈式的变量控制方案。德国力士乐公司生产的 V4、V5 型高压变量叶片泵均属于外反馈式变量泵，它具有工作压力高、噪声低、变量调节功能多及动态响应性能好等特点。

【实施步骤】

(1) 记录单作用、双作用叶片泵的名称、型号、规格、基本参数。

(2) 参照结构原理图拆卸单作用、双作用叶片泵并清洗干净。

(3) 指出拆下的各零部件的名称，观察、分析各主要零部件的结构、作用，以及单作用、双作用叶片泵的工作原理。

(4) 装配单作用、双作用叶片泵。

拆装注意事项：

(1) 拆装时，应注意用铜棒敲打零部件，以免损坏部件和轴承。

(2) 拆卸过程中，遇到零部件卡住的情况时，不能硬砸乱敲。

(3) 装配前，零件应清洗干净。装配时，要遵循“先拆的后装，后拆的先装”的原则，合理安装。

(4) 安装完毕后，泵应能够灵活平稳转动，没有阻滞和卡死现象。

【思考与练习】

1. 在叶片泵中，单作用叶片泵和双作用叶片泵结构上有什么区别？

2. 为什么单作用叶片泵是变量泵？双作用叶片泵是定量泵？

任务 2.4 拆装柱塞泵

【任务目标】

1. 知识目标

(1) 掌握常用柱塞泵的工作原理；

(2) 掌握常用柱塞泵的结构特点。

2. 能力目标

(1) 能够理解柱塞泵的工作原理，熟悉柱塞泵图形符号；

(2) 能够熟练说出柱塞泵的结构组成部分。

3. 素质目标

(1) 具备独立思考和主动探究能力；

(2) 具备团队协作意识和职业精神；

(3) 具备严谨、细致的工作作风。

【任务内容】

拆装、分析径向柱塞泵和轴向柱塞泵。

【相关知识】

柱塞泵课件　　柱塞泵微课　　径向柱塞泵动画　　轴向柱塞泵动画

柱塞泵是依靠柱塞在缸体内往复运动，使密封容积产生变化，来实现吸油和压油的。由于柱塞与缸体内孔均为圆柱表面，因此加工方便、配合精度高、密封性能好、容积效率高、结构强度高，另外，只要改变柱塞的工作行程就能改变泵的排量，所以柱塞泵具有压力高、结构紧凑、效率高、流量调节方便等优点。根据柱塞排列方向不同可分为径向柱塞泵和轴向柱塞泵。

1. 径向柱塞泵结构和工作原理

径向柱塞泵结构和工作原理如图 2-14 所示，径向柱塞泵主要由定子 1、配油轴 2、转子 3、衬套(图中未示出)和柱塞 4 等组成。转子 3 上均匀地分布着几个径向排列的孔，柱塞 4 可在孔中自由地滑动。配油轴 2 把衬套的内孔分隔为上下两个分油室，这两个分油室分别通过配油轴 2 上的轴向孔与泵的吸、压油口相通。定子 1 与转子 3 偏心安装。当转子 3 按图示方向逆时针旋转时，柱塞 4 在下半周时逐渐向外伸出，柱塞孔的容积增大形成局部真空，油箱中的油液经过配油轴 2 上的吸油口和油室进入柱塞孔，这就是吸油过程。当柱塞 4 运动到上半周时，定子 1 将柱塞 4 压入柱塞孔中，柱塞孔的密封容积变小，孔内的油液通过油室和排油口压入系统，这就是压油过程。转子 3 每转一周，每个柱塞各吸、压油一次。

径向柱塞泵的输出流量由定子 1 与转子 3 之间的偏心距决定。若偏心距为可调的，则为变量泵，图 2-14 所示即为变量泵。偏心距的方向改变后，进油口和压油口也随之互相变换，则变成双向变量泵。

径向柱塞泵的优点是流量大、工作压力较高、轴向尺寸小、工作可靠等。其缺点是径向尺寸大、自吸能力差，且配油轴受到径向不平衡液压力的作用，易于磨损，泄漏间隙不能补偿，这些缺点限制了泵的转速和压力的提高。

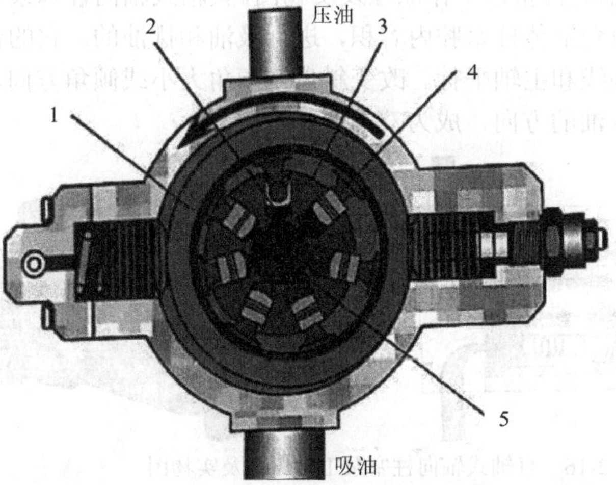

图 2-14　径向柱塞泵结构和工作原理图

2. 轴向柱塞泵结构和工作原理

轴向柱塞泵是将多个柱塞轴向配置在一个共同缸体的圆周上，并使柱塞中心线和缸体中心线平行的一种液压泵。轴向柱塞泵的优点是结构紧凑、径向尺寸小，惯性小，容积效率高，目前最高压力可达 40 MPa，甚至更高。一般用于工程机械、压力机等高压系统中。但其轴向尺寸较大，轴向作用力也较大，结构比较复杂。

轴向柱塞泵结构和工作原理如图 2-15 所示，轴向柱塞泵工作过程：传动轴 1 带动缸体 2 旋转，缸体 2 上均匀分布有奇数个柱塞孔，柱塞孔 6 内装有柱塞 5，柱塞 5 的头部通过滑靴 4 紧压在斜盘 3 上。当缸体 2 从图示最下方位置向上移动时，柱塞 5 向外伸出，柱塞孔 6 的密封容积增大，形成局部真空，油箱中的油液被吸入柱塞孔 6，这就是吸油过程；当缸体 2 带动柱塞 5 从图示最上方位置向下转动时，柱塞 5 被压入柱塞孔 6，柱塞孔 6 内密封容积减小，孔内油挤出，这就是压油过程。缸体 2 每旋转一周，每个柱塞孔都完成一次吸油和压油的过程。

轴向柱塞泵有两种结构形式，直轴式(斜盘式)和斜轴式(摆缸式)。

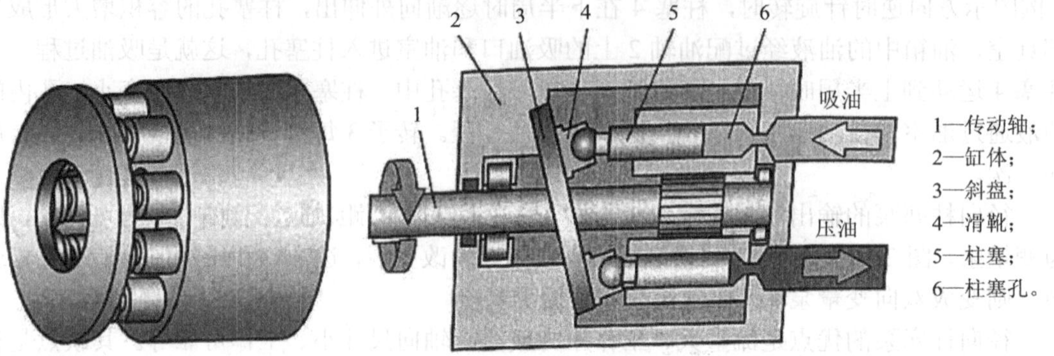

图 2-15 轴向柱塞泵结构和工作原理图

1) 直轴式(斜盘式)轴向柱塞泵

图 2-16 所示为直轴式轴向柱塞泵工作原理及实物图。直轴式轴向柱塞泵是靠斜盘推动柱塞产生往复运动，进而改变缸体柱塞腔内容积，进行吸油和排油的。它的传动轴中心线和缸体中心线重合，柱塞轴线和主轴平行。改变斜盘的倾角大小或倾角方向，就可改变液压泵的排量或改变吸油和压油的方向，成为双向变量泵。

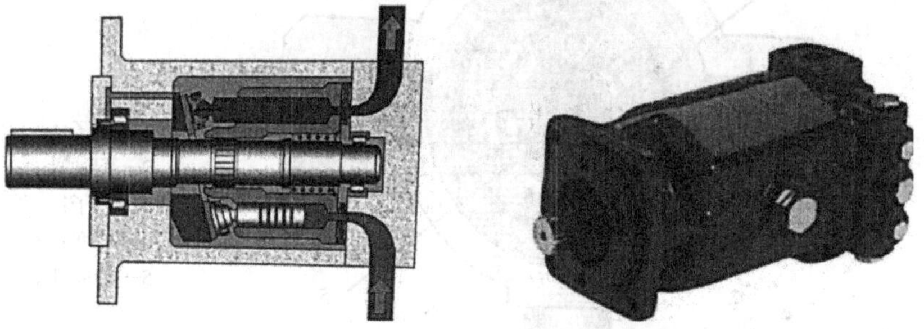

图 2-16 直轴式轴向柱塞泵工作原理及实物图

2) 斜轴式轴向柱塞泵

图 2-17 所示为斜轴式轴向柱塞泵工作原理及实物图。斜轴式轴向柱塞泵的传动轴线与缸体的轴线相交为一个夹角。柱塞通过连杆与主轴盘铰接，并由连杆的强制作用使柱塞产生往复运动，从而使柱塞腔的密封容积变化而输出液压油。这种柱塞泵变量范围大，且泵的强度大，但结构较复杂，外形尺寸和重量都较大。

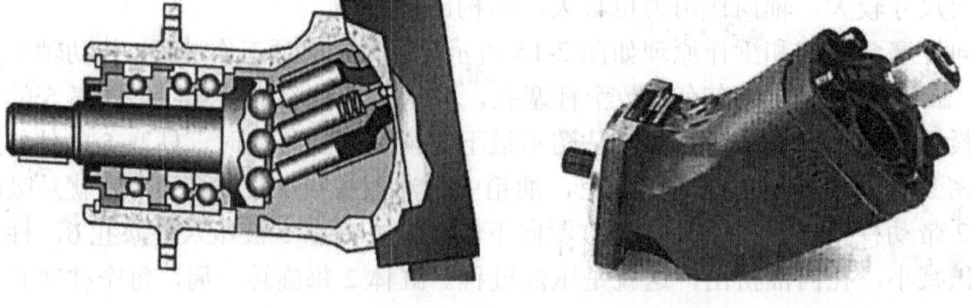

图 2-17 斜轴式轴向柱塞泵工作原理及实物图

【实施步骤】

(1) 记录径向柱塞泵、轴向柱塞泵的名称、型号、规格、基本参数。

(2) 参照结构原理图拆卸径向柱塞泵、轴向柱塞泵并清洗干净。

(3) 指出拆下的各零部件的名称，观察、分析各主要零部件的结构、作用，以及径向柱塞泵、轴向柱塞泵的工作原理。

(4) 装配轴向、径向柱塞泵。

拆装注意事项：

(1) 拆装时，应注意用铜棒敲打零部件，以免损坏部件和轴承。

(2) 拆卸过程中，遇到零部件卡住的情况下，不能硬砸乱敲。

(3) 装配前，零件应清洗干净。装配时，要遵循“先拆的后装，后拆的先装”的原则，合理安装。

(4) 安装完毕后，泵应能够灵活平稳转动，没有阻滞和卡死现象。

【思考与练习】

1. 解释所拆柱塞泵型号标注的意义。
2. 柱塞泵密封容积的形成和变化与齿轮泵、叶片泵有何不同？
3. 轴向柱塞泵为何能紧靠在斜盘上？
4. 如何消除轴向柱塞泵的困油现象？
5. 为什么柱塞泵的工作压力比齿轮泵和叶片泵高？

任务 2.5　拆装螺杆泵

【任务目标】

1. 知识目标

(1) 掌握常用螺杆泵的工作原理；

(2) 掌握常用螺杆泵的结构特点。

2. 能力目标

(1) 能够理解螺杆泵的工作原理，熟悉螺杆泵图形符号；

(2) 能够熟练说出螺杆泵的结构组成部分。

3. 素质目标

(1) 具备独立思考和主动探究能力；

(2) 具备团队协作意识和职业精神；

(3) 具备严谨、细致的工作作风。

【任务内容】

拆装、分析螺杆泵。

【相关知识】

1. 螺杆泵的结构和工作原理

螺杆泵的工作原理如图 2-18 所示。泵的壳体里有三根互相啮合的双头螺杆，主动螺杆 1 是凸螺杆，从动螺杆 2 是凹螺杆。在横截面内，它的齿廓由几对摆线共轭曲线组成，螺杆的啮合线把螺旋槽分割成若干密封工作腔。当主动螺杆带动从动螺杆旋转时，各密封工作腔沿着轴线从左向右移动。左端形成密封工作腔，容积逐渐增大，进行吸油；右端工作腔容积逐渐缩小，将油压出。螺杆直径越大，螺旋槽越深，排量也越大。螺杆越长，吸油口和压油口之间密封层次越多，密封越好，可提高泵的额定压力。

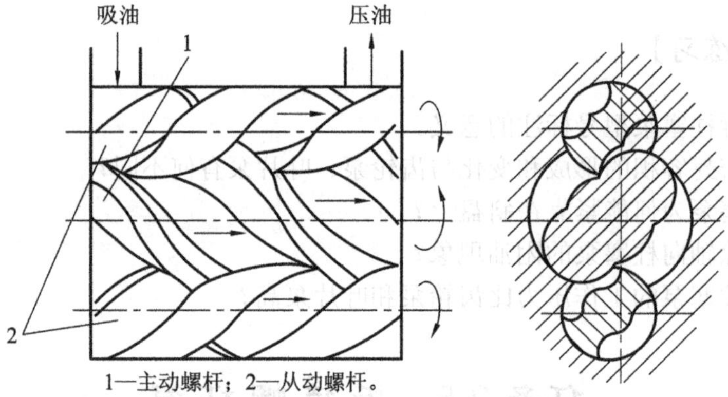

1—主动螺杆；2—从动螺杆。

图 2-18　螺杆泵的工作原理

螺杆泵的优点是结构简单紧凑，体积小，质量小，运动平稳，输油均匀，噪声小，允许采用高转速，对油液污染不敏感。其主要缺点是加工较困难，不易保证精度。

2. 螺杆泵的主要性能指标

螺杆泵的主要性能指标包括以下：

(1) 流量。螺杆式液压泵的流量范围为 3～10000L/min，输送物料的螺杆泵的流量可达 200 m^3/min。

(2) 压力。三螺杆泵的常用工作压力 2.5～20 MPa，个别可高达 35～40 MPa。

(3) 转速。小排量螺杆泵的转速可高达 6000 r/min，大规格的在 1000～1500 r/min 之间。

(4) 功率。各种螺杆泵中最大的功率超过 600 kW。

【实施步骤】

(1) 记录螺杆泵的名称、型号、规格、基本参数。

(2) 参照结构原理图拆卸螺杆并清洗干净。

(3) 指出拆下的各零部件的名称，观察、分析各主要零部件的结构、作用，以及螺杆泵的工作原理。

(4) 装配螺杆泵。

拆装注意事项：

(1) 拆装时，应注意用铜棒敲打零部件，以免损坏部件和轴承。

(2) 拆卸过程中，遇到零部件卡住的情况下，不能硬砸乱敲。

(3) 装配前，零件应清洗干净。装配时，要遵循“先拆的后装，后拆的先装”的原则，合理安装。

(4) 安装完毕后，泵应能够灵活平稳转动，没有阻滞和卡死现象。

【思考与练习】

1. 解释所拆螺杆泵型号标注的意义。
2. 螺杆泵密封容积的形成和变化与齿轮泵、叶片泵有何不同？

聚焦思政

液压泵为液压系统提供着源源不断的油液，保证整个系统的连续与流动。它对系统的重要性像心脏对人类的生命一样。对于我们来说，不仅要靠“心脏”为身体提供动力，也需要“希望”和“目标”为灵魂提供前进的动力。作为新时代的大学生，你有没有思考过，是什么在驱使你努力生活与学习，你近期的小目标是什么？未来的大目标是什么呢？

项目三　拆装液压执行元件

液压系统中的执行元件包括液压马达和液压缸，是将压力能转换为机械能的装置，其作用是在工作介质的作用下输出转矩和转速，以驱动工作机构作功。

【项目概述】

本项目分为两部分内容：拆装液压马达和拆装液压缸。

任务 3.1　拆装液压马达

【任务目标】

1. 知识目标

(1) 掌握液压马达的工作原理及结构特点；

(2) 掌握液压马达的主要性能参数。

2. 能力目标

(1) 能够理解常用液压马达的工作原理，熟悉液压马达图形符号；

(2) 能够根据不同应用场景选择合适的液压马达。

3. 素质目标

(1) 具备独立思考和主动探究能力；

(2) 具备团队协作意识和职业精神；

(3) 具备严谨、细致的工作作风。

【任务内容】

拆装液压马达、分析液压马达结构组成。

【相关知识】

液压马达课件　　液压马达微课

1. 液压马达的分类

液压马达的结构与液压泵类似，在原理上具有可逆性，但因为两者用途的不同，所以在细部结构上有些差别。按照结构类型划分，液压马达有齿轮式、叶片式、柱塞式和其他形式；按照额定转速划分，液压马达有高速马达和低速马达两大类。

高速液压马达的主要特点是转速高(额定转速大于 500 r/min)，且其转动惯量小、便于启动和制动，适用于中高速小转矩输出场合，又称之为高速小扭矩液压马达。

低速液压马达的主要特点是转速低(额定转速小于 500 r/min)，甚至只有数转每分，但其输出转动惯量大，又称之为低速大扭矩液压马达。另外，低速液压马达的稳定性好，可直接与工作机构连接，适用于工程、建筑、运输和矿山等机械上。各类液压马达的图形符号如图 3-1 所示。

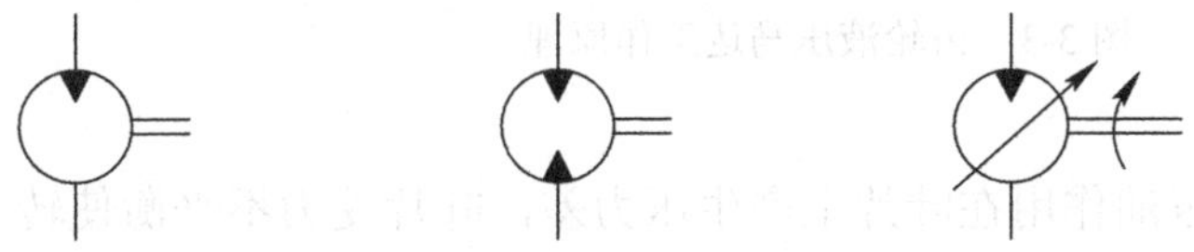

(a) 单向定量液压马达　(b) 双向定量液压马达　(c) 单向变量液压马达　(d) 双向变量液压马达

图 3-1　液压马达图形符号

1) 齿轮液压马达

齿轮液压马达在结构上与齿轮式液压泵类似，但为了适应正反转要求，马达进出油口大小相等，具有对称性，并且有单独外泄油口。齿轮液压马达为了减少启动摩擦力矩，采用滚动轴承；为了减少转矩脉动，齿数比泵的齿数要多。齿轮液压马达由于密封性能差，容积效率低，不能产生较大转矩，因此主要用于高转速小转矩场合。

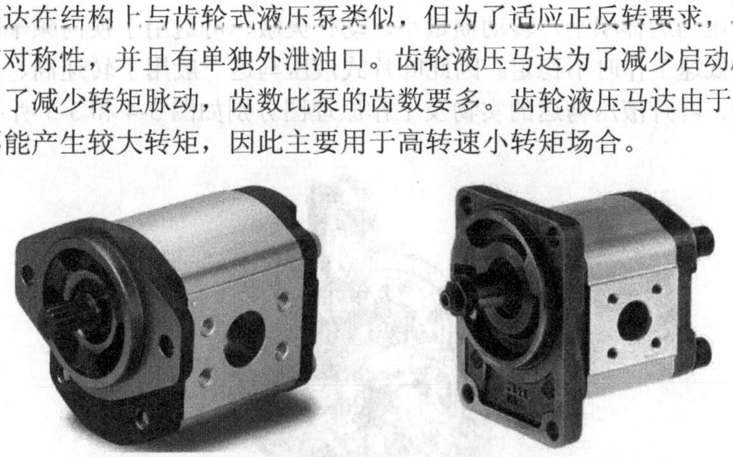

图 3-2　齿轮液压马达实物图

齿轮液压马达的工作原理如图 3-3 所示。图中 P 点为两齿轮的啮合点，啮合点 P 到两齿根的距离分别为 a 和 b，齿宽为 B(图中未示出)，设齿高为 h。由于 a 和 b 都小于 h，所以当压力油作用到齿面上时，在两个齿轮上就各有一个使它们产生转矩的作用力，其中作用在下齿轮的力为 $p_M(h-a)B$；作用在上齿轮的力为 $p_M(h-b)B$，p_M 为输入油液压力。在上述力的作用下，两齿轮按图示方向回转，把液压油带到低压腔并随着轮齿的啮合而排出，同时在液压马达的输出轴上输出一定的转矩和转速。

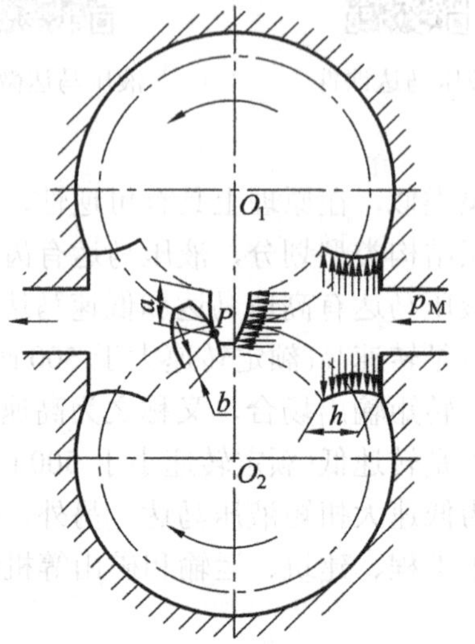

外啮合齿轮马达动画

图 3-3　齿轮液压马达工作原理

2) 叶片液压马达

叶片式液压马达中的液压油作用在叶片上产生压力差，叶片受力不平衡使转子产生转矩，其转速由输入液压马达的流量大小来决定。由于液压马达一般都要求能正反转，所以叶片式液压马达的叶片要径向放置。为了使叶片根部始终通有压力油，在回、压油腔通入叶片根部的通路上应设置单向阀，为了确保叶片式液压马达在压力油通入后能正常启动，必须使叶片顶部和定子内表面紧密接触，以保证良好的密封，因此在叶片根部应设置预紧弹簧。

叶片式液压马达体积小，转动惯量小，动作灵敏，可适用于换向频率较高的场合，但泄漏量较大，低速工作时不稳定。因此叶片式液压马达一般用于转速高、转矩小和动作要求灵敏的场合。叶片液压马达的实物及工作原理图分别如图 3-4 和 3-5 所示。

图 3-4　叶片液压马达实物

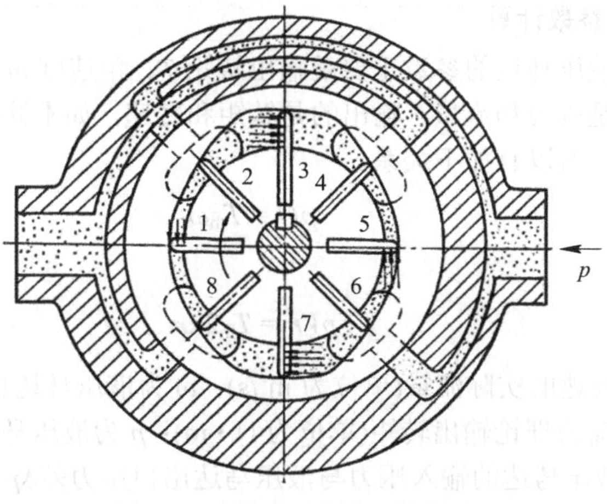

图 3-5　叶片液压马达工作原理

双作用叶片马达动画

3) 柱塞液压马达

柱塞液压马达按结构可分为轴向柱塞式和径向柱塞式，轴向柱塞液压马达排量小、输出扭矩小，属于高速小扭矩液压马达。同时柱塞液压马达属于变量马达，改变柱塞的工作行程就能改变流量，从而改变马达的转矩和转速。径向柱塞马达属于低速大转矩液压马达，其输出转矩大(可达数千至数万 N・m)，低速稳定性好(可在 10 r/min 以下平稳运转，甚至低到 0.5 r/min 以下)，因此可直接与工作机构连接。

斜盘式轴向柱塞马达动画

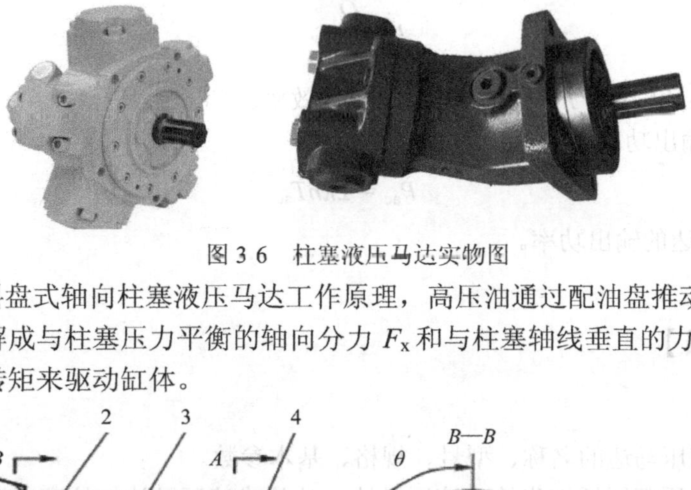

图 3-6　柱塞液压马达实物图

图 3-7 为斜盘式轴向柱塞液压马达工作原理，高压油通过配油盘推动柱塞伸出，斜盘的反作用力分解成与柱塞压力平衡的轴向分力 F_x 和与柱塞轴线垂直的力 F_y，F_y 使缸体相对于轴心产生转矩来驱动缸体。

1—斜盘；2—柱塞；3—缸体；4—配油盘；5—传动轴。

图 3-7　斜盘式轴向柱塞液压马达工作原理

2. 液压马达特征参数计算

从使用角度看，液压马达的参数主要是输出转矩 T、角速度 ω 和转速 n 和效率 η。

液压马达输入的是压力和流量，输出的是转矩和转速，如不计损失，理论上液压马达输入、输出功率相等，所以有如下关系。

$$pQ = T_{th}\omega \tag{3-1}$$

即有

$$pVn = T_{th}2\pi n \tag{3-2}$$

式中，Q 为输入液压马达的实际流量(单位为 m^3/s)；ω 为液压马达角速度(单位为 rad/s)；n 为转速(单位为 r/s)；T_{th} 为理论输出转矩(单位为 N · m)；p 为液压马达的输入压力，如出口压力不为零，p 要用液压马达的输入压力与液压马达出口压力差Δp 代替。

所以得输出扭矩：

$$T_{th} = \frac{\Delta pV}{2\pi} \tag{3-3}$$

$$T_{ac} = \eta_m T_{th} \tag{3-4}$$

式中，T_{ac} 为液压马达的实际输出转矩：V 为液压马达排量；η_m 为液压马达的机械效率。

液压马达的输出转速为

$$n = \frac{Q}{V}\eta_v \tag{3-5}$$

式中，n 为液压马达转速；η_V 为液压马达的容积效率。

液压马达的输出功率为

$$P_{ac} = 2\pi nT_{ac} \tag{3-6}$$

式中，P_{ac} 液压马达的输出功率。

【实施步骤】

1. 实验步骤

(1) 记录各液压马达的名称、型号、规格、基本参数。

(2) 参照结构原理图拆卸齿轮式液压马达、叶片式液压马达、柱塞式液压马达并清洗干净。

(3) 指出拆下的各零部件的名称，观察、分析各主要零部件的结构、作用，以及各液压马达的工作原理。

(4) 装配各液压马达。

2. 拆装注意事项

(1) 拆装时，应注意用铜棒敲打零部件，以免损坏部件和轴承。

(2) 拆卸过程中，遇到零部件卡住的情况下，不能硬砸乱敲。

(3) 装配前，零件应清洗干净。装配时，要遵循“先拆的后装，后拆的先装”的原则，合理安装。

(4) 安装完毕后，液压马达应能够灵活平稳转动，没有阻滞和卡死现象。

【思考与练习】

1. 液压马达的理论流量和实际流量一样吗？如果不一样，它们之间有什么样的关系？
2. 叶片式液压马达中弹簧的作用是什么？
3. 液压马达和液压泵有哪些相同点和不同点？

任务 3.2　拆 装 液 压 缸

【任务目标】

1. 知识目标

(1) 掌握液压缸的工作原理及结构特点；
(2) 掌握液压缸的主要参数计算。

2. 能力目标

(1) 能够理解常用液压缸的工作原理，熟悉液压缸图形符号；
(2) 能够根据不同应用场景选择合适的液压缸。

3. 素质目标

(1) 具备独立思考和主动探究能力；
(2) 具备团队协作意识和职业精神；
(3) 具备严谨、细致的工作作风。

【任务内容】

拆装液压缸、分析液压缸结构组成。

【相关知识】

液压缸课件　　液压缸微课

1. 液压缸的工作原理

液压缸的工作原理如图 3-8 所示。当液压缸的缸体固定时，液压油从 A 口进入无杆腔，对活塞产生一个推力 F，从而推动活塞杆在克服负荷 W 情况下以速度 v 伸出。同时使有杆腔的液压油通过 B 口流回油箱。相反，若高压油从 B 口进入，则活塞后退，液压油从 A 口流出。当液压缸的杆固定时，则缸体发生相反运动。

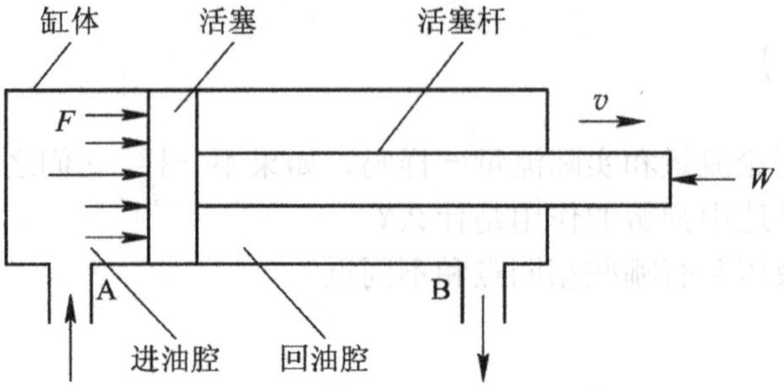

图 3-8　液压缸的工作原理

2. 液压缸分类

液压缸按结构形式不同，可分为活塞式、柱塞式、摆动式等类型，其中活塞式液压缸应用最多。

液压缸按安装固定方式不同，可分为缸体固定和活塞杆固定。

液压缸按作用方式不同，可分为单作用液压缸和双作用液压缸。单作用液压缸如图 3-9 所示，分为无弹簧式、附弹簧式、柱塞式三种；双作用液压缸如图 3-10 所示，可分为单杆式、双杆式两种。

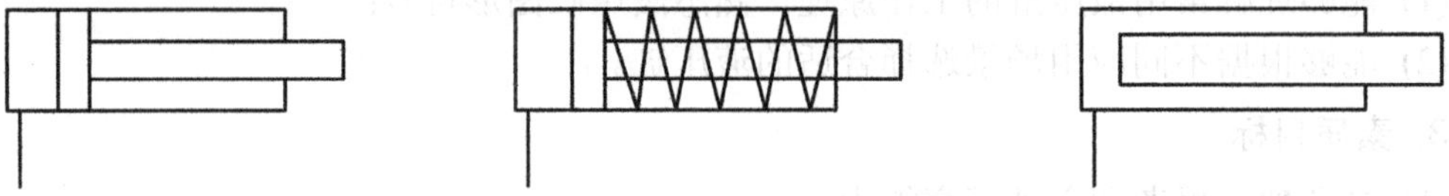

(a) 无弹簧式　(b) 附弹簧式　(c) 柱塞式

图 3-9　单作用液压缸

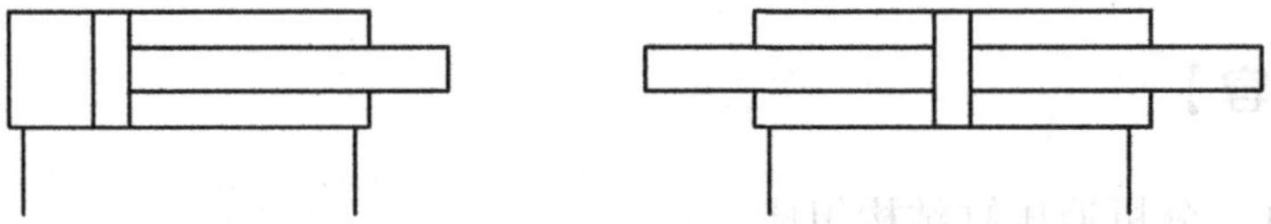

(a) 单杆式　(b) 双杆式

图 3-10　双作用式液压缸

3. 液压缸的典型结构

液压缸的结构形式很多，在此以如图 3-11 所示双作用单活塞杆液压缸为例，说明液压缸的基本组成。单活塞杆液压缸主要由缸底 1、缸筒 6、缸盖 10、活塞 4、活塞杆 7 和导向套 8 等组成，两端设有油口 A 和 B。缸筒一端与缸底焊接，另一端与缸盖采用螺纹连接。活塞与活塞杆采用卡键连接。为了保证液压缸内的油腔具有可靠的密封，在相应部位设置了密封圈 3、5、9、11 和防尘圈 12。

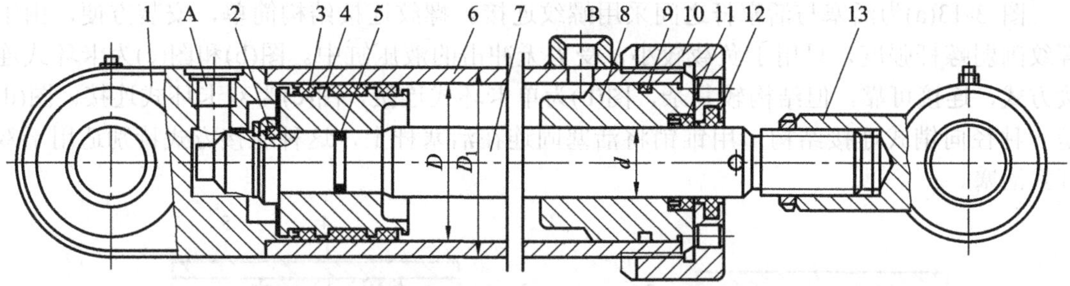

1—缸底；2—卡键；3、5、9、11—密封圈；4—活塞；6—缸筒；7—活塞杆；8—导向套；10—缸盖；12—防尘圈；13—耳轴。

图 3-11　双作用单活塞杆液压缸结构图

4. 液压缸的组成

从上述的液压缸典型结构中可以看到，液压缸的结构基本上可以分为缸筒组件、活塞组件、密封装置、缓冲装置和排气装置五个部分，分述如下。

1) 缸筒组件

缸筒组件包括缸筒和前后端盖，在工作时都要承受很大的液压力，因此它们必须连接可靠，要有足够的强度和刚度。根据使用材料和安装固定方式，缸筒与缸盖有多种连接方式，常见的连接形式如图 3-12 所示，不同连接方式的对比如表 3-1 所示。

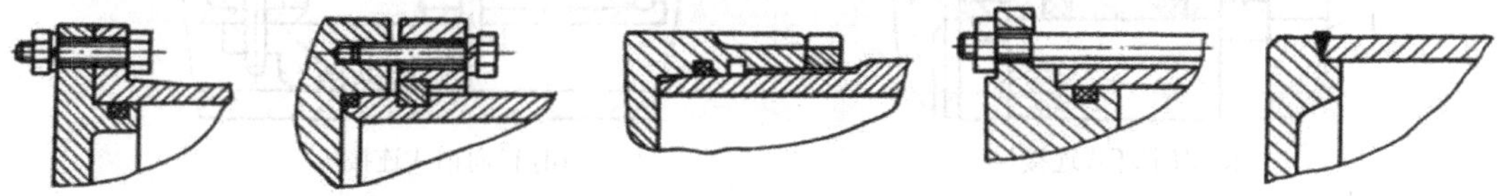

(a) 法兰连接式　(b) 半环连接式　(c) 螺纹连接式　(d) 拉杆连接式　(e) 焊接连接式

图 3-12　缸筒与缸盖的连接形式

表 3-1　不同连接方式对比

连接方式	优 点	缺 点	备 注
法兰连接式	易加工和装拆	外形尺寸较大	缸筒多为铸铁制作
半环连接式	易加工和装拆	缸筒壁强度削弱	缸筒多为无缝钢管或锻钢制作
螺纹连接式	重量轻，外形小	端部结构复杂难装卸	缸筒多为无缝钢管或铸钢制作
拉杆连接式	易加工和装拆	外形尺寸较大	只应用于较短缸筒
焊接连接式	结构简单，外形小	缸筒有可能因焊接变形，且底内径不易加工	多应用于较短缸筒

2) 活塞组件

活塞组件包括活塞与活塞杆，短行程的液压缸可以把活塞杆与活塞做成整体，但当行程较长时，常把活塞与活塞杆分开制造，然后再连接成一体。根据工作压力、安装形式及工作条件的不同，活塞组件连接有多种结构形式，如图 3-13 所示，所有连接形式均有可靠的措施，以防止工作时由于活塞往复运动而松开。

图 3-13(a)为活塞与活塞杆之间采用螺纹连接。螺纹连接结构简单，安装方便，由于螺纹削弱螺杆强度，只用于负载较小，受力无冲击的液压缸中。图(b)和图(c)为卡环式连接方式，连接可靠，但结构较复杂，图(b)为单卡环式连接，图(c)为双卡环式连接。图(d)是一种径向销式连接结构，用锥销将活塞固连在活塞杆上，这种连接方式特别适用于双杆式活塞。

(a) 螺纹连接

1—活塞杆；2—螺母；3—活塞。

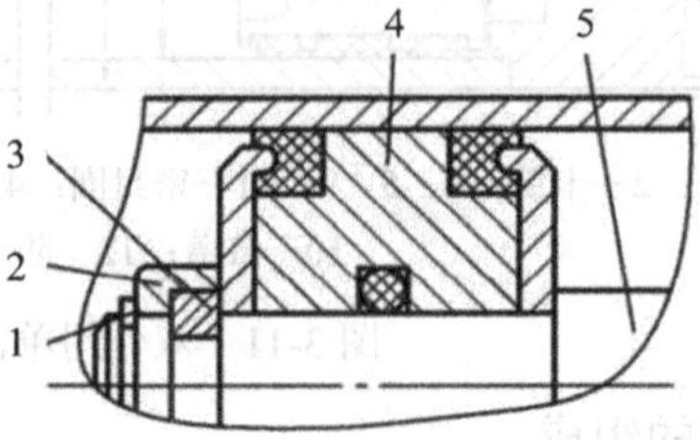

(b) 单卡环式连接

1—弹簧卡；2—轴套；3—半环；4—活塞；5—活塞杆。

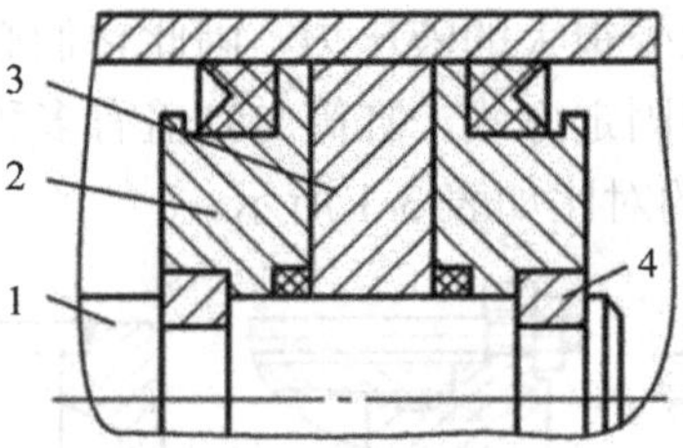

(c) 双卡环式连接

1—活塞杆；2—密封圈座；3—活塞；4—半环。

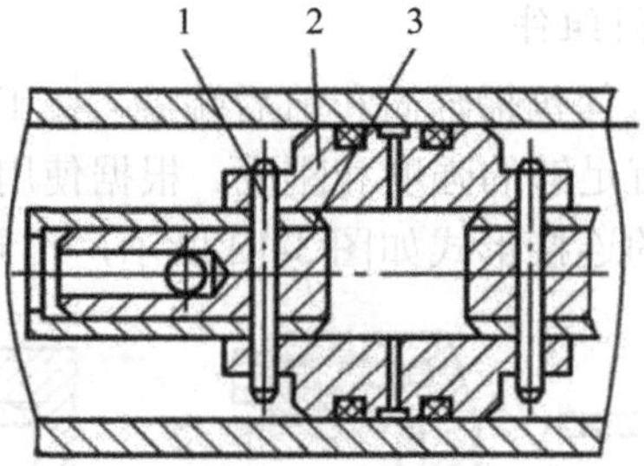

(d) 径向销式连接

1—锥销；2—活塞；3—活塞杆。

图 3-13　常见的活塞组件结构形式

3) 密封装置

液压传动是依靠密封容积的变化来传递运动的，密封件性能的好坏直接影响液压传动的性能和效率，所以，液压密封件元件均要求有良好的密封性能。液压缸作为液压系统的执行元件，其所选用的密封件元件应该在一定在工作压力下具有良好的密封件性能，使泄漏不致于因压力升高而显著增加。密封件元件应该结构简单、摩擦力小、寿命长。液压缸中常见的密封装置如图 3-14 所示。

图 3-14(a)为间隙密封，它依靠活塞与缸筒间的微小间隙来防止泄漏。在活塞上开有几个环形沟槽，一方面可以增大油液通过间隙时的阻力，另一方面可以减小活塞和液压缸壁之间的接触面积。它的结构简单，摩擦阻力小，密封性能差，加工精度要求较高。因此，只适用于尺寸较小、压力较低、运动速度较高的场合。图 3-14(b)为活塞环密封，它是依靠在活塞的环形槽中放置切了口的金属环套来防止泄漏的。金属环套在油压的作用下发生弹性变形紧贴在缸筒的内壁上，从而实现了密封。这种密封装置耐高温，使用寿命长，密封效果较好，能适应较大的压力变化和速度变化。缺点是制造工艺复杂。它适用于高压、高速或密封性要求较高的场合。图 3-14(c)、(d)是两种橡胶密封圈密封，这些密封圈由耐油橡胶制成，按其断面形状分为 O 形、Y 形和 V 形三种。它们套装在活塞上利用橡胶的弹性

紧贴内外壁之间来防止泄漏。这种密封装置结构简单，制造方便，磨损后能自动补偿，密封性能随着压力的加大而提高，因此密封可靠，对密封表面的加工要求不高，所以应用极为广泛。

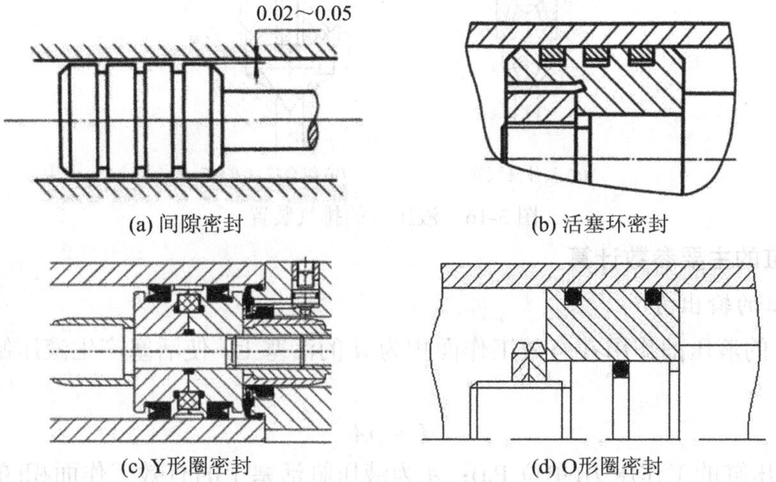

(a) 间隙密封　(b) 活塞环密封

(c) Y形圈密封　(d) O形圈密封

图 3-14　常见的密封装置

4) 缓冲装置

液压缸的缓冲装置是为了防止活塞在行程终点时，由于惯性力的作用与端盖发生撞击，从而影响设备的使用寿命。特别是当液压缸驱动负荷较重或运动速度较大时，液压缸的缓冲就显得更为重要。

常用的缓冲装置如图 3-15 所示，它由活塞顶端的凸台和端盖上的凹槽构成。当活塞移近缸盖时，凸台逐渐进入凹槽，将凹槽内的油液经凸台和凹槽之间的缝隙挤出，增大了回油阻力，降低了活塞的运动速度，从而减小或避免活塞对端盖的撞击，实现缓冲。

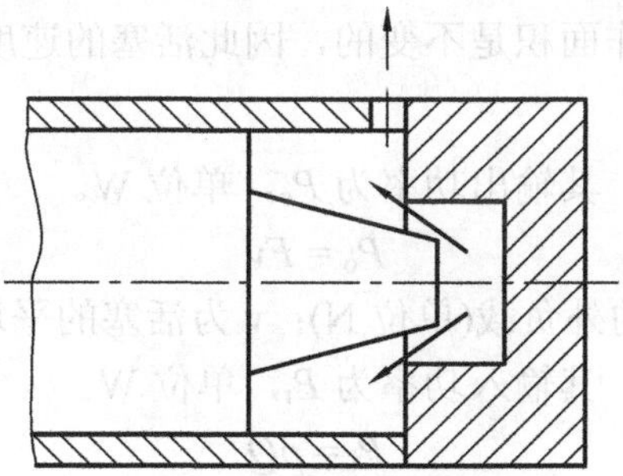

图 3-15　液压缸的缓冲装置

5) 排气装置

液压缸内部时常会聚集空气，可能是安装过程中或长时间停放后，液压缸和管道系统中渗入了空气，或是由于液压油中混有空气所致。缸内聚集的空气会导致液压缸工作时产生爬行、噪声或振动等不正常现象，故需要装有排气装置，如图 3-16 所示。可在液压缸的最高部位处开排气孔，连接远处的排气阀，也可在液压缸的最高部位直接安装排气阀。液压缸排气时打开排气阀，全行程反复移动数次液压缸，排气完毕后关闭。对于双作用液压缸应设置两个排气阀。

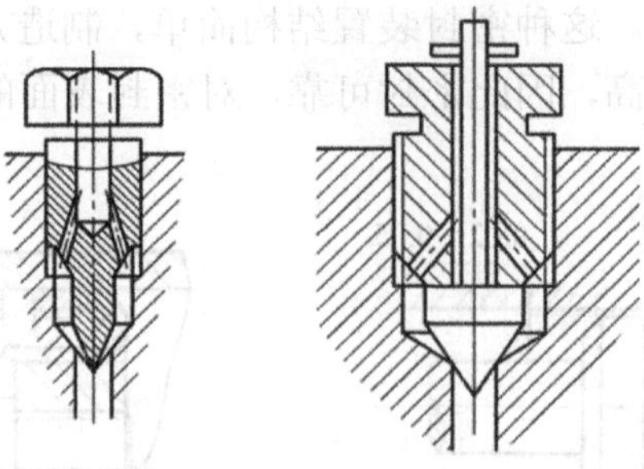
(a) 整体排气塞　　(b) 组合排气塞

图 3-16　液压缸的排气装置

5. 液压缸的主要参数计算

1) 液压缸的输出力

压力为 p 的液压油作用在有效工作面积为 A 的活塞上，使活塞产生液压缸的理论输出力 F，即

$$F = pA \tag{3-7}$$

式中，p 为液压缸的工作压力(单位 Pa)；A 为液压缸活塞上的有效工作面积(单位 m^2)。

图 3-8 所示的液压缸为单活塞杆缸，两腔的有效面积不同，同等压力下液压缸伸出与拉回的输出力也不同。液压缸内部存在适当阻力，所以液压缸的实际输出力要小于理论输出力。

2) 液压缸的输出速度

不考虑泄漏情况下，液压缸的速度和流量关系如下：

$$v = \frac{Q}{A} \tag{3-8}$$

式中，v 为活塞的移动速度(单位 m/s)；Q 为液压缸的输入流量(单位 m^3/s)；A 为活塞上的有效工作面积(单位 m^2)。

通常，活塞上的有效工作面积是不变的，因此活塞的速度取决于输入液压缸的流量。

3) 液压缸的功率

液压缸的输出为机械能，其输出功率为 P_o，单位 W。

$$P_o = Fv \tag{3-9}$$

式中，F 为作用在活塞杆上的外负载(单位 N)；v 为活塞的平均移动速度(单位 m/s)。

液压缸的输入为液压能，其输入功率为 P_i，单位 W。

$$P_i = pQ \tag{3-10}$$

式中，p 为液压缸的工作压力(单位 Pa)；Q 为液压缸的输入流量(单位 m^3/s)。

由于液压缸内存在能量损失，所以输出功率小于输入功率。

6. 典型液压缸

1) 双活塞杆液压缸

图 3-17 为双活塞杆液压缸。其活塞的两侧都有活塞杆。当两活塞杆直径相同，缸两腔的供油压力和流量都不变时，缸体(或活塞)在两个方向的运动速度 v 和推力 F 也都相等，即

$$F = (p_1 - p_2)A = (p_1 - p_2)\frac{\pi(D^2 - d^2)}{4} \tag{3-11}$$

$$v=\frac{Q}{A}=\frac{4Q}{\pi(D^2-d^2)} \tag{3-12}$$

式中，A 为活塞的有效作用面积；p_1 为液压缸的进油压力；p_2 为液压缸的回油压力；Q 为液压缸的输入流量；D 为液压缸的内径；d 为活塞杆的直径。

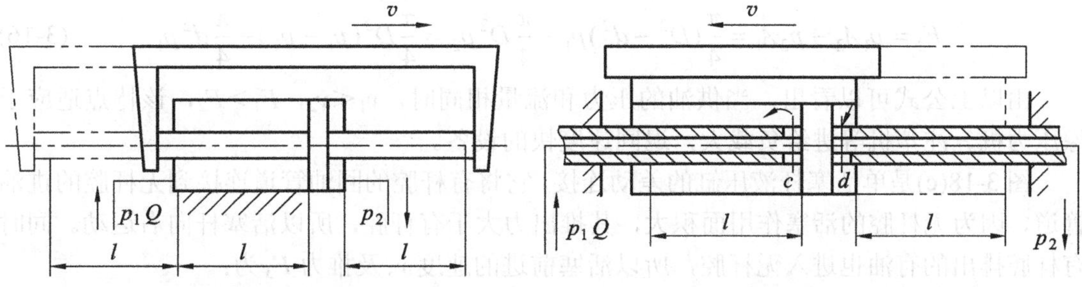

(a) 缸体固定式结构简图　　(b) 活塞杆固定式结构简图

图 3-17　双活塞杆液压缸

缸体固定式双杆活塞缸动画　　活塞杆固定式双杆活塞缸动画

图 3-17(a)为缸体固定式结构简图，活塞杆为实心。缸的左腔进油时，右腔回油，活塞带动工作台向右移动；反之，活塞带动工作台向左移动。工作台的运动范围约等于活塞有效行程的 3 倍。图 3-17(b)为活塞杆固定式结构简图，活塞杆为空心。液压油经活塞杆的中心孔及其活塞处的径向孔 c、d 进出液压缸。当缸的左腔进压力油时，右腔回油，缸体带动工作台向左移动；反之，缸体带动工作台向右移动。工作台的运动范围约等于活塞有效行程的 2 倍。

2) 单活塞杆液压缸

图 3-18 为双作用单活塞杆液压缸，只在活塞的一侧装有活塞杆，因此两腔活塞有效工作面积不同。

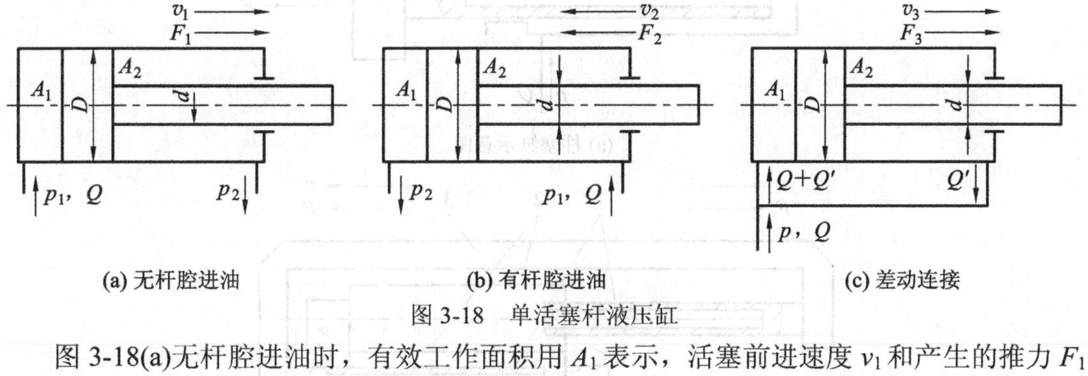

(a) 无杆腔进油　　(b) 有杆腔进油　　(c) 差动连接

图 3-18　单活塞杆液压缸

图 3-18(a)无杆腔进油时，有效工作面积用 A_1 表示，活塞前进速度 v_1 和产生的推力 F_1 分别为

$$v_1=\frac{Q}{A_1}=\frac{4Q}{\pi D^2} \tag{3-13}$$

$$F_1=p_1A_1-p_2A_2=\frac{\pi}{4}D^2p_1-\frac{\pi}{4}(D^2-d^2)p_2=\frac{\pi}{4}D^2(p_1-p_2)+\frac{\pi}{4}d^2p_2 \tag{3-14}$$

图 3-18(b)有杆腔进油时，有效工作面积用 A_2 表示，活塞后退的速度 v_2 和产生的推力 F_2 为：

$$v_2 = \frac{Q}{A_2} = \frac{4Q}{\pi(D^2 - d^2)} \tag{3-15}$$

$$F_2 = p_1A_2 - p_2A_1 = \frac{\pi}{4}(D^2 - d^2)p_1 - \frac{\pi}{4}D^2 p_2 = \frac{\pi}{4}D^2(p_1 - p_2) - \frac{\pi}{4}d^2 p_1 \tag{3-16}$$

由以上公式可以看出，当供油的压力和流量相同时，$v_1 < v_2$，$F_1 > F_2$，该特点适应于像压力机、注塑机等进给负载大，退回速度快的设备。

图 3-18(c)是单活塞杆液压缸的差动连接，它将有杆腔的回油管道连接到无杆腔的进油管道，因为无杆腔的活塞作用面积大，其推出力大于有杆腔，所以活塞杆向右运动。同时有杆腔排出的有油也进入无杆腔，所以活塞前进的速度 v_3 及推力 F_3 为：

$$F_3 = pA_1 - pA_2 = p\frac{\pi d^2}{4} \tag{3-17}$$

$$v_3 = \frac{Q}{A_1 - A_2} = \frac{4Q}{\pi d^2} \tag{3-18}$$

由以上公式可以看出，当供油的压力和流量相同时，$v_3 > v_1$，$F_1 > F_3$，所以差动连接方式的单杆活塞缸推力虽小，但速度有所提高。

3) 柱塞缸

图 3-19(a)为柱塞式液压缸示意图。柱塞和缸筒不接触，运动时由缸盖上的导向套来导向。柱塞缸是一种单作用式液压缸，在压力油的作用下只能单向运动，回程需要借助外力，常成对使用，实现双向运动，工作原理如图 3-19(b)所示。

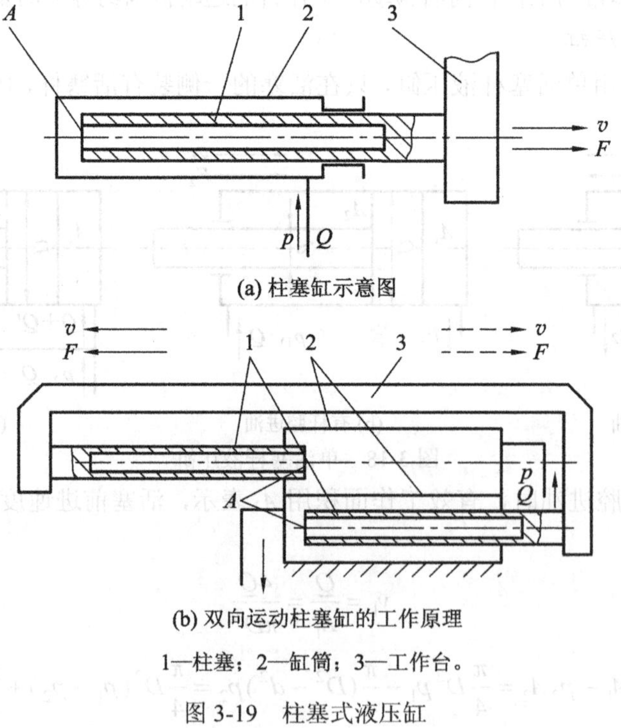

(a) 柱塞缸示意图

(b) 双向运动柱塞缸的工作原理

1—柱塞；2—缸筒；3—工作台。

图 3-19　柱塞式液压缸

普通柱塞液压缸动画　　　　双缸式柱塞液压缸动画

柱塞缸前进的速度 v 及产生的推力 F 为

$$v=\frac{Q}{A}=\frac{4Q}{\pi d^2} \tag{3-19}$$

$$F=pA=\frac{\pi d^2 p}{4} \tag{3-20}$$

式中，d 为柱塞直径。

7. 其他液压缸

1) 摆动式液压缸

摆动式液压缸又称为摆动式液压马达，如图 3-20 所示，主要由缸筒、叶片轴、定位块和叶片组成。

图 3-20(a)为单叶片式摆动缸，其摆角最大可达 300°。图 3-20(b)为双叶片式摆动缸，其摆角最大可达 150°，它的理论输出转矩是单叶片式的两倍，在同等输入流量下的角速度则是单叶片式的一半。

摆动式液压缸的主要特点是结构紧凑，但加工制造比较复杂，密封性较差。常用于送料、挖掘、夹持等回传机构。

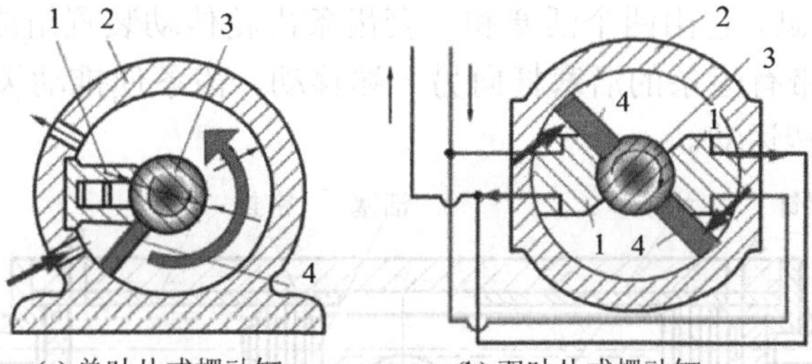

(a) 单叶片式摆动缸　　(b) 双叶片式摆动缸

1—定位块；2—缸筒；3—叶片轴；4—叶片。

图 3-20　摆动式液压缸

摆动液压缸动画

2) 伸缩式液压缸

伸缩式液压缸又称为多级液压缸，如图 3-21 所示，它由两个或多个活塞套装组成，它的前一级活塞缸的活塞是后一级活塞缸的缸筒，伸出时可获得较长的工作行程，缩回后结构紧凑。伸缩式液压缸常用于工程机械和农业机械上。

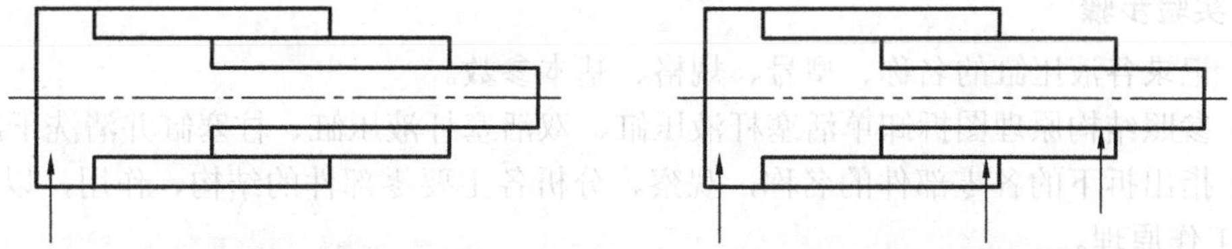

(a) 单作用式伸缩缸　　(b) 双作用式伸缩缸

图 3-21　伸缩式液压缸

单作用伸缩液压缸动画　　双作用伸缩液压缸动画

3) 增压缸

增压缸也叫增压器。在不增加液压系统高压能源的情况下，可以获得短时或局部的高压。图 3-22 为一种由活塞缸和柱塞缸组成的增压缸，其增高后的压力比取决于活塞和柱塞有效工作面积之比。当输入 A 腔液体压力为 p_1，活塞直径为 D，柱塞直径为 d 时，B 腔输出的液体压力为

$$p_2 = p_1(D/d)^2 \tag{3-21}$$

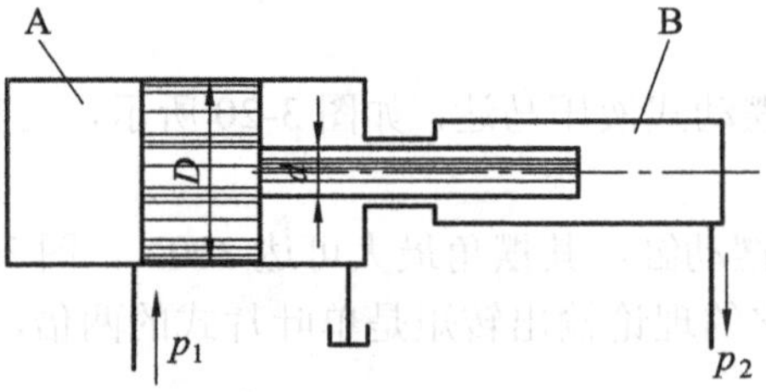

增压缸动画

图 3-22　增压缸

4) 齿条缸

图 3-23 为一齿条缸，它由两个活塞和一套齿条齿轮传动装置组成。当液压油从缸体一端进入缸内时，推动带有齿条的活塞杆向另一端移动，齿条便推动齿轮转动，齿条往复运动时，齿轮做往复旋转运动。

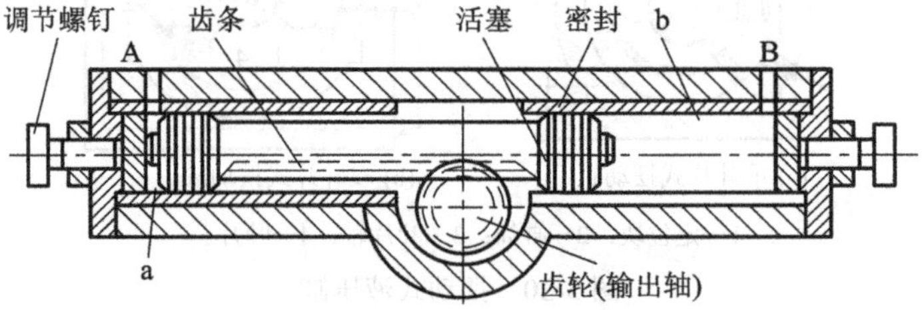

齿轮齿条液压缸动画

图 3-23　齿条液压缸

【实施步骤】

1. 实验步骤

(1) 记录各液压缸的名称、型号、规格、基本参数。

(2) 参照结构原理图拆卸单活塞杆液压缸、双活塞杆液压缸、柱塞缸并清洗干净。

(3) 指出拆下的各零部件的名称，观察、分析各主要零部件的结构、作用，以及各液压缸的工作原理。

(4) 装配各液压缸。

2. 拆装注意事项

(1) 拆装时，应注意用铜棒敲打零部件，以免损坏部件和轴承。

(2) 拆卸过程中，遇到零部件卡住的情况下，不能硬砸乱敲。

(3) 装配前，零件应清洗干净。装配时，要遵循“先拆的后装，后拆的先装”的原则，合理安装。

(4) 安装完毕后，液压缸伸缩应灵活平稳，没有阻滞和卡死现象。

【思考与练习】

1. 单活塞杆液压缸有几种工作方式？差动连接有什么优势？
2. 双活塞杆液压缸有几种形式？其工作台的运动范围分别是多少？

聚 焦 思 政

液压缸无论是设计还是选用都需要经过严格的参数计算，每一个数据都直接关系到液压缸的使用性能，要认真对待每一个环节，注重每一个细节，细节决定成败，要有严谨求实、一丝不苟的工匠精神。另外执行机构在液压系统的作用，好比一个团队的执行力，能体现出团队的水平高低。对个人而言执行力是办事能力，对团队而言执行力就是战斗力，所以我们做每件事之前都要有明确的目标和使命感，提高自我的执行力，这样才能不断进步。

项目四　认识液压辅助元件

液压系统中的辅助元件主要包括管件、密封元件、滤油器、蓄能器、测量仪表和油箱等。它们对保证液压系统可靠和稳定工作具有非常重要的作用。由于液压传动系统的标准化、系列化和通用化程度较高，因而在其实际设计、安装、调试和使用中，连接和密封等辅助性工作所占的比例越来越大，也较易出现问题。这些元件如果选择或使用不当，会严重影响整个液压系统的工作性能，甚至使液压系统无法正常工作。因此，必须给予足够的重视。

【项目概述】

本项目内容分为两部分：认识油箱、热交换器及滤油器；认识蓄能器、油管、管接头及压力表。

任务 4.1　认识油箱、热交换器及滤油器

【任务目标】

1. 知识目标

(1) 认识油箱、热交换器、滤油器的图形符号；

(2) 掌握油箱、热交换器、滤油器的结构特点。

2. 能力目标

(1) 能够理解油箱、热交换器、滤油器的结构特点，熟悉其图形符号；

(2) 能够根据不同应用场景选择合适的辅助元件。

3. 素质目标

(1) 培养规则意识，树立严谨的工作作风；

(2) 培养积极参与、勇于承担重任的品质；

(3) 培养互相帮助、团队协作的能力。

【任务内容】

观察液压泵站的液压辅助元件。

【相关知识】

1. 液压站的组成

液压站又称液压泵站，液压泵站通常由液压泵组、油箱组件、控温组件、过滤器组件和蓄能器等组件以独立形式构成，电机带动油泵旋转，泵从油箱中吸油后打油，将机械能转化为液压油的压力能，液压油通过控制元件实现了方向、压力、流量的调节，后经外接管路传输到液压机械的执行元件，推动各种液压机械做功。

液压泵站包含了液压系统中的辅助元件，如油箱、热交换器、蓄能器、滤油器、管件和压力表等液压件，它们是保证液压系统正常工作不可缺少的部分，直接影响着系统的工作性能、使用寿命等，因此要给予足够的重视。其中油箱通常根据系统要求可自行设计，其他辅助元件可从标准件中选用。

2. 液压系统的辅助元件

1) 油箱的功能和结构

油箱课件　　油箱微课

油箱的主要功能是储存油液，以确保液压系统有充足的工作油液，同时还有散热、分离油液中渗入的空气、沉淀油液中的污物和安装其他元件的作用。油箱按油面是否与大气相通，可分为开式油箱与闭式油箱。闭式油箱主要用于水下和高空无稳定气压的场合，而开式油箱广泛用于一般的液压系统。图 4-1 所示是一个开式油箱的结构，井式油箱主要由钢板焊接而成。图 4-2 为其对应的图形符号。

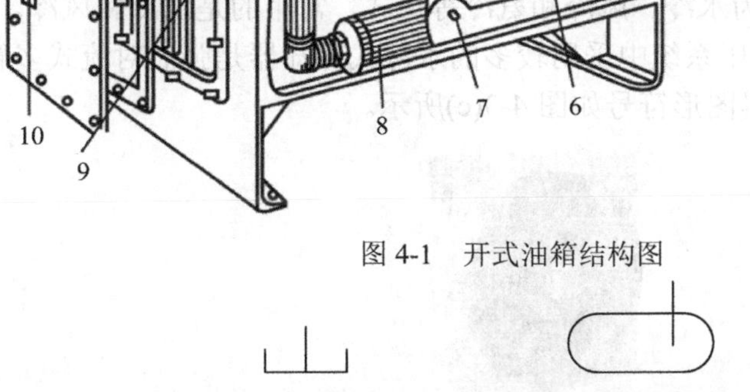

1—回油管；
2—泄油管；
3—吸油管；
4—空气滤清器；
5—安装板；
6—隔板；
7—放油口；
8—滤油器；
9—清洗窗；
10—油位指示器。

图 4-1　开式油箱结构图

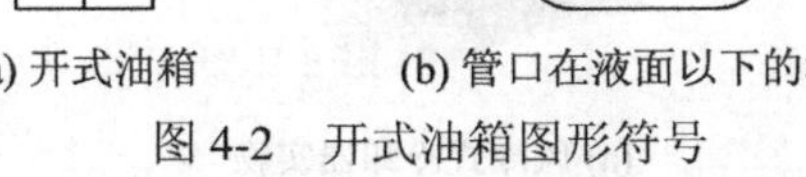

(a) 开式油箱　　(b) 管口在液面以下的油箱

图 4-2　开式油箱图形符号

(1) 油箱的容量估算。

为了保证液压系统能正常工作，需要合理地设计油箱容量，油箱的有效容积(油面高度为油箱高度 80% 时的容积)可以按照液压泵的额定流量 Q_n(L/min)进行估算：

$$V=\xi Q_n \tag{4-1}$$

式中，V 为油箱容积(L)；Q_n 为液压泵的总额定流量(L/min)；ξ 为与系统压力有关的经验系数，低压系统 $\xi=2\sim4$；中压系统 $\xi=5\sim7$；高压系统 $\xi=10\sim12$。

(2) 油箱设计时的注意事项。

在进行油箱的结构设计时应注意以下几个问题：

① 吸油管与回油管间距离应尽量远些。用隔板将吸油侧与回油侧分开，以增加油液的循环距离，并使它有充分的时间沉淀污物，排出气泡，同时，也有利于油液冷却，隔板高度为油面高度的 3/4。

② 液压泵的吸油管上应安装 100～200 μm 的网式滤油器，滤油器不允许露出油面，防止泵卷吸空气产生噪声。滤油器与箱底间的距离不小于 20 mm，离箱壁应不小于管径的 3 倍，以便四周进油。

③ 回油管在油面最低时仍能浸入油面以下，防止回油冲入油箱时搅动油面，混入气泡。回油管的端部应切成 45° 角并面向最近的箱壁，以防止回油冲击油箱底部的沉积物，管口与箱底、箱壁距离一般不小于管径的 3 倍。

④ 为防止油液污染，盖板及窗口各连接处均需加密封垫，各油管通过的孔都要加密封圈。通气孔要装空气滤清器。

⑤ 为了更好地散热和便于维护，箱底与地面距离应在 150 mm 以上。箱底应适当倾斜，在最低部位设置放油阀。

⑥ 油箱一般用 2.5～4 mm 钢板焊成。大尺寸油箱要加焊角板、筋条，以增加刚性。

⑦ 应在合适的位置安装温度计和热交换器，以保证油箱正常的工作温度(15～65℃)。

2) 热交换器

液压系统中常用液压油的工作温度以 30℃～50℃为宜，最高不超过 60℃，最低不低于 15℃。油温过高将使油液迅速变质，系统性能下降；油温过低则使油液变得黏稠，使液压泵的启动吸入困难。由于工况和环境影响，系统油温可能会过高和过低，为此，当依靠自然改变不能使油温控制在上述范围时，就须安装加热器或冷却器，即热交换器。

(1) 冷却器。

冷却器按冷却介质可分为水冷、风冷和氨冷等形式，常用的是水冷和风冷。风冷式冷却器实物如图 4-3(a)所示。液压系统中采用较多的水冷式冷却器是强制对流式多管冷却器，结构如图 4-3(b)所示。冷却器图形符号如图 4-3(c)所示。

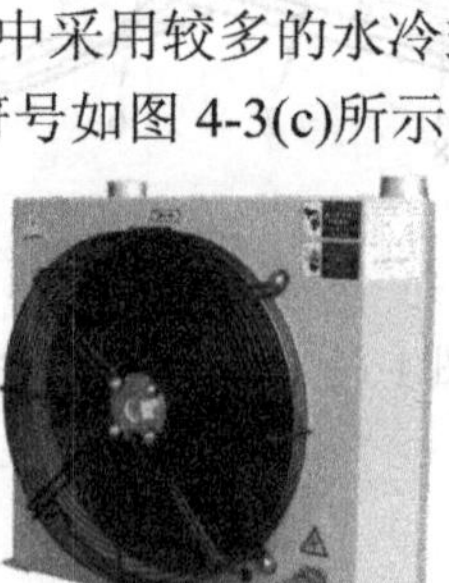

(a) 风冷式冷却器实物

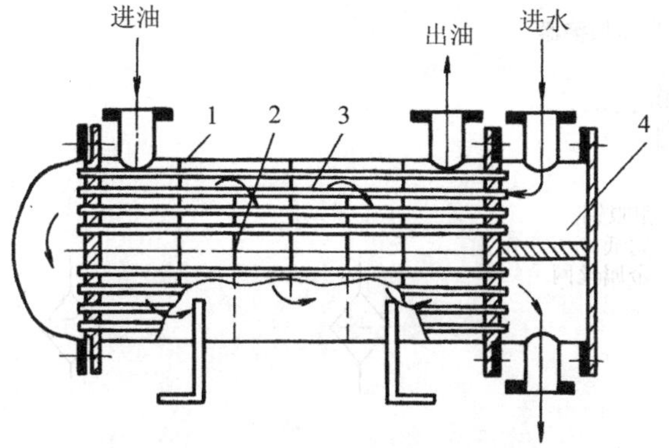

1—外壳；2—挡板；3—铜管；4—隔板。

(b) 强制对流式多管冷却器结构图

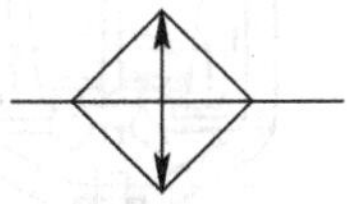

(c) 冷却器图形符号

图 4-3　冷却器

(2) 加热器。

液压系统中油液的加热一般都采用电加热器，如图 4-4(a)所示。加热器通常安装在油箱壁上，用法兰盘固定。电加热器的结构简单，一般安装温控仪可根据所需要的最高、最低温度自动进行调节。加热器图形符号如图 4-4(b)所示。

(a) 电加热器

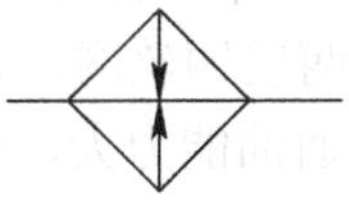

(b) 加热器图形符号

图 4-4　加热器

3) 滤油器

滤油器课件　　滤油器微课

(1) 滤油器的作用和工作原理。

系统中的液压油往往混有一些杂质、污物，不仅会加速液压元件的磨损，还会造成节流孔堵塞、阀类元件卡滞，使元件动作失灵，系统性能大为降低。因此，为了保证系统正常工作，需要对油液中混入的杂质和污物进行过滤。滤油器的作用就是保持系统中的液压油洁净，以提高液压系统的工作可靠性和液压元件的使用寿命。

滤油器工作原理及图形符号如图 4-5 所示，液压油从进油口进入滤油器，经过滤芯组件，过滤后的油液再从出油口排出。滤芯上积累的杂质会随着使用时长的增加而增多，导致进油口的油压增大，出油口的油压降低，进、出油口的压差的高低会通过压差报警器反映，来提醒用户了解滤芯堵塞情况，以便及时更换滤芯。

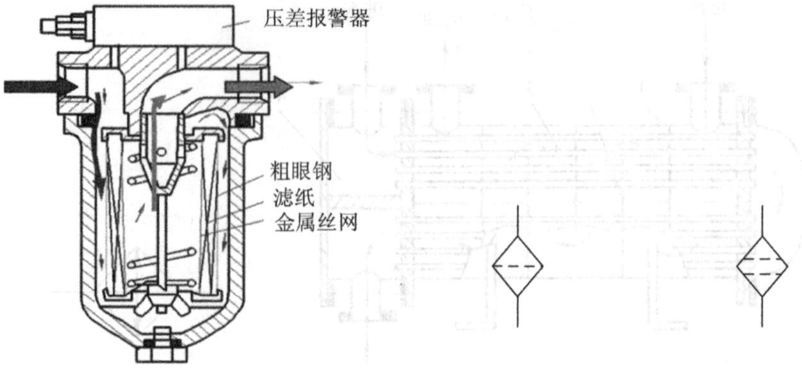

(a) 滤油器工作原理　(b) 粗滤油器符号　(c) 精滤油器符号

图 4-5　滤油器原理及符号

(2) 滤油器典型结构及特征。

常用的滤油器主要由滤芯和壳体构成，按其滤芯的结构形式和材料可分为网式、线隙式、纸芯式、烧结式、磁性式等多种滤油器。其中磁性式滤油器是利用永久磁铁的强大磁性来吸附系统油液中的铁屑和带磁性的磨料。

① 网式滤油器。

网式滤油器如图 4-6(a)所示，滤芯以铜网为过滤材料，在周围开有很多孔的塑料或金属筒形骨架上，包着一层或两层铜丝网，其过滤精度取决于铜网层数和网孔的大小。网式滤芯结构简单，清洗方便，通油能力大，过滤精度低，一般用于液压泵的吸油口。

② 线隙式滤油器。

线隙式滤油器如图 4-6(b)所示，滤芯由钢线或铝线密绕在筒形骨架的外部来组成，依靠铜丝间的微小间隙滤除混入液体中的杂质。其结构简单、通流能力大、过滤精度比网式滤油器高，但不易清洗，多为回油过滤器。

③ 纸芯式滤油器。

纸芯式滤油器如图 4-6(c)所示，滤芯为微孔滤纸制成的纸芯，将纸芯围绕在带孔的镀锡铁做成的骨架上，以增大强度。为增加过滤面积，纸芯一般做成折叠形。其过滤精度较高，一般用于油液的精过滤，但堵塞后无法清洗，需经常更换滤芯。

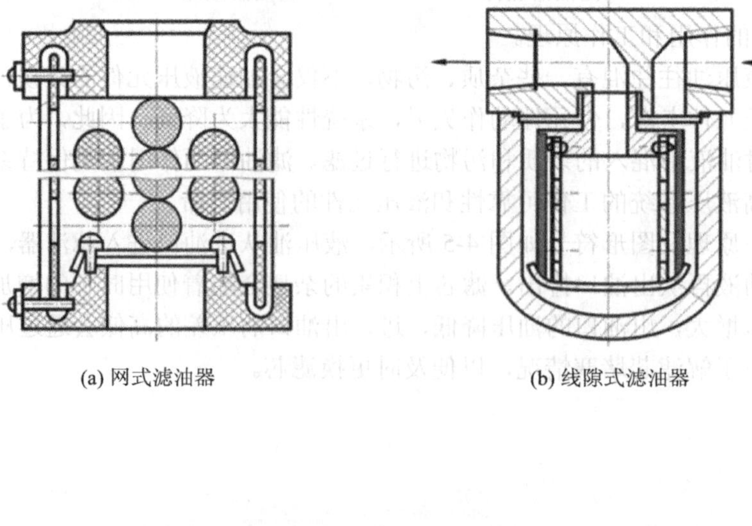
(a) 网式滤油器　(b) 线隙式滤油器

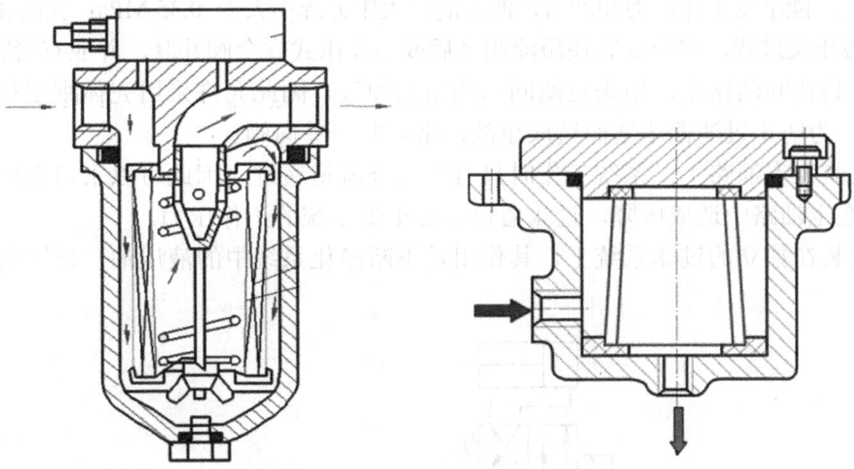

(c) 纸芯式滤油器　　(d) 烧结式滤油器

图 4-6　不同形式的滤油器

④ 烧结式滤油器。

烧结式滤油器如图 4-6(d)所示，滤芯可按需要制成不同的形状，选择不同粒度的粉末烧结成不同厚度的滤芯，可以获得不同的过滤精度。它可安装在不同的位置。烧结式滤油器的过滤精度较高，滤芯的强度高，抗冲击性能好，能在较高温度下工作，有良好的抗腐蚀性，且制造简单，缺点是颗粒容易脱落，堵塞后不易清洗。

(3) 滤油器的选用。

应根据液压系统的技术要求，从以下几个方面选择合适的滤油器：

① 过滤精度。一般来说，滤油器的精度越高，液压系统工作的可靠性越好，但会造成滤芯易堵塞，压力损失过大，成本升高。所以，应根据系统要求选择合适的过滤精度。表 4-1 为各种液压系统的过滤精度要求推荐值。

表 4-1　过滤精度推荐表

系统类别	润滑系统	传动系统			伺服系统
工作压力/MPa	0～2.5	＜14	14～32	＞32	≤21
过滤精度/μm	≤100	25~50	≤25	≤10	≤5

② 通流能力。一般可根据要求通过的流量，选用相应规格的滤芯。应选择足够的通流面积，使压力损失尽量小。

③ 强度。滤芯应具有足够的强度(耐压强度)，不受压力油的作用而损坏。

④ 抗腐蚀性。滤芯的抗腐蚀性好，则能满足系统长期工作的要求。

(4) 滤油器的安装。

不同形式的滤油器在液压系统中可根据不同的要求，安装在不同位置，如图 4-7 所示。

① 安装在液压泵吸油管路上，用于保护液压泵不使较大颗粒杂质进入。要求过滤器有很大的通流能力(通流能力要大于液压泵流量的两倍)和较小的压力损失(不大于 0.01～0.02 MPa)，一般采用过滤精度较低的网式过滤器。

② 安装在液压泵的出油管路上，用来保护液压泵以外的液压元件。要求过滤器外壳有

一定的强度，能承受工作压力和冲击，滤芯的最大压力降不大于 0.35 MPa；为防止过滤器堵塞时引起液压泵过载，它应安装在溢流阀之后或与差压式安全阀并联，并应有堵塞发信器。

③ 安装在回油路上，用来过滤回入油箱的油液，因此允许采用壳体刚度和强度较低的过滤器。为防止过滤器堵塞而造成事故，常并联一单向阀。

④ 安装在支油路上，系统工作时只有少部分流量通过，因此可以采用小规格的过滤器。不会在主油路中造成压降，过滤器也不必承受系统的工作压力。

⑤ 安装在独立的过滤系统上，其作用是不断净化系统中的液压油，常用在大型的液压系统里。

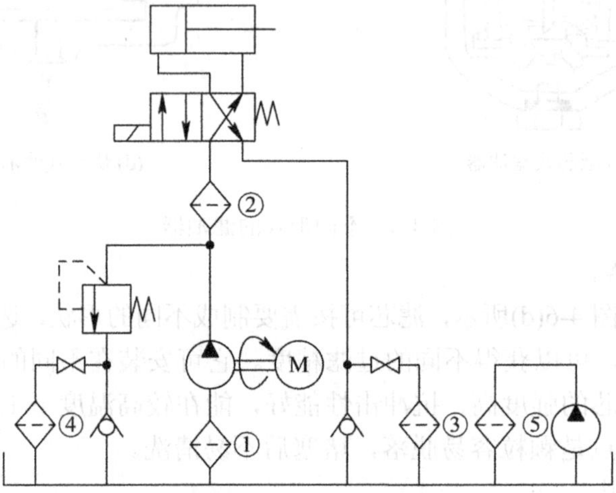

图 4-7　滤油器的安装位置

【实施步骤】

1. 实验步骤

(1) 记录液压泵站的名称、型号、规格、基本参数。

(2) 参照结构原理图检查各辅助元件是否完好并清洗干净。

(3) 记录各辅助元件的名称，观察、分析各辅助元件的结构、作用。

2. 维护注意事项

(1) 维护拆卸过程中，应注意用铜棒敲打零部件，以免损坏部件。

(2) 拆卸过程中，遇到零部件卡住的情况下，不能硬砸乱敲。

(3) 装配前，零件应清洗干净。装配时，要遵循“先拆的后装，后拆的先装”的原则，合理安装。

(4) 维护完毕后，液压泵站应工作正常，没有异响和漏油现象。

【思考与练习】

1. 简述滤油器的常见类型及特点。
2. 简述油箱的功用。

任务 4.2　认识蓄能器、油管、管接头及压力表

【任务目标】

1. 知识目标

(1) 认识蓄能器、压力表的图形符号；

(2) 掌握蓄能器、油管、管接头、压力表的结构特点。

2. 能力目标

(1) 能够理解常用辅助元件的结构特点，熟悉各元件的图形符号；

(2) 能够根据不同应用场景选择合适的辅助元件。

3. 素质目标

(1) 培养规则意识，树立严谨的工作作风；

(2) 培养积极参与、勇于承担重任的品质；

(3) 培养互相帮助、团队协作的能力。

【任务内容】

维护液压泵站、分析液压泵站结构组成。

【相关知识】

1. 蓄能器

蓄能器课件　　蓄能器微课

1) 蓄能器的功用

蓄能器是液压系统中储存和释放油液压力能的装置，在系统中主要有以下功用：

(1) 作辅助动力源或紧急动力源；

(2) 保压和补充泄漏；

(3) 吸收冲击和消除压力脉动。

2) 蓄能器的类型及工作原理

蓄能器主要有重锤式、弹簧式和充气式等三种类型。充气式蓄能器利用密封气体的压缩和膨胀来储存和释放能量。在蓄能器中气体和油液被隔离开来，所充气体一般是惰性气

体如氮气，根据隔离阀方式不同，充气式蓄能器分为活塞式、气囊式和气瓶式三种。

(1) 活塞式蓄能器。

图 4-8(a)为活塞式蓄能器，液压油从下端进油口进入，气体从上端充气阀进入，利用在缸筒中浮动的活塞使气体与油液隔开，其结构较简单，安装与维修方便，但活塞不能完全防止气体渗入油液，且活塞存在惯性和摩擦力，会影响蓄能器动作的灵敏性，故活塞式蓄能器的性能并不十分理想。

(2) 气囊式蓄能器。

图 4-8(b)为气囊式蓄能器，其是通过一个用耐油橡胶压制而成的气囊将气体与油液隔开，充气阀只在充气时才打开，压力油经壳体下部的限位阀进、出，限位阀可以防止气囊被挤出。这种蓄能器的特点是惯性小，反应灵敏，安装方便，维护容易，允许工作压力可达 32 MPa，适用温度范围为−20~70℃。

(3) 气瓶式蓄能器。

图 4-8(c)为气瓶式蓄能器，这是一种油气直接接触式蓄能器。其结构简单，容量大，体积小，惯性小，反应灵敏。缺点是气体容易混入油液中，影响液压系统运行的平稳性。另外，由于其耗气量大，所以必须经常补气。

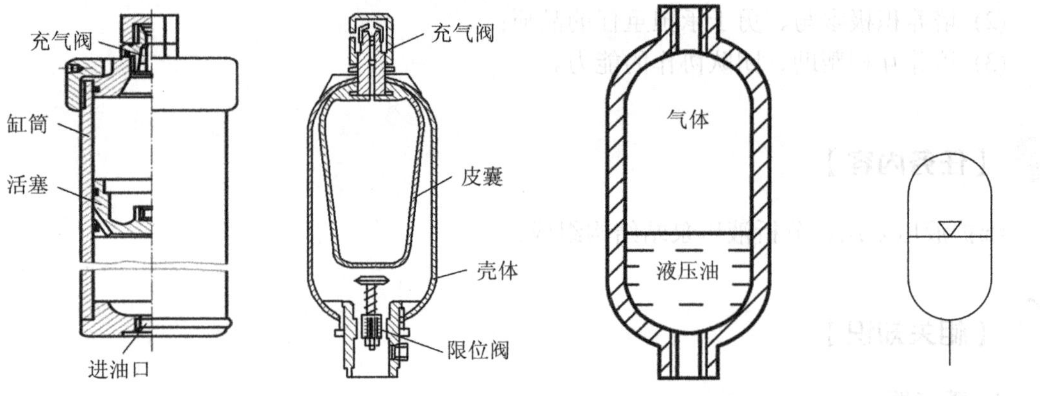

(a) 活塞式蓄能器　(b) 气囊式蓄能器　(c) 气瓶式蓄能器　(d) 蓄能器图形符号

图 4-8　蓄能器

3) 蓄能器的使用及安装

(1) 用以吸收液压冲击或压力脉动的蓄能器宜安装在冲击源或脉动源的附近；用作补油保压的蓄能器应尽可能在靠近有关的执行元件处安装。

(2) 气囊式蓄能器应垂直安装，油口向下，以利于气囊的正常伸缩。

(3) 安装在管路中的蓄能器须用支板或支架加以固定。

(4) 蓄能器与管路系统之间应安装截止阀，以利于蓄能器的充气与检修。

(5) 蓄能器和液压泵之间应安装单向阀，以防止液压泵停转或卸荷时，蓄能器内的压力油向液压泵倒流。

2. 其他辅助元件

在液压系统中油管、管接头和液压表也是必不可少的辅助元件。

油管、管接头课件　　油管、管接头微课

1) 油管

(1) 油管的类型。

油管的作用是将各液压元器件连接起来。液压系统中使用的油管有钢管、紫铜管、橡胶管、尼龙管、耐油塑料管等。可根据系统的工作压力、安装位置环境选用合适的油管。钢管能承受高压、价格低廉、抗腐蚀，但装配时不易弯曲，一般中高压系统选用冷拔无缝钢管，低压系统可用焊接钢管。紫铜管装配时可根据需要折弯，但承压较低又易使油液氧化。黄铜管承压较高，但不如紫铜管容易弯折成形。尼龙管是一种新型的乳白色半透明管，易弯曲，承压能力较低，在低压管道中使用。耐油塑料管价格便宜，装配方便，但承压能力很低，长期使用后会变质老化，一般用于回油路、泄油路等处。橡胶软管用于两个相对运动件之间的连接，分为高压和低压两种。

(2) 油管的安装。

油管的安装应注意以下几点：

① 油管的安装应横平竖直，尽量减少转弯；

② 管道应避免交叉，转弯处的半径应大于油管外径的 3～5 倍；

③ 为了便于安装管接头及避免振动影响，平行管之间的距离应大于 100 mm；

④ 长管道应选用标准管夹固定牢固，以防止振动和碰撞；

⑤ 软管直线安装时要有 30%左右的裕量，以适应油温变化、受拉和振动的需要；

⑥ 尽量避免出现小于 90° 的弯管，弯曲处到接头的距离至少等于 6 倍的外径。

2) 管接头

管接头的作用是将油管与油管、油管与液压元件间进行可拆卸连接。管接头的类型有很多种，按接头的通路方向可分为直通、弯头、三通、四通、铰接等形式。按其与油管的连接方式可分为管端扩口式、卡套式、扣压式、快速接头等。管接头与机体的连接常用圆锥螺纹和普通细牙螺纹。常用的管接头有以下几种，如图 4-9 所示。

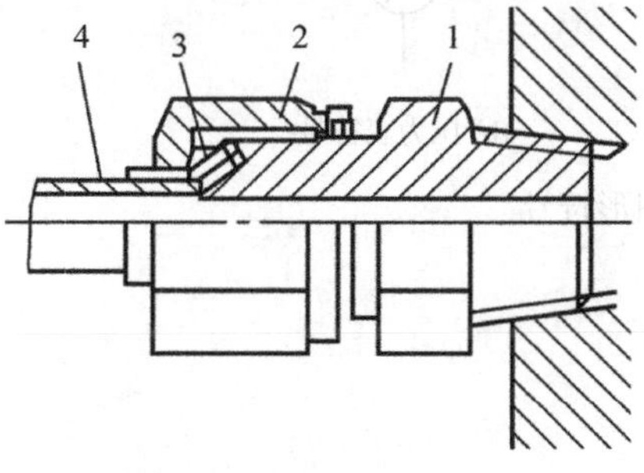

1—接头体；2—螺母；3—导套；4—接管。

(a) 扩口式接头

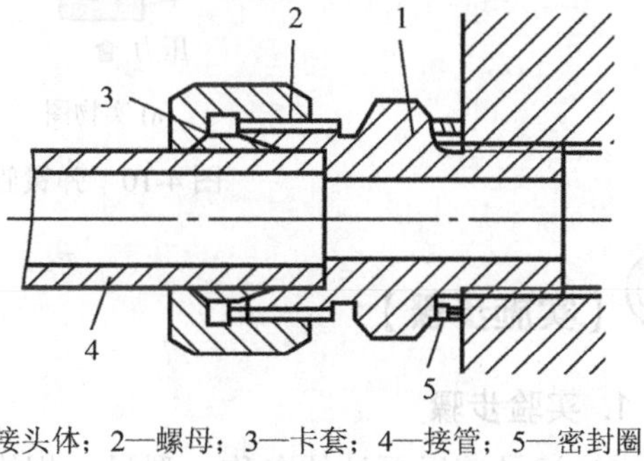

1—接头体；2—螺母；3—卡套；4—接管；5—密封圈。

(b) 卡套式接头

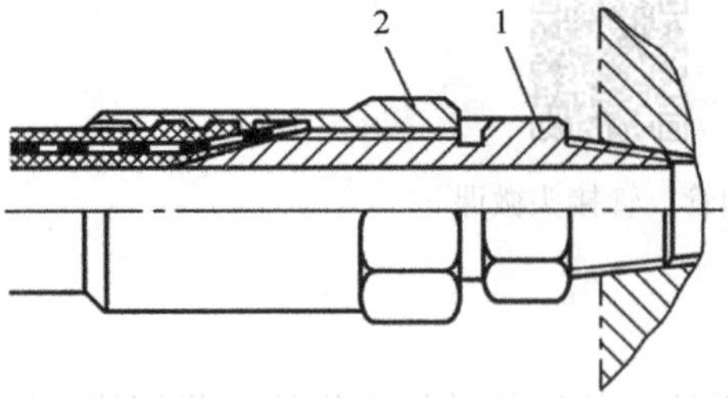

1—接头螺母；2—接头体。

(c) 扣压式接头

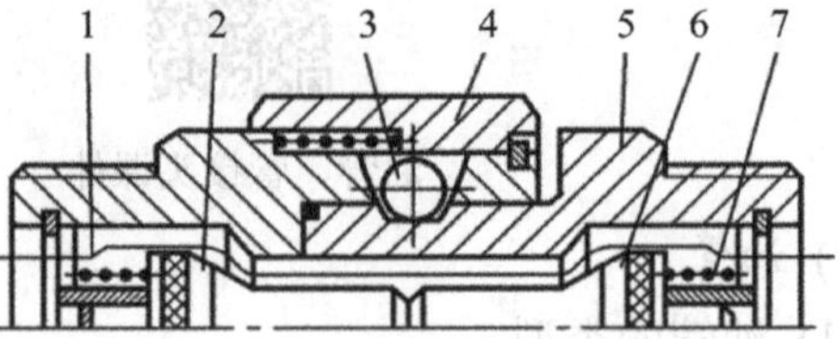

1、7—弹簧；2、6—阀芯；3—钢球；4—外套；5—接头体。

(d) 快速接头

图 4-9　常用管接头

3) 压力表

液压系统中各工作点(如油泵出口、减压阀后)的压力，可以通过压力表来观察，从而方便调整到系统要求的工作压力。液压系统中最常用的压力表是弹簧管式压力表，如图 4-10 所示，其表内的敏感元件(波登管、膜盒、波纹管)受液压力作用后发生弹性形变，再由表内机芯的转换机构将压力形变传导至指针，引起指针转动来显示压力。

压力表课件　　压力表微课

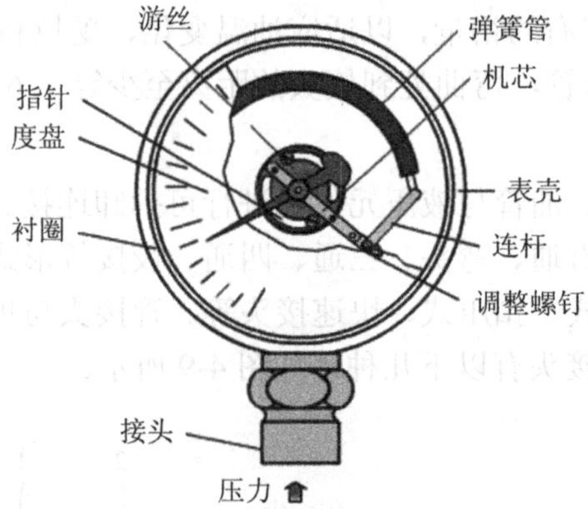

(a) 实物图

(b) 压力表符号

图 4-10　弹簧管式压力表及图形符号

【实施步骤】

1. 实验步骤

(1) 记录液压泵站的名称、型号、规格、基本参数。

(2) 参照结构原理图检查各辅助元件是否完好并清洗干净。

(3) 记录各辅助元件的名称，观察、分析各辅助元件的结构、作用。

2. 维护注意事项

(1) 维护拆卸过程中，应注意用铜棒敲打零部件，以免损坏部件。

(2) 拆卸过程中，遇到零部件卡住的情况下，不能硬砸乱敲。

(3) 装配前，零件应清洗干净。装配时，要遵循“先拆的后装，后拆的先装”的原则，合理安装。

(4) 维护完毕后，液压泵站应工作正常，没有异响和漏油现象。

【思考与练习】

1. 简述油管的常见类型及特点。
2. 简述充气式蓄能器的类型及特点。

聚焦思政

辅助元件看似简单，在整个液压系统中既不提供动力，也不控制油路，更不能执行动作，但也是不可或缺的部分。泵站为系统提供油液，滤油器将杂质堵在“门外”，蓄能器可以作为紧急油源又可吸收冲击，油管保证油液正常流通，压力表实时显示系统压力，每个元件都在各自的岗位上做好本职工作，为整个系统的正常运行做好保障。作为学生，希望我们在校能够学好专业知识，训练专业技能，提高自身素质；将来走向工作岗位，能够勤勤恳恳、兢兢业业，为祖国的发展贡献自己的一份力量。

项目五　认识液压控制元件及搭建液压基本回路

液压控制元件用来控制液压系统中油液的压力、流量和流动方向，从而满足液压执行元件对压力、速度和换向的要求。

液压基本回路是由一些液压元件组成的，用来完成特定功能的典型油路。液压系统无论怎样复杂，都是由一些基本回路组成的，一般可分为压力控制回路、速度控制回路、方向控制回路及多执行元件控制回路。熟悉和掌握基本回路的结构组成、工作原理和功能，可为设计、使用液压系统和分析系统故障奠定必要的基础。

【项目概述】

本项目分为4部分内容：认识方向控制阀及搭建方向控制回路，认识流量控制阀及搭建速度控制回路，认识压力控制阀及搭建压力控制回路，认识特殊类型控制阀及搭建多缸动作回路。

任务5.1　认识方向控制阀及搭建方向控制回路

【任务目标】

1. 知识目标

(1) 掌握方向控制阀的工作原理和结构；
(2) 掌握方向控制阀的图形符号的含义；
(3) 掌握常用滑阀中位机能的特点；
(4) 掌握换向回路和锁紧回路的工作原理。

2. 能力目标

(1) 熟悉方向控制阀的图形符号的含义；
(2) 能正确选择三位滑阀的中位机能；
(3) 能正确分析换向回路和锁紧回路的工作原理。

3. 素质目标

(1) 具备独立思考和主动探究能力；

(2) 具备团队协作意识和职业精神；

(3) 具备严谨、细致的工作作风。

【任务内容】

认识方向控制阀及搭建方向控制回路。

【相关知识】

1. 阀的功用与分类

阀用来控制系统中流体的流动方向或调节流体的压力和流量，因此它可以分为方向阀、压力阀和流量阀三大类。一个形状相同的阀，可以因为作用机制的不同，而具有不同的功能。压力阀和流量阀利用通流截面的节流作用控制系统的压力和流量，而方向阀则利用通流通道的更换控制流体的流动方向。尽管阀存在着各种各样不同的类型，它们之间还是保持着一些基本共同点的。例如：

(1) 在结构上，所有的阀都由阀体、阀芯(座阀或滑阀)和驱使阀芯动作的元部件(如弹簧、电磁铁)组成。

(2) 在工作原理上，所有阀的开口大小，进、出口间的压差以及流过阀的流量之间的关系都符合孔口流量公式，仅是各种阀控制的参数各不相同而已。

1) 液压控制阀的分类

液压控制阀的种类繁多、功能各异，可根据其用途、操纵方式和连接方式进行分类，见表 5-1。

表 5-1 液压控制阀的分类

分类方法	种　类	详细分类
按用途分	压力控制阀	溢流阀、减压阀、顺序阀、比例压力控制阀、压力继电器等
	流量控制阀	节流阀、调速阀、分流阀、比例流量控制阀等
	方向控制阀	单向阀、液控单向阀、换向阀、比例方向控制阀
按操纵方式分	人力操纵阀	手把及手轮、踏板、杠杆
	机械操纵阀	挡块、弹簧、液压、气动
	电动操纵阀	电磁铁控制、电—液联合控制
按连接方式分	管式连接	螺纹式连接、法兰式连接
	板式及叠压式连接	单层连接板式、双层连接板式、集成块连接板式、叠加阀
	拆装式连接	螺纹式拆装、法兰式拆装

2) 液压控制阀的性能要求

液压控制阀是精密元件，对其应用有如下性能要求：

(1) 动作灵敏、工作可靠，工作时冲击和振动小。

(2) 油液通过液压阀时，压力损失要小。

(3) 密封性能好，内泄漏少，无外泄漏。

(4) 结构简单紧凑，安装、调试、维护方便，通用性好。

2. 方向控制阀

在液压系统中，控制工作液体流动方向的阀称为方向控制阀，简称方向阀。方向控制阀的工作原理是利用阀芯和阀体相对位置的改变，实现油路与油路间的接通或断开，以满足系统对油液流向的控制要求。方向控制阀分为单向阀和换向阀两类。

1) 单向阀

单向阀分为普通单向阀和液控单向阀。

单向阀与液控单向阀课件　　单向阀与液控单向阀微课

(1) 普通单向阀。

普通单向阀控制油液只能按某一方向流动，而反向截止，简称单向阀。

单向阀结构如图 5-1 所示，它由阀体 1、阀芯 2 和弹簧 3 等零件组成。当压力油从 P_1 进入时，油液推力克服弹簧力，推动阀芯右移，打开阀口，压力油从 P_2 流出；当压力油反向从 P_2 进入时，油液压力和弹簧力将阀芯压紧在阀座上，阀口关闭，油液不能通过。

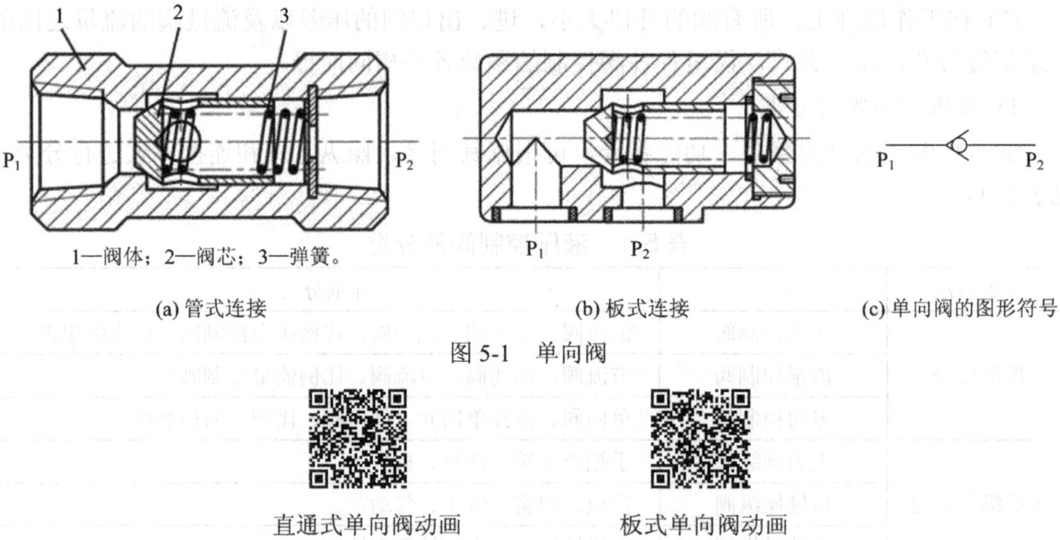

(a) 管式连接　　(b) 板式连接　　(c) 单向阀的图形符号

图 5-1　单向阀

直通式单向阀动画　　板式单向阀动画

为了保证单向阀工作灵敏、可靠，单向阀的弹簧应较软，其开启压力一般为 0.035～0.1 MPa。若将弹簧换为硬弹簧，则可将其作为背压阀使用，背压力一般为 0.2～0.6 MPa。

(2) 液控单向阀。

图 5-2(a)为液控单向阀的结构。当控制油口 K 不通压力油时，油液只可以从 P_1 进入，P_2 流出，此时阀的作用与单向阀相同；当控制油口 K 接通压力油时，推动控制活塞 1 并通过顶杆 2 使阀芯 3 右移，阀即保持开启状态，液流双向都能自由通过。一般控制油的压力不应低于油路压力的 30%～50%。图 5-2(b)为液控单向阀的图形符号。

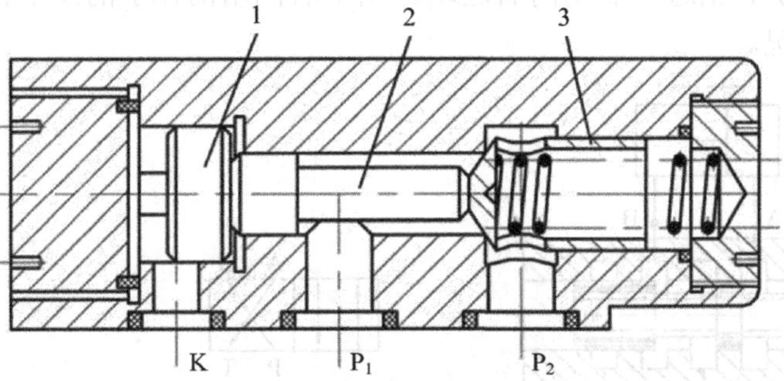

1—控制活塞；2—顶杆；3—阀芯。

(a) 液控单向阀结构

液控单向阀动画

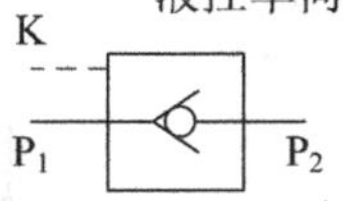

(b) 液控单向阀图形符号

图 5-2 液控单向阀

液控单向阀具有良好的单向密封性，常用于执行元件需要长时间保压、锁紧的情况下，这种阀也称为液压锁。

2) 换向阀

换向阀的工作原理及分类课件　　换向阀的工作原理及分类微课

换向阀的作用是利用阀芯位置的变动，改变阀体上各油口的通断状态，从而控制油路连通、断开或改变液流方向。

换向阀的用途十分广泛，种类也很多，其分类见表 5-2。

表 5-2 换向阀的分类

分类方式	类　型
按阀的操纵方式	手动、机动、电磁、液动、电液动
按阀的工作位置数和通路数	二位二通、二位三通、三位四通、三位五通等
按阀的结构形式	滑阀式、转阀式、锥阀式
按阀的安装方式	管式、板式、法兰式等

由于滑阀式换向阀使用数量多，应用广泛，具有代表性，下面以滑阀式换向阀为例说明换向阀的工作原理、图形符号、机能特点和操作方式等。

(1) 换向原理及图形符号。

图 5-3 是滑阀式换向阀，它是靠阀芯在阀体内作轴向运动，从而使相应的油路接通或断开的换向阀。

滑阀是一个具有多个环形槽的圆柱体(图示阀芯有 3 个台肩)，而阀体孔内有若干个沉割槽(图示阀体为 5 槽)。每条沉割槽都通过相应的孔道与外部相通，其中 P 为进油口，T 为回油口，而 A 和 B 则通液压缸两腔。

当阀芯处于图 5-3(a)位置时，P 与 B、A 与 T 相通，活塞向左运动；当阀芯向右移至

图 5-3(b)位置时，P 与 A、B 与 T 相通，活塞向右运动。图中右侧用简化了的图形符号清晰地表明了以上所述的通断情况。

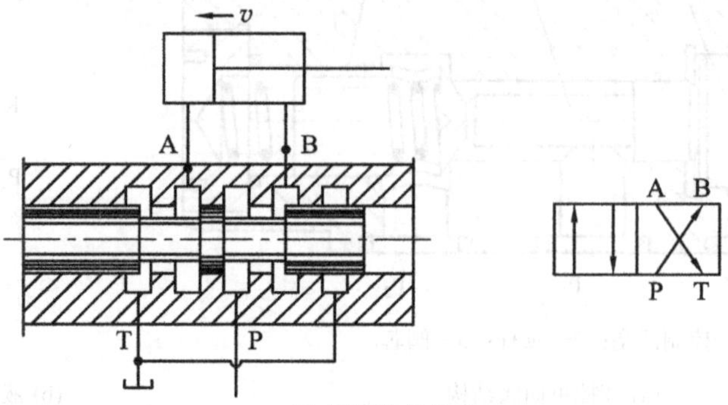

(a) 活塞向左移动

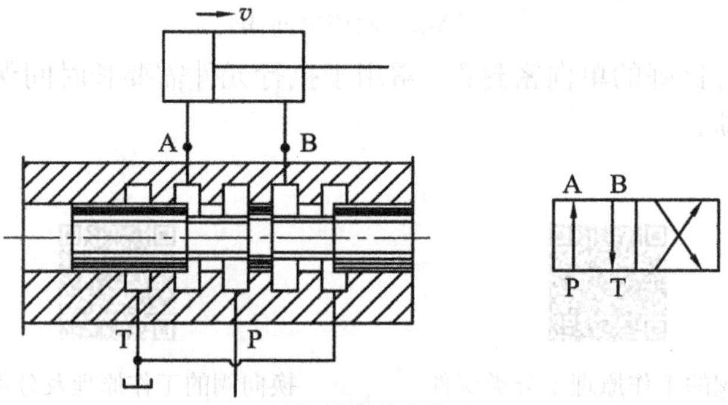

(b) 活塞向右移动

图 5-3　换向阀换向原理

表 5-3 列出了几种常用的滑阀式换向阀的结构原理图及其图形符号。图形符号表示的含义为：

① 用方框表示阀的工作位置，方框数即“位”数。

② 箭头表示两油口连通，并不表示流向；“⊥”或“T”表示此油口不通流。

③ 在一个方框内，箭头或“⊥”符号与方框的交点数为油口的通路数，即“通”数。

④ P 表示压力油的进口，T 表示与油箱连通的回油口，A 和 B 表示连接其他工作油路的油口。

⑤ 三位阀的中位及二位阀侧面画有弹簧的那一方框为常态位。在液压原理图中，换向阀的油路连接一般应画在常态位上。二位二通阀有常开型(常态位置两油口连通)和常闭型(常态位置两油口不连通)。

一个完整的换向阀图形符号还应表示出操纵方式、复位方式和定位方式等。

表 5-3　换向阀结构原理图及其图形符号

名　称	结构原理图	图形符号
二位二通	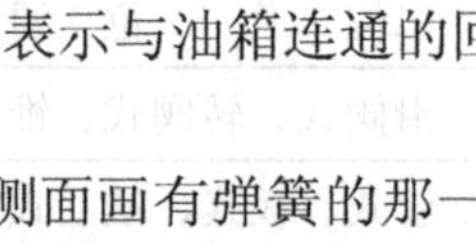	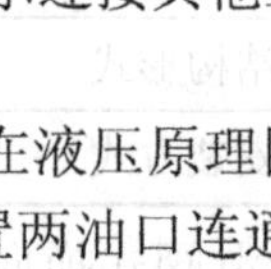

续表

名　称	结构原理图	图形符号
二位三通	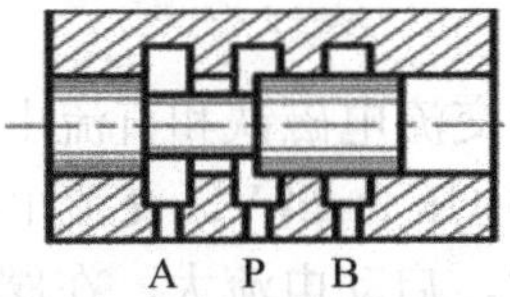	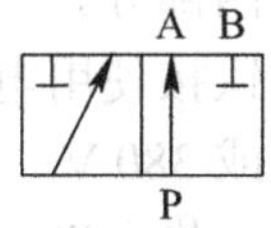
二位四通	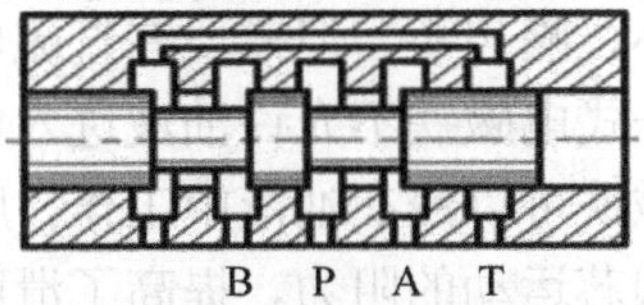	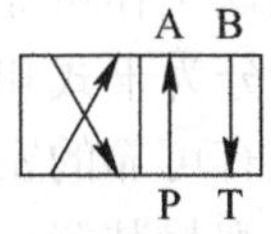
三位四通	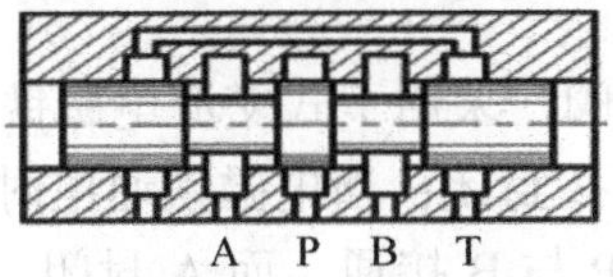	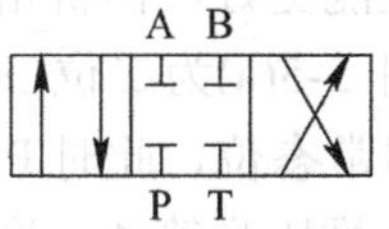

(2) 换向阀的操纵方式。

换向阀有机动换向、电磁换向、液动换向、电液动换向、手动换向等操纵方式。

① 机动换向阀。

机动换向阀又称行程换向阀，它依靠安装在运动部件上的挡块或凸轮，推动阀芯移动，实现换向。

图 5-4(a)为二位二通机动换向阀。在图示位置(常态位)，阀芯 3 在弹簧 4 作用下处于上位，P 与 A 不相通；当运动部件上的行程挡块 1 压住滚轮 2 使阀芯移至下位时，P 与 A 相通。

机动换向阀结构简单，换向时阀口逐渐关闭或打开，故换向平稳、可靠、位置精度高。但它必须安装在运动部件附近，一般油管较长。常用于控制运动部件的行程，或快、慢速度的转换。图 5-4(b)为二位二通机动换向阀的图形符号。

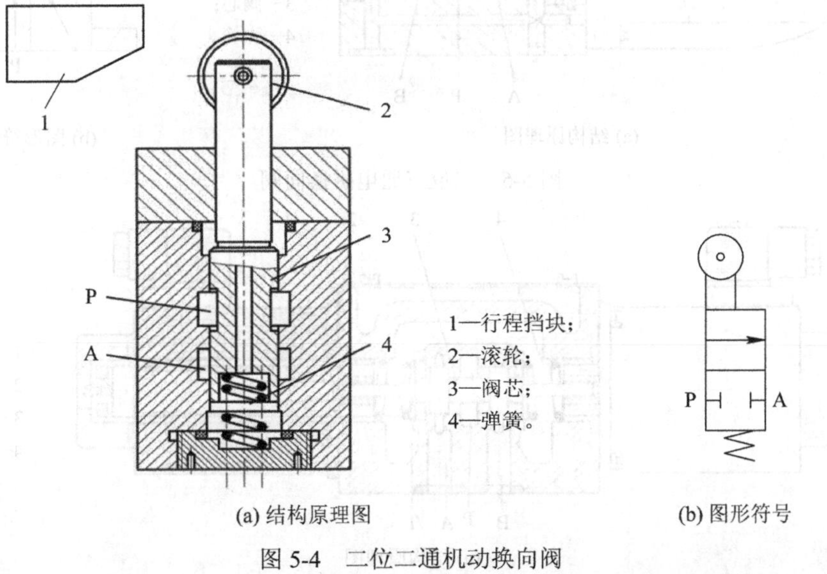

(a) 结构原理图　　(b) 图形符号

图 5-4　二位二通机动换向阀

② 电磁换向阀。

电磁换向阀简称电磁阀，它利用电磁铁吸力控制阀芯动作。电磁换向阀包括换向滑阀和电磁铁两部分。

电磁铁按使用电源不同，可分为交流电磁铁和直流电磁铁两种。交流电磁铁使用电压为 220 V 或 380 V，直流电磁铁使用电压为 24 V。交流电磁铁的优点是电源简单方便，电磁吸力大，换向迅速；缺点是噪声大，启动电流大，在阀芯被卡住时易烧毁电磁铁线圈。直流电磁铁工作可靠，换向冲击小，噪声小，但需要有直流电源。电磁铁按衔铁是否浸在油里，又分为干式和湿式两种。干式电磁铁不允许油液进入电磁铁内部，因此推动阀芯的推杆处要有可靠的密封。湿式电磁铁可以浸在油液中工作，所以电磁阀的相对运动件之间就不需要密封装置，这就减小了阀芯运动的阻力，提高了滑阀换向的可靠性。虽然湿式电磁铁性能更好，但价格较高。

图 5-5(a)为二位三通电磁换向阀，采用干式交流电磁铁。图示位置为电磁铁不通电状态，即常态位，此时 P 与 A 相通，B 封闭；当电磁铁通电时，衔铁 1 右移，通过推杆 2 使阀芯 3 推压弹簧 4，并移至右端，P 与 B 接通，而 A 封闭。图 5-5(b)为二位三通电磁换向阀的图形符号。

图 5-6(a)为三位四通电磁换向阀，采用湿式直流电磁铁。阀两端有两根弹簧 4，使阀芯在常态时(两端电磁铁均断电时)处于中位，P、A、B、T 互不相通；当右端电磁铁通电时，右端的衔铁 1 通过推杆 2 将阀芯 3 推至左端，控制油口 P 与 B 通，A 与 T 通；当左端电磁铁通电时，其阀芯移至右端，油口 P 通 A、B 通 T。图 5-6(b)为三位四通电磁换向阀的图形符号。

二位三通电磁换向阀动画

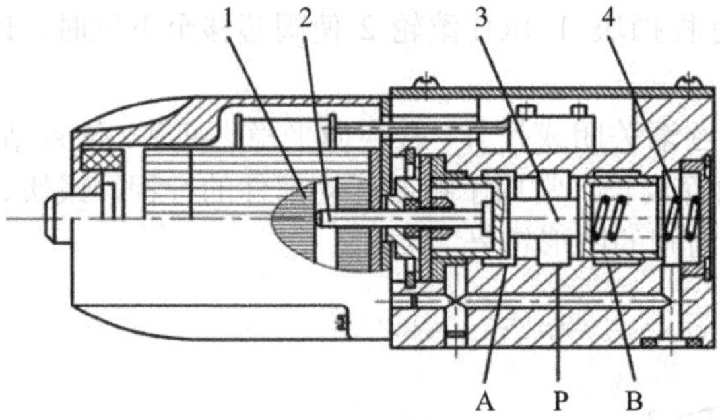

1—衔铁；
2—推杆；
3—阀芯；
4—弹簧。

(a) 结构原理图

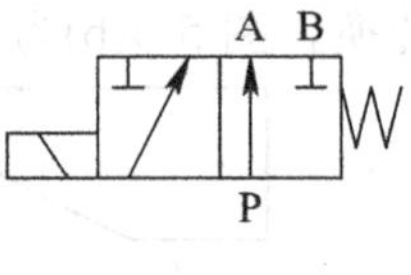

(b) 图形符号

图 5-5　二位三通电磁换向阀

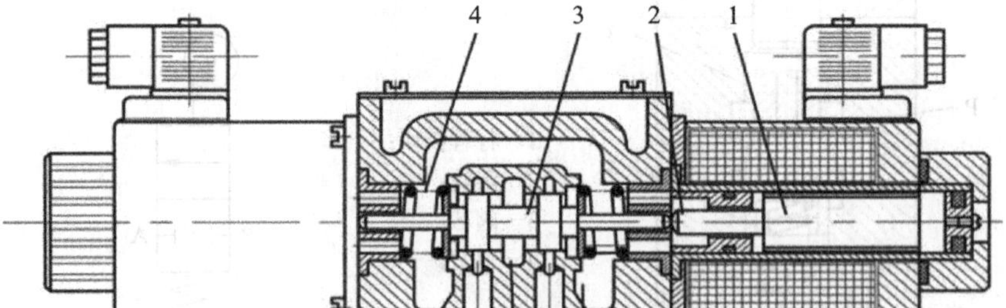

1—衔铁；
2—推杆；
3—阀芯；
4—弹簧。

(a) 结构原理图

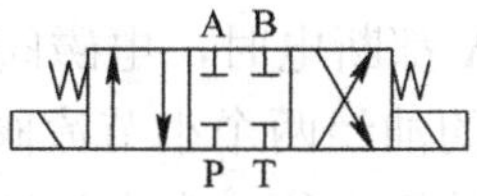

(b) 图形符号

图 5-6 三位四通电磁换向阀

电磁阀操纵方便，布置灵活，易于实现动作转换的自动化。但因电磁铁吸力有限，所以电磁阀只适用于流量不大的场合。

③ 液动换向阀。

液动换向阀利用控制油路的压力油推动阀芯实现换向，因此它可以制造成流量较大的换向阀。

图 5-7(a)为三位四通液动换向阀。当其两端控制油口 K_1 和 K_2 均不通入压力油时，阀芯在两端弹簧的作用下处于中位；当 K_1 进压力油，K_2 接油箱时，阀芯移至右端，P 通 A，B 通 T；反之，K_2 进压力油，K_1 接油箱时，阀芯移至左端，P 通 B，A 通 T。图 5-7(b)为三位四通液动换向阀的图形符号。

三位四通液动换向阀动画

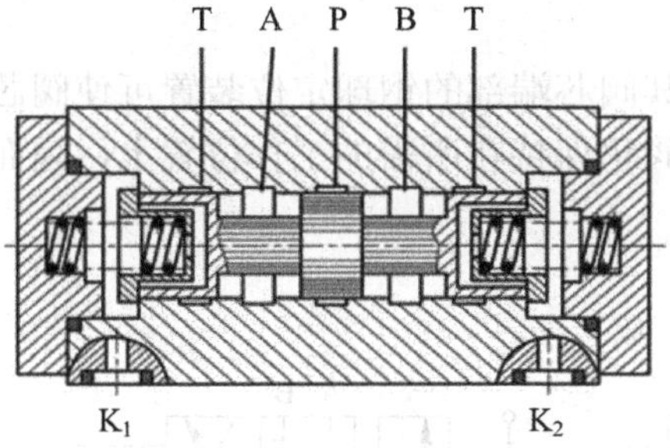

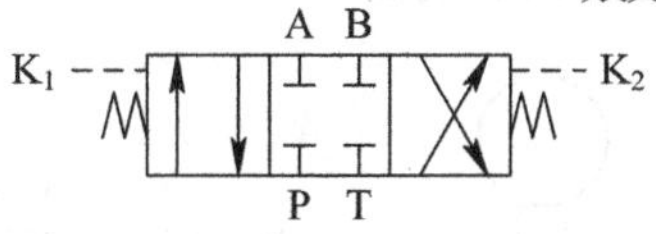

(a) 结构原理图 (b) 图形符号

图 5-7 三位四通液动换向阀

液动换向阀结构简单、动作可靠、平稳，由于液压驱动力大，故可用于流量大的液压系统中，但它不如电磁阀控制方便。

④ 电液动换向阀。

电液动换向阀是由电磁换向阀和液动换向阀组成的复合阀。电磁换向阀为先导阀，它用以改变控制油路的方向；液动换向阀为主阀，它用以改变主油路的方向。这种阀综合了电磁阀和液动阀的优点，具有控制方便、流量大的特点。

图 5-8(a)、图 5-8(b)分别为三位四通电液换向阀的图形符号和简化符号。

三位四通电液动换向阀动画

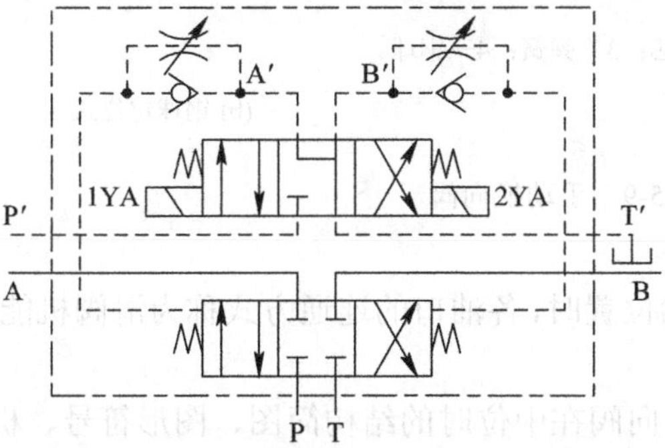

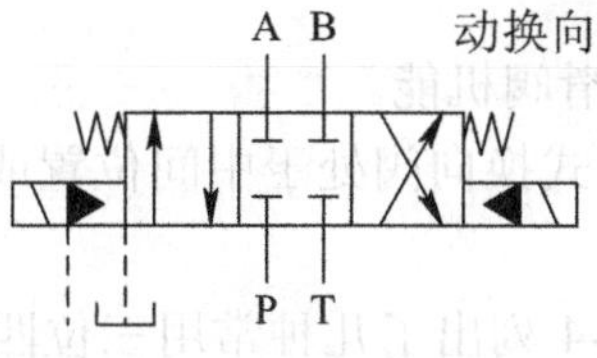

(a) 图形符号 (b) 简化符号

图 5-8 三位四通电液动换向阀

当先导阀的电磁铁 1YA 和 2YA 都断电时，电磁阀芯在两端弹簧力作用下处于中位，控制油口 P′关闭。这时主阀芯两侧的油经两个小节流阀及电磁换向阀的通路与油箱相通，因而主阀芯也在两端弹簧的作用下处于中位。在主油路中 P、A、B、T 互不相通。

当 1YA 通电、2YA 断电时，电磁阀芯移至右端，电磁阀左位工作，控制压力油经过 P′→A′→单向阀→主阀芯左端油腔，而回油经主阀芯右端油腔→节流阀→B′→T′→油箱。于是，主阀芯在左端液压推力的作用下移至右端，即主阀左位工作，主油路 P 通 A，B 通 T。

同理，当 2YA 通电、1YA 断电时，电磁阀处于右位，控制主阀芯右位工作，主油路 P 通 B，A 通 T。液动换向阀的换向速度可由两端节流阀调整，因而可平稳换向，无冲击。

⑤ 手动换向阀。

手动换向阀是用手动杠杆操纵阀芯换位的换向阀。它有自动复位式和钢球定位式两种。图 5-9(a)所示为自动复位式换向阀，可用手操作使换向阀左位或右位工作，但当操纵力取消后，阀芯便在弹簧力作用下自动恢复至中位，停止工作。因而适用于换向动作频繁，工作持续时间短的场合。

图 5-9(b)所示的是钢球定位式换向阀，其阀芯端部的钢球定位装置可使阀芯分别停止在左、中、右三个位置上，当松开手柄后，阀仍保持在所需的工作位置上，因而可用于工作持续时间较长的场合。

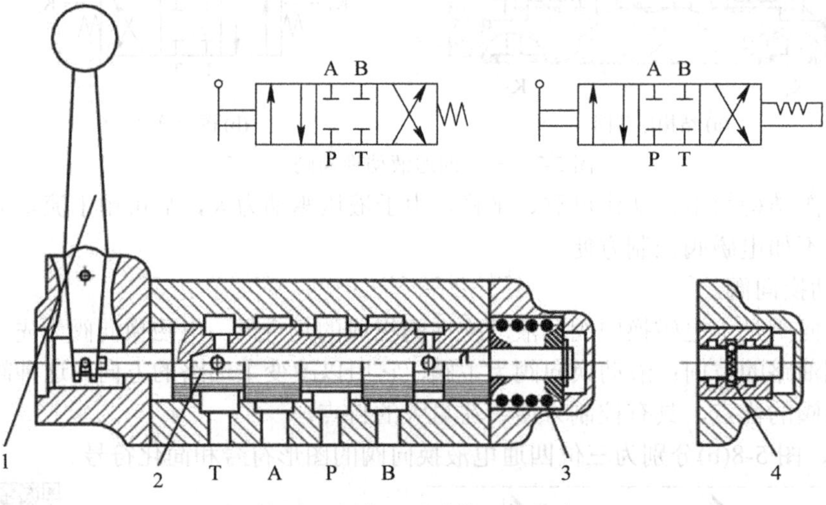

三位四通手动换向阀动画

1—手柄；2—阀芯；3—弹簧；4—钢球。

(a) 自动复位式　　(b) 钢球定位式

图 5-9　手动换向阀

(3) 滑阀机能。

滑阀式换向阀处于中间位置或原始位置时，各油口的连通方式称为滑阀机能(又称中位机能)。

表 5-4 列出了几种常用三位四通换向阀在中位时的结构简图、图形符号、机能的特点及应用。

滑阀机能课件　　　　滑阀机能微课

表 5-4　三位四通换向阀的滑阀机能

形式	结构简图	图形符号	机能特点及应用
O	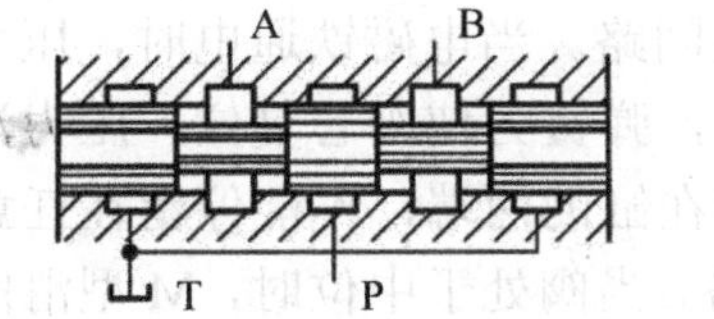	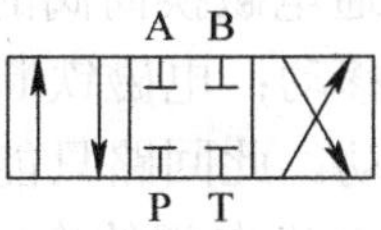	各油口全部封闭，液压缸被锁紧，液压泵不卸荷，并联缸可运动
H	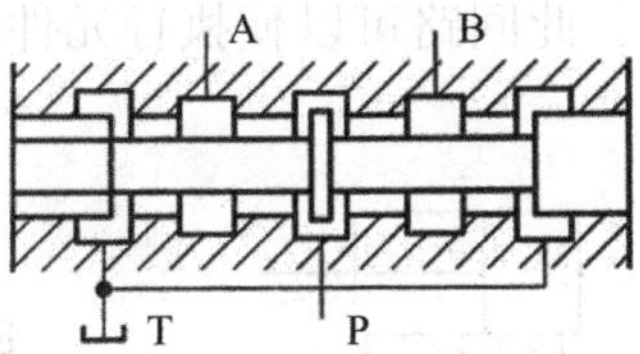	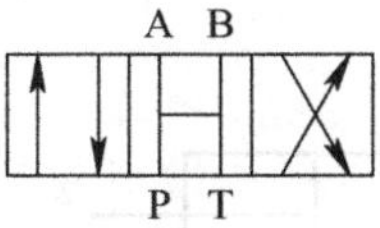	各油口全部连通，液压缸浮动，液压泵卸荷，其他缸不能并联使用
Y	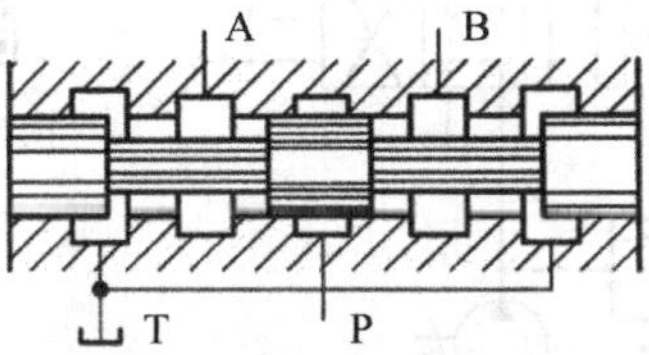	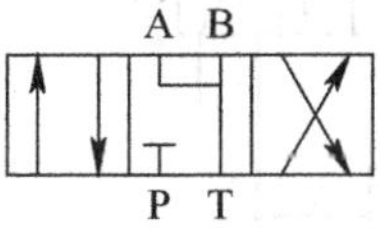	液压缸两腔通油箱，液压缸浮动，液压泵不卸荷，并联缸可运动
P	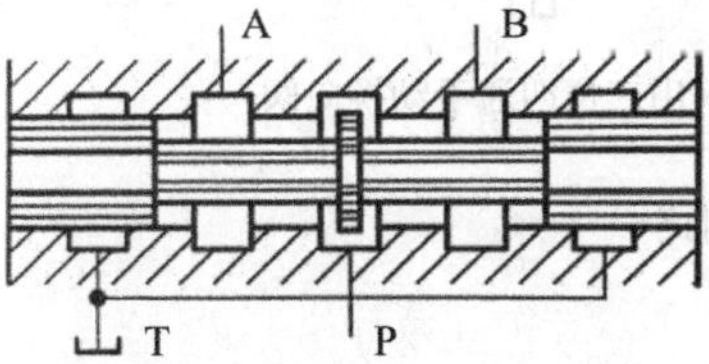	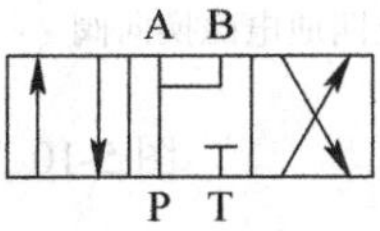	压力油口与液压缸两腔连通，回油口封闭，液压泵不卸荷，并联缸可运动，单杆活塞缸实现差动连接
M	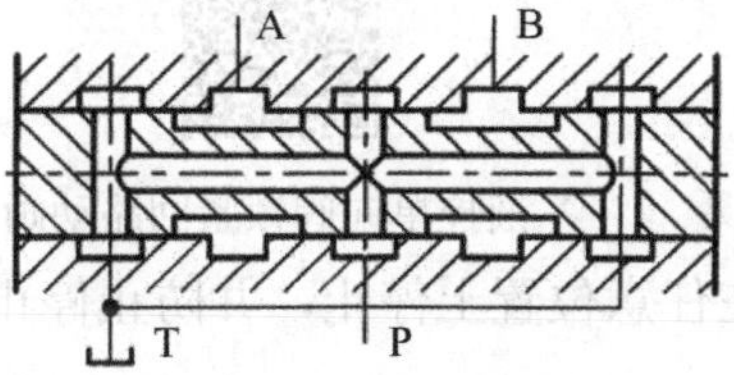	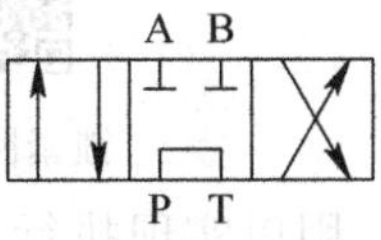	液压缸两腔封闭，液压缸被锁紧，液压泵卸荷，其他缸不能并联使用

3. 方向控制回路

控制液流的通、断和流动方向的回路称为方向控制回路。在液压系统中该回路用于实现执行元件的启动、停止以及改变运动方向，接下来主要介绍换向回路和闭锁回路。

1) 换向回路

换向回路课件　　换向回路微课

液压系统中执行元件运动方向的变换一般由换向阀实现，根据执行元件换向的要求，可采用二位或三位、四通或五通等控制阀，控制方式可以是手动、机动、电磁、液动和电液动等。

图 5-10(a)是采用二位四通电磁换向阀的换向回路。当电磁铁通电时，压力油进入液压缸左腔，推动活塞杆向右移动；电磁铁断电时，弹簧力使阀芯复位，压力油进入液压缸右腔，推动活塞杆向左移动。此回路只能停留在缸的两端，不能停留在任意位置上。图 5-10(b)是采用三位四通手动换向阀的换向回路。当阀处于中位时，M 型滑阀机能使泵卸荷，缸两腔油路封闭，活塞制动；当阀左位工作时，液压缸左腔进油，活塞向右移动；当阀右位工作时，液压缸右腔进油，活塞向左移动。此回路可以使执行元件在任意位置停止运动。

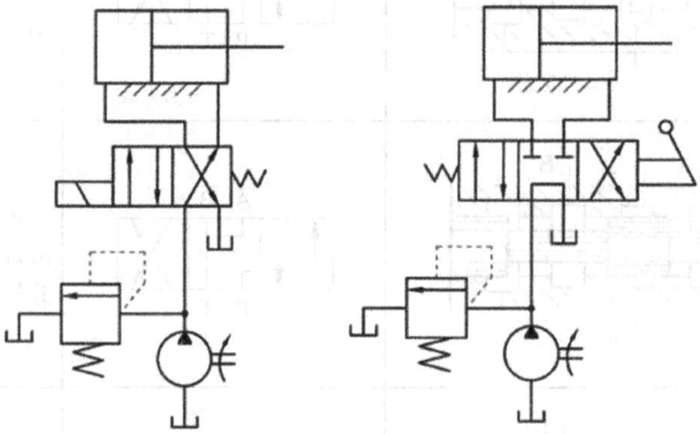

换向回路动画

(a) 采用二位四通电磁换向阀　　(b) 采用三位四通手动换向阀

图 5-10　换向回路

2) 闭锁回路(锁紧回路)

锁紧回路课件　　锁紧回路微课　　液控单向阀锁紧回路动画

闭锁回路又称锁紧回路，用以实现执行元件在任意位置上停止，并防止停止后蹿动。常用的闭锁回路有以下两种。

(1) 采用 O 型或 M 型滑阀机能三位换向阀的闭锁回路。

图 5-11(a)为采用三位四通 O 型滑阀机能换向阀的闭锁回路，当两电磁铁均断电时，弹簧使阀芯处于中间位置，液压缸的两工作油口被封闭。由于液压缸两腔都充满油液，而油液又是不可压缩的，所以向左或向右的外力均不能使活塞移动，活塞被双向锁紧。图 5-11(b)

为三位四通 M 型机能换向阀，具有相同的锁紧功能。不同的是前者液压泵不卸荷，并联的其他执行元件运动不受影响，后者的液压泵卸荷。

这种闭锁回路结构简单，但由于换向阀密封性差，存在泄漏，所以闭锁效果较差。

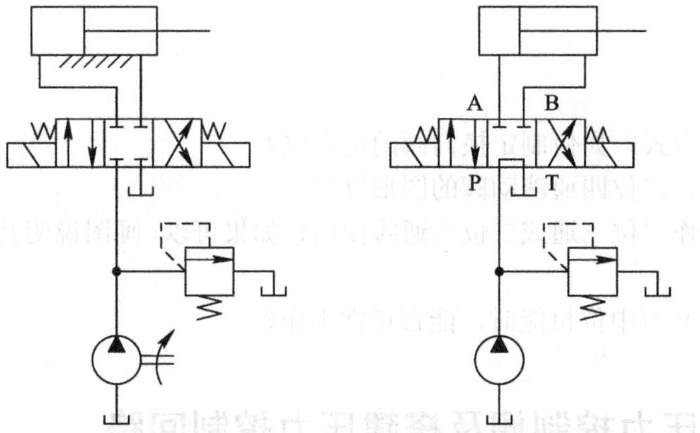

(a) 采用三位四通O型　　(b) 采用三位四通M型

图 5-11　采用换向阀滑阀机能的闭锁回路

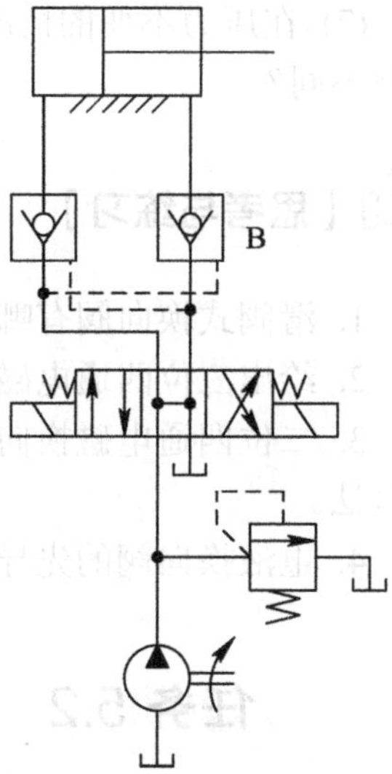

图 5-12　采用液控单向阀的闭锁回路

(2) 采用液控单向阀的闭锁回路。

图 5-12 为采用液控单向阀的闭锁回路。换向阀处于中间位置时，液压泵卸荷，输出油液经换向阀回油箱，由于系统无压力，液控单向阀 A 和 B 关闭，液压缸左右两腔的油液均不能流动，活塞被双向闭锁。

当左边电磁铁通电，换向阀左位接入系统，压力油经单向阀 A 进入液压缸左腔，同时进入单向阀 B 的控制油口，打开单向阀 B，液压缸右腔的油液可经单向阀 B 及换向阀流回油箱，活塞向右运动。

当右边电磁铁通电时，换向阀右位接入系统，压力油经单向阀 B 进入液压缸右腔，同时打开单向阀 A，使液压缸左腔油液经单向阀 A 和换向阀流回油箱，活塞向左运动。液控单向阀有良好的密封性，闭锁效果较好。

【实施步骤】

1. 观察普通单向阀、液控单向阀、换向阀教学模型。记录并描述每个阀的结构和工作原理。

2. 按照 5-10、5-12 液压系统原理图搭建换向回路和锁紧回路，回答下列问题。

(1) 选择合适的换向阀、液压油管、压力表。

思考：如何通过外形迅速找到手动换向阀？

(2) 将压力表接在液压泵的出油口处。

思考：为什么要将压力表接在液压泵的出油口处？

(3) 换向阀装在实验台上，注意要卡紧，位置要方便连接油管，不能滑脱。

(4) 根据液压系统原理图按照顺序依次连接。

(5) 检查连接无误后启动液压泵，操纵手动换向的手柄，观察液压缸的运动情况。

思考：

(6) 工作过程中松开手动换向阀的手柄，液压缸的情况如何？

(7) 在压力不变的情况下，操作手动换向阀换向时，手柄位置不同，液压缸运动情况有何不同？

【思考与练习】

1. 滑阀式换向阀有哪些操纵方式？如何制定换向阀的常态位？

2. 绘出三位四通电磁换向阀、二位四通液动阀的图形符号。

3. 二位四通电磁换向阀能否作二位三通或二位二通阀使用？如果可以，画图说明其具体接法。

4. 电液换向阀的先导阀选用P型中位机能时，能否正常工作？

任务5.2　认识压力控制阀及搭建压力控制回路

【任务目标】

1. 知识目标

(1) 掌握溢流阀的结构、工作原理及应用；

(2) 掌握顺序阀的结构、工作原理及应用；

(3) 掌握减压阀的结构、工作原理及应用；

(4) 掌握压力继电器的结构、工作原理及应用；

(5) 掌握调压回路的调压原理及其分类；

(6) 掌握减压回路的减压原理；

(7) 掌握增压回路的方法及其增压原理；

(8) 掌握常见卸荷回路的卸荷方式；

(9) 了解平衡回路的工作原理；

(10) 了解常见保压回路的保压方式。

2. 能力目标

(1) 熟悉溢流阀的图形符号、工作原理及用途；

(2) 熟悉顺序阀的图形符号、工作原理及用途；

(3) 熟悉减压阀的图形符号、工作原理及用途；

(4) 熟悉压力继电器的图形符号、工作原理及用途；

(5) 能够对压力回路中的元件进行选型；

(6) 能够搭建简单的压力控制回路；

(7) 能够对压力控制回路进行简单地排故。

3. 素质目标

(1) 具备独立思考和主动探究能力；

(2) 具备团队协作意识和职业精神；

(3) 具备严谨、细致的工作作风。

【任务内容】

认识压力控制阀及搭建压力控制回路。

【相关知识】

1. 压力控制阀

控制液压系统压力或受压力控制而动作的阀，统称为压力控制阀，简称压力阀。压力控制阀按其功能和用途不同可分为溢流阀、减压阀、顺序阀和压力继电器等。这类阀的共同特点是其都是利用“作用在阀芯上的液压力和弹簧力相平衡”的原理来工作的。

压力控制阀概述课件　　压力控制阀概述微课

1) 溢流阀

直动式溢流阀课件　　直动式溢流阀微课　　先导式溢流阀课件　　先导式溢流阀微课

(1) 溢流阀的作用和分类。

溢流阀在液压系统中的功用主要有两点：一是保持系统或回路的压力恒定，起溢流和稳压作用。如在定量泵节流调速系统中作为溢流恒压阀，用以保持泵的出口压力恒定；二是在系统中作为安全阀使用，在系统正常工作时，溢流阀处于关闭状态，而当系统压力大于或等于其调定压力时，溢流阀才开启溢流，对系统起过载保护作用。此外，溢流阀还可作为背压阀、卸荷阀、制动阀和平衡阀等来使用。溢流阀通常接在液压泵出口处的油路上。

根据结构和工作原理不同，溢流阀可分为直动型溢流阀和先导型溢流阀两类。其中直动型溢流阀结构简单，一般用于低压小流量系统，先导型溢流阀多用于中、高压及大流量系统中。

① 直动型溢流阀的结构及工作原理。

直动型溢流阀的结构原理图和图形符号如图 5-13 所示，阀体上开有进出油口 P 和 T，锥阀阀芯在弹簧的作用下压在阀座上，油液压力从进油口 P 作用在阀芯上。当进油压力较小时，阀芯在弹簧的作用下处于下端位置，将两油口隔开，溢流口无液体溢出。当油压力升高，在阀芯下端所产生的作用力超过弹簧的压紧力时，阀芯上升，阀口被打开，液体从溢流口流回油箱。弹簧力随着开口量的增大而增大，直至与液压作用力相平衡。调节旋钮可以改变弹簧的压紧力，即可调整溢流阀的溢流压力。

直动型溢流阀结构简单，制造容易，成本低，但油液压力直接靠弹簧平衡，所以压力稳定性较差，动作时有振动和噪声；此外，系统压力较高时，要求弹簧刚度大，使阀的开启性能变坏。所以直动型溢流阀只用于低压液压系统中。

直动式溢流阀动画

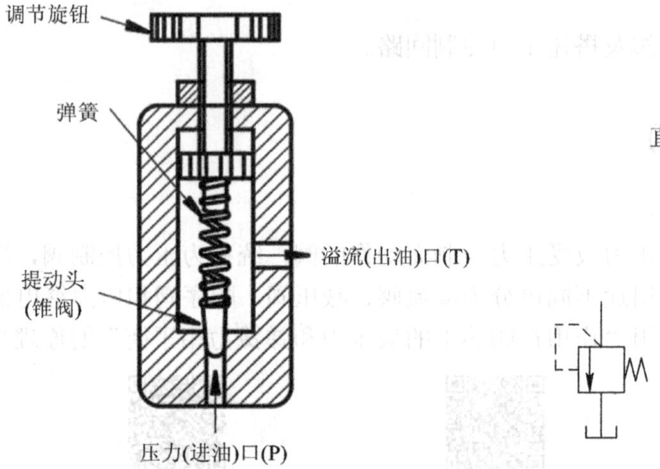

(a) 结构原理图　　(b) 图形符号

图 5-13　直动式溢流阀的结构原理图及图形符号

② 先导型溢流阀的结构及工作原理。

先导型溢流阀的结构原理图和图形符号如图 5-14 所示。先导型溢流阀由先导阀和主阀两部分组成。先导阀实际上是一个小流量的直动型溢流阀，阀芯是锥阀，用来控制压力；主阀阀芯是滑阀，用来控制溢流流量。

先导式溢流阀动画

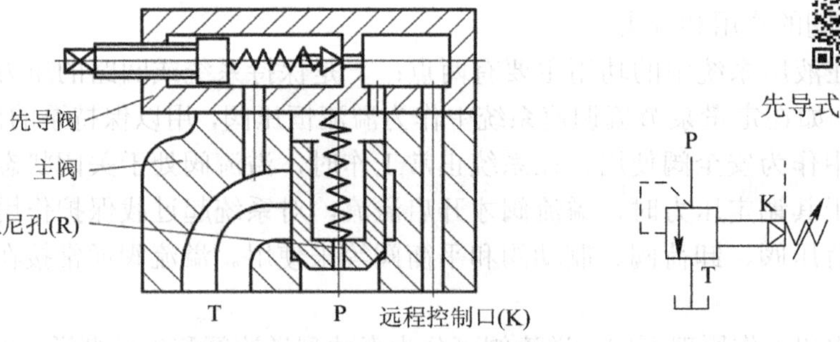

(a) 结构原理图　　(b) 图形符号

图 5-14　先导式溢流阀的结构原理图及图形符号

油液从进油口 P 进入，经阻尼孔 R 到达主阀弹簧腔，并作用在先导阀的锥阀阀芯上(一般情况下，远程控制口 K 是堵塞的)，当进油压力不高时，液压力不能克服先导阀的弹簧阻力，先导阀口关闭，阀内无油液流动。这时，主阀芯因上下腔油压相同，故被主阀弹簧压在阀座上，主阀口亦关闭。当进油压力升高到先导阀弹簧的预调压力时，先导阀口打开，主阀弹簧腔的油液流过先导阀口并经阀体上的通道和回油口 T 流回油箱。这时，油液流过阻尼小孔 R，产生压力损失，使主阀芯两端形成了压力差，主阀芯在此压差作用下克服弹簧阻力向上移动，使进、回油口连通，达到溢流稳压的目的。调节先导阀的调压螺钉，便能调整溢流压力。更换不同刚度的调压弹簧，便能得到不同的调压范围。

先导型溢流阀的阀体上有一个远程控制口 K，将此口通过二位二通阀接通油箱时，主阀芯上端的弹簧腔压力接近于零，主阀芯在很小的压力下便可移动到上端，阀口开至最大，这时系统的油液在很低的压力下通过阀口流回油箱，实现卸荷作用。如果将 K 口接到另一个远程调压阀上(其结构和溢流阀的先导阀一样)，并使打开远程调压阀的压力小于先导阀的调定压力，则主阀芯上端的压力由远程调压阀来决定。使用远程调压阀后便可对系统的溢流压力实行远程调节。

先导阀的作用是控制和调节溢流压力，主阀的功能则在于溢流。先导阀阀口直径较小，即使在较高压力的情况下，作用在锥阀阀芯上的液压推力也不很大，因此调压弹簧的刚度不必很大，压力调整也就比较轻便。主阀芯因两端均受油压作用，主阀弹簧只需很小的刚度，当溢流量变化引起弹簧压缩量变化时，进油口的压力变化不大，故先导式溢流阀恒定压力的性能优于直动式溢流阀，所以先导式溢流阀可被广泛地用于高压大流量场合。但先导式溢流阀是两级阀，其反应不如直动式溢流阀灵敏。

(2) 溢流阀的主要性能。

溢流阀是液压系统中的重要控制元件，其特性对系统的工作性能影响很大。溢流阀的静态特性主要是指压力调节范围、压力—流量特性和启闭特性。

① 压力调节范围：压力调节范围是指调压弹簧在规定的范围内调节时系统压力能平稳地上升或下降，且压力无突跳及迟滞现象时的最大和最小调定压力的差值。

② 压力—流量特性(p-q 特性)：压力—流量特性又称溢流特性。它表征溢流量变化时溢流阀进口压力的变化情况，即稳压性能。当阀溢流量发生变化时，进口压力波动越小，阀的性能越好。理想的溢流特性曲线应是一条几乎平行于流量坐标的直线，即进口压力达到调压弹簧所确定的压力后，立即溢流，且不管溢流量多少，压力始终保持恒定。但溢流量的变化会引起阀口开度变化，从而导致压力发生变化。溢流阀的静态特性曲线如图 5-15 所示，先导式溢流阀性能优于直动式溢流阀。

③ 启闭特性：启闭特性是指溢流阀从开启到闭合的过程中，被控压力与通过溢流阀的溢流量之间的关系。由于摩擦力的存在，溢流阀开启和闭合的 p-q 曲线将不重合。溢流阀的启闭特性曲线如图 5-16 所示，两条实线分别为先导式溢流阀的开启特性曲线和先导式溢流阀的闭合特性曲线。两条虚线为直动式溢流阀的启闭特性曲线。由于溢流阀阀芯开启时所受摩擦力和进口压力方向相反，而闭合时相同。因此在相同溢流量下，开启压力大于闭合压力。当溢流阀从关闭状态逐渐开启，其溢流量达到额定流量的 1%时所对应的压力，定义为开启压力 p_k，p_k 与调定压力 p_n 之比的百分率，称之为开启压力比率。当溢流阀从全开启状态逐渐关闭，其溢流量为其额定流量的 1%时，所对应的压力定义为闭合压力 p_k'，p_k' 与调定压力 p_n 之比的百分率，称之为闭合压力比率。开启压力比率与闭合压力比率越高，阀的性能越好。为保证溢流阀具有良好的静态特性，一般规定开启比应不小于 90%，闭合比不小于 85%。

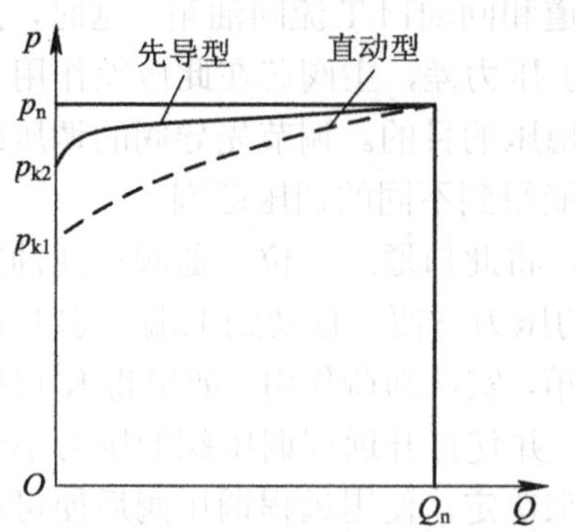

图 5-15　溢流阀的静态特性曲线

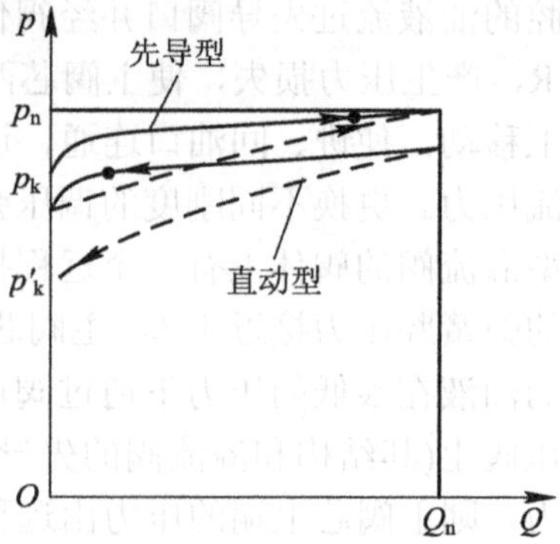

图 5-16　溢流阀的启闭特性曲线

(3) 溢流阀的应用。

溢流阀在每一个液压系统中都有使用。其主要应用有：

① 作为溢流阀使用：在如图 5-17 所示的用定量泵供油的节流调速回路中，当泵的流量大于节流阀允许通过的流量时，溢流阀使多余的油液流回油箱，此时泵的出口压力保持恒定。

② 作为安全阀使用：在如图 5-18 所示的由变量泵组成的液压系统中，用溢流阀限制系统的最高压力，防止系统过载。系统在正常工作状态下，溢流阀关闭；当系统过载时，溢流阀打开，使压力油经阀流回油箱。此时溢流阀为安全阀。

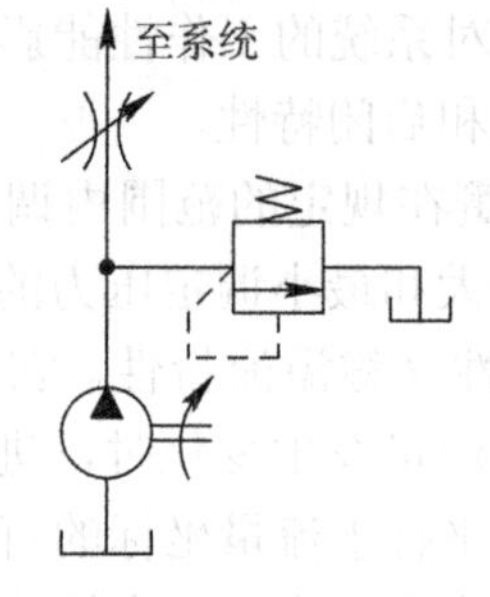

图 5-17　溢流阀的定压作用

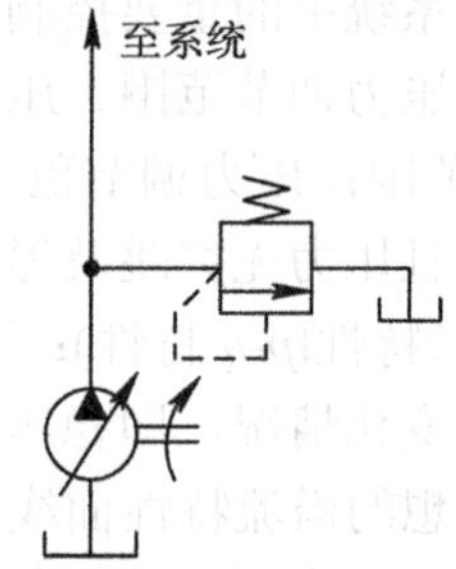

图 5-18　溢流阀的安全作用

③ 作为背压阀使用：在如图 5-19 所示的液压回路中，溢流阀串联在回油路上，溢流产生背压，使运动部件运动平稳性增加。

④ 作为卸荷阀使用：在如图 5-20 所示的液压回路中，溢流阀的遥控口串接一小流量的电磁阀，当电磁铁通电时，溢流阀的遥控口通油箱，此时液压泵卸荷。溢流阀此时作为卸荷阀使用。

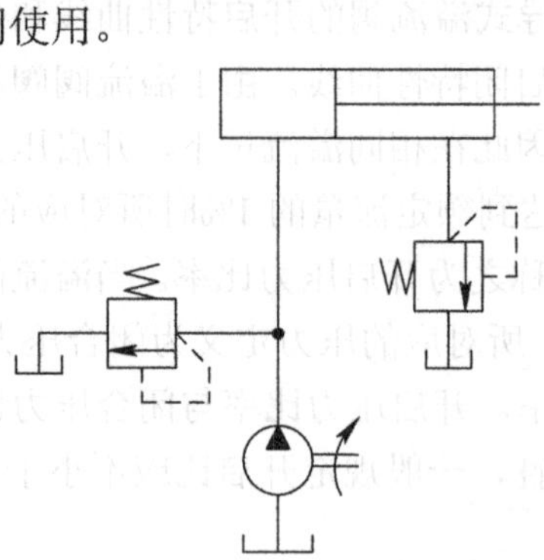

图 5-19　溢流阀的背压作用

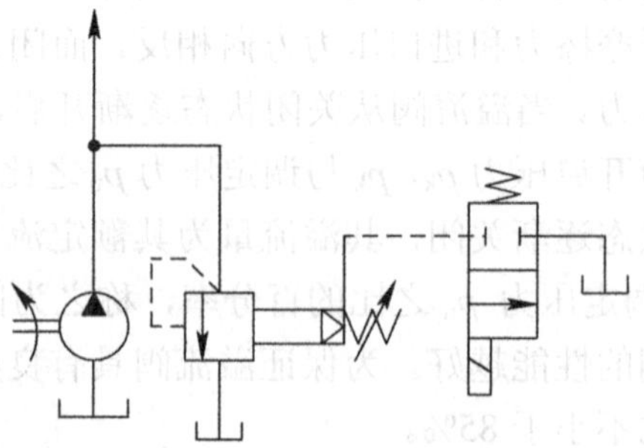

图 5-20　溢流阀的卸荷作用

2) 减压阀

(1) 减压阀的作用与分类。

减压阀是利用油液通过缝隙时会产生压力损失的原理，使其出口压力低于进口压力的压力控制阀。在液压系统中减压阀常用于降低或调节系统中某一支路的压力，以满足某些执行元件的需要。减压阀按其工作原理亦有直动型和先导型之分。按其调节性能又分为保证出口压力为定值的定值减压阀，保证进出口压力差不变的定差减压阀和保证进出口压力成比例的定比减压阀。其中定值减压阀应用最广，简称减压阀。这里只介绍定值减压阀。

① 直动型减压阀结构及工作原理。

图 5-21 所示为直动型减压阀的结构原理图及图形符号。当阀芯处在原始位置上时，它的阀口是打开的，阀的进、出口连通。这个阀的阀芯由出口处的压力控制，出口压力未达到调定压力时阀口全开，不起降压作用。当出口压力达到调定压力时，阀芯上移，阀口关小，整个阀处于工作状态。如忽略其他阻力，仅考虑阀芯上的液压力和弹簧力相平衡的条件，则可以认为出口压力基本上维持在某一固定的调定值上。这时若出口压力减小，阀芯下移，阀口开大，阀口处阻力减小，压降减小，使出口压力回升到调定值上。反之，若出口压力增大，则阀芯上移，阀口关小，阀口处阻力加大，压降增大，使出口压力下降到调定值上。调整手轮可以改变弹簧的压紧力，即可调整减压阀的出口设定压力。

直动式减压阀课件　直动式减压阀微课　先导式减压阀课件　先导式减压阀微课

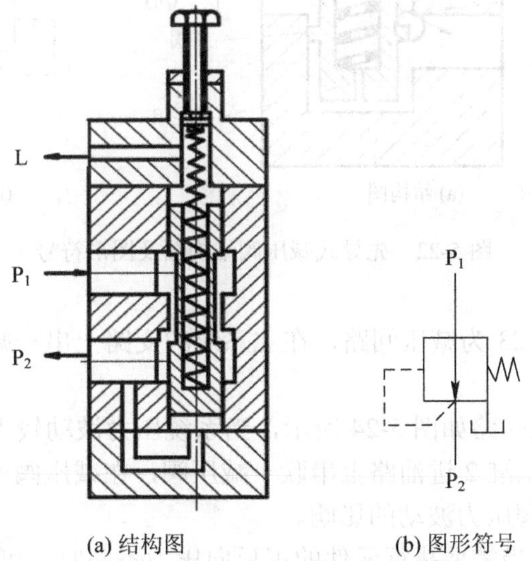

(a) 结构图　(b) 图形符号

直动式减压阀动画

图 5-21　直动式减压阀结构图及图形符号

② 先导型减压阀的结构及工作原理。

先导型减压阀的结构原理及图形符号如图 5-22 所示。与先导型溢流阀的结构相似，先导式减压阀也是由先导阀和主阀两部分组成。其主要区别是：减压阀的先导阀控制出口油液压力，而溢流阀的先导阀控制进口油液压力。由于减压阀的进、出口油液均有压力，所以先导阀的泄油不能像溢流阀一样流入回油口，而必须设有单独的泄油口。在正常情况下，减压阀阀口开得很大(常开)，而溢流阀阀口则关闭(常闭)。

先导型减压阀的结构原理如图 5-22(a)所示，液压系统主油路的高压油液 p_1 从进油口 P_1 进入减压阀，经减压口减压后，低压油液 p_2 从出油口 P_2 输出，同时低压油液 p_2 经主阀芯下端油腔后又经阻尼孔，进入主阀芯上端油腔及先导阀锥阀左端油腔，给锥阀一个向右的液压力。该液压力与先导阀调压弹簧的弹簧力相平衡，从而控制低压油 p_2 基本保持调定压力。当出油口的低压油 p_2 低于调定压力时，锥阀关闭，主阀芯上下腔油液压力相等，主阀弹簧的弹簧力将主阀芯推向下端，减压口增大，减压阀处于不工作状态。当 p_2 升高超过调定压力时，锥阀打开，少量油液经锥阀口，由泄油口 L 流回油箱。由于这时有油液流过阻尼孔，产生压力降，使主阀芯上腔压力低于下腔压力，当此压力差所产生的向上的作用力大于主阀芯重力、摩擦力、主阀弹簧的弹簧力之和时，主阀芯向上移动，使减压口减小，压力损失加剧，p_2 随之下降，直到作用在主阀芯上的所有力相平衡，主阀芯便处于新的平衡位置，减压口保持一定的开启量。调整手轮可以改变先导阀弹簧的压紧力，即可调整减压阀的出口设定压力。

先导式减压阀动画

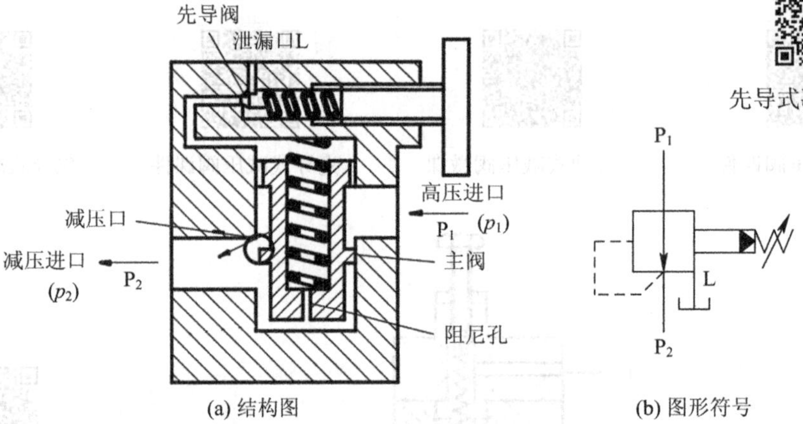

(a) 结构图　　　　(b) 图形符号

图 5-22　先导式减压阀结构图及图形符号

(2) 减压阀的应用。

① 减压回路：图 5-23 为减压回路，在主系统的支路上串一减压阀，用以降低和调节支路液压缸的最大推力。

② 稳压回路：稳压回路如图 5-24 所示，当系统压力波动较大，液压缸 2 需要有较稳定的输入压力时，在液压缸 2 进油路上串联一减压阀，在减压阀处于工作状态下，可使液压缸 2 的压力不受溢流阀压力波动的影响。

③ 单向减压回路：当需要执行元件的正反向压力不同时，可用如图 5-25 所示的单向减压回路图。图中用双点划线框起的单向减压阀是具有单向阀功能的组合阀。

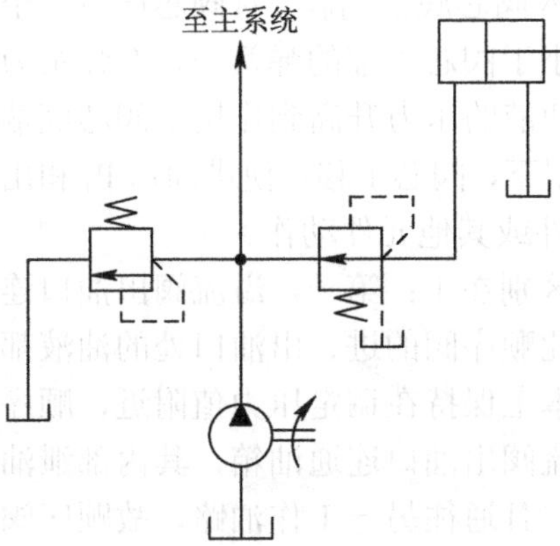

图 5-23　减压回路

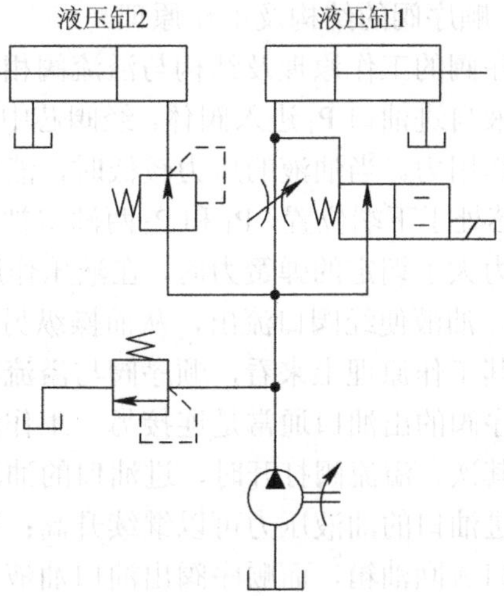

图 5-24　稳压回路

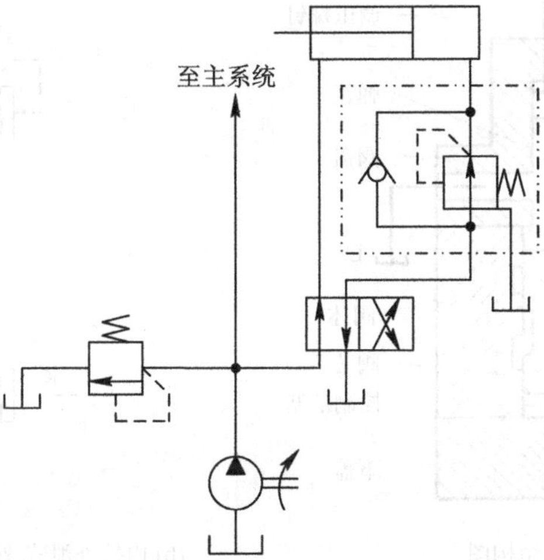

图 5-25　单向减压回路

3) 顺序阀

直动式顺序阀课件　　直动式顺序阀微课　　先导式顺序阀课件　　先导式顺序阀微课

(1) 顺序阀的作用与分类。

顺序阀是以压力作为控制信号，自动接通或切断某一油路的压力控制阀。由于它经常被用来控制执行元件动作的先后顺序，故称顺序阀。顺序阀按其控制方式不同，可分为内控式顺序阀和外控式顺序阀。内控式顺序阀直接利用阀的进口压力油控制阀的启闭，一般称之为顺序阀；外控式顺序阀利用外来的压力油控制阀的启闭，称之为液控顺序阀。按顺序阀的结构不同，又可分为直动式顺序阀和先导式顺序阀。

(2) 顺序阀的结构及工作原理。

顺序阀的工作原理及结构与溢流阀相似，这里仅介绍直动型顺序阀。如图 5-26 所示，压力油液自进油口 P_1 进入阀体，经阀芯中间小孔流入阀芯底部油腔，对阀芯产生一个向上的液压作用力。当油液的压力较低时，液压作用力小于阀芯上部的弹簧力，在弹簧力作用下，阀芯处于下端位置，P_1 和 P_2 两油口被隔开。当油液的压力升高到作用于阀芯底端的液压作用力大于调定的弹簧力时，在液压作用力的作用下，阀芯上移，使进油口 P_1 和出油口 P_2 相通，油液便经阀口流出，从而操纵另一执行元件或其他元件动作。

从其工作原理上来看，顺序阀与溢流阀的主要区别在于：第一，溢流阀出油口连通油箱，顺序阀的出油口通常是连接另一工作油路，因此顺序阀的进、出油口处的油液都是压力油；其次，溢流阀打开时，进油口的油液压力基本上保持在调定压力值附近，顺序阀打开后，进油口的油液压力可以继续升高；第三，溢流阀出油口连通油箱，其内部泄油可通过出油口流回油箱，而顺序阀出油口油液为压力油，且通往另一工作油路，故顺序阀的内部要有单独设置的泄油口。

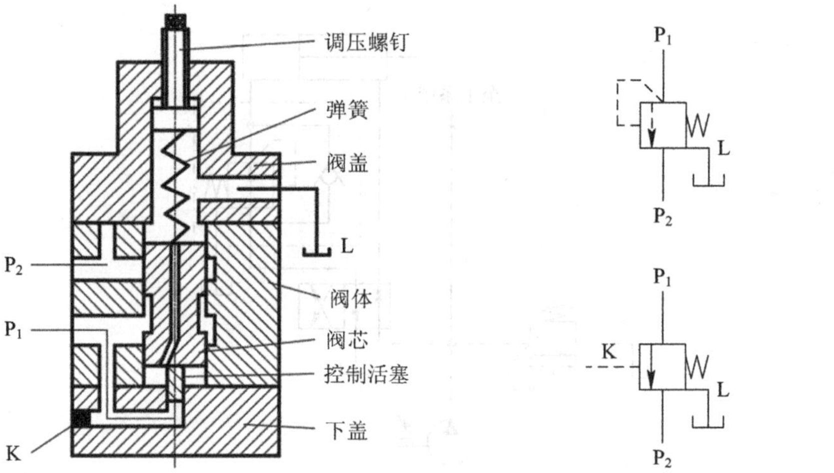

(a) 结构图　　(b) 内控外泄式/外控外泄式图形符号

图 5-26　顺序阀的结构图及图形符号

直动式顺序阀动画　　先导式顺序阀动画

(3) 顺序阀的应用。

① 实现执行元件的顺序动作：图 5-27 为实现定位夹紧顺序动作的液压回路。缸 A 为定位缸，缸 B 为夹紧缸。要求进程时(活塞向下运动)，A 缸先动作，B 缸后动作。B 缸进油路上串联一单向顺序阀，将顺序阀的压力值调定到高于 A 缸活塞移动时的最高压力。当电磁阀的电磁铁通电时，A 缸活塞先动作，定位完成后，油路压力提高，打开顺序阀，B 缸活塞动作。回程时，两缸同时供油，B 缸的回油路经单向阀回油箱，缸 A、B 的活塞同时动作。

② 与单向阀组合成单向顺序阀：如图 5-28 所示，为防止垂直或倾斜放置的执行元件

和与之相连的工作部件因自重而自行下落设置单向顺序阀的平衡回路。

③ 作为卸荷阀使用：图 5-29 为实现双泵供油系统的大流量泵卸荷的回路。大量供油时泵 1 和泵 2 同时供油，此时供油压力小于顺序阀 3 的控制压力；少量供油时，供油压力大于顺序阀 3 的控制压力，顺序阀 3 打开，单向阀 4 关闭，泵 2 卸荷，只有泵 1 继续供油。溢流阀起安全阀作用。

④ 作为背压阀使用：如图 5-30 所示，用于液压缸回油路上，增大背压，使活塞的运动速度稳定。

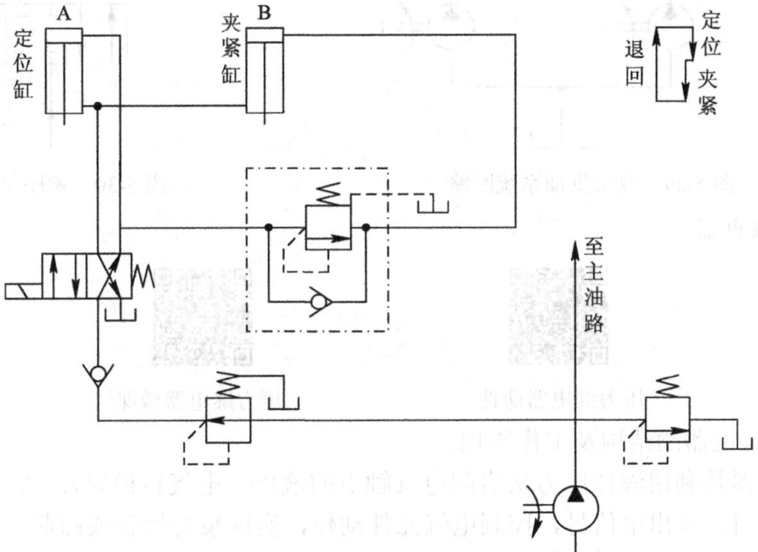

图 5-27 顺序动作液压回路

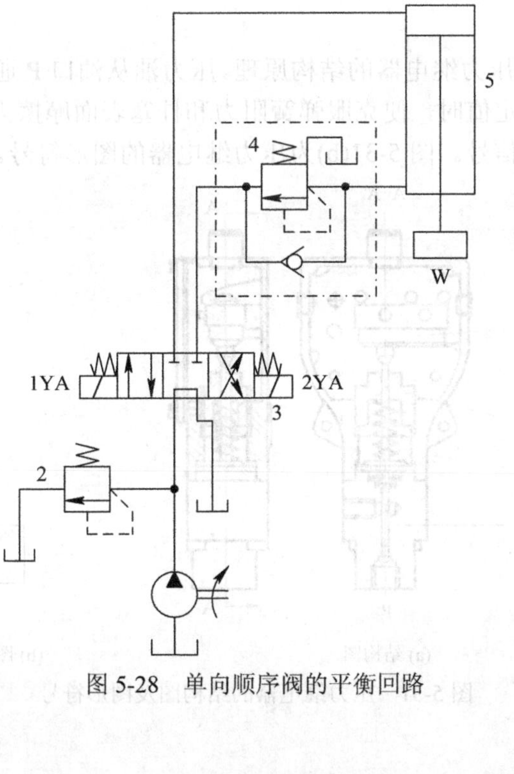

图 5-28 单向顺序阀的平衡回路

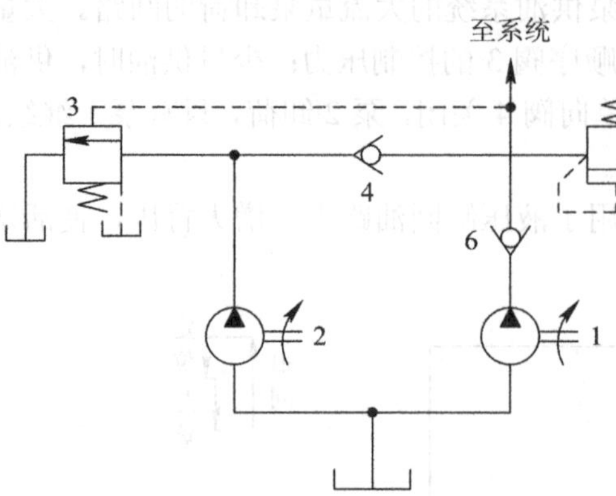

图 5-29　双泵供油系统回路

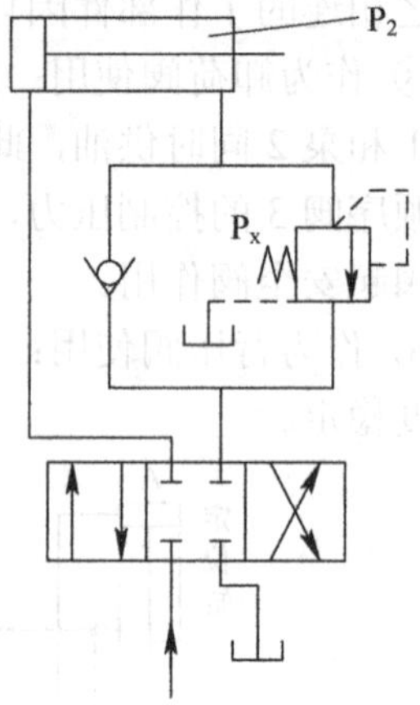

图 5-30　顺序阀的卸荷回路

4) **压力继电器**

压力继电器课件　　　　压力继电器微课

(1) 压力继电器的结构及工作原理。

压力继电器是利用液体压力来启闭电气触点的液压—电气转换元件，它在油液压力达到其设定压力时，发出电信号，控制电气元件动作，实现泵的加载或卸荷、执行元件的顺序动作或系统的安全保护和连锁等其他功能。任何压力继电器都由压力—位移转换装置和微动开关两部分组成。按前者的结构分类，有柱塞式、弹簧管式、膜片式和波纹管式四类，其中柱塞式最常用。

图 5-31(a)为柱塞式压力继电器的结构原理。压力油从油口 P 通入，作用在柱塞的底部，若其压力达到弹簧的调定值时，便克服弹簧阻力和柱塞表面摩擦力推动柱塞上升，通过顶杆触动微动开关发出电信号。图 5-31(b)为压力继电器的图形符号。

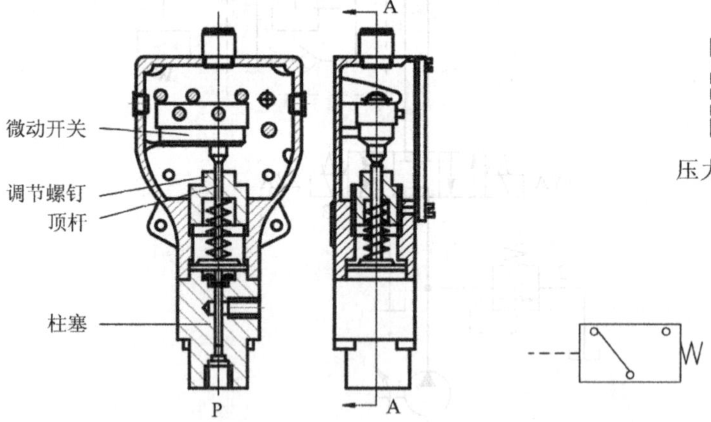

(a) 结构图　　(b) 图形符号

压力继电器动画

图 5-31　压力继电器的结构图及图形符号

(2) 压力继电器的性能参数：

① 调压范围：指能发出电信号的最低工作压力和最高工作压力的范围。

② 灵敏度和通断调节区间：压力升高继电器接通电信号的压力(称开启压力)和压力下降继电器复位切断电信号的压力(称闭合压力)之差为压力继电器的灵敏度。为避免压力波动时继电器时通时断，要求开启压力和闭合压力间有一可调节的差值范围，称为通断调节区间。

③ 重复精度：在一定的设定压力下，多次升压(或降压)过程中，开启压力和闭合压力本身的差值称为重复精度。

④升压或降压动作时间：压力由卸荷压力升到设定压力，微动开关触角闭合发出电信号的时间，称为升压动作时间；反之称为降压动作时间。

(3) 压力继电器的应用。

① 安全保护。

如图 5-32(a)所示，将压力继电器 2 设置在夹紧液压缸的一端，液压泵启动后，首先将工件夹紧，此时夹紧液压缸 3 的右腔压力升高，当升高到压力继电器的调定值时，压力继电器 2 动作，发出电信号使 2YA 通电，于是切削液压缸 4 进刀切削。在加工期间，压力继电器 2 微动开关的常开触点始终闭合。若工件没有夹紧，压力继电器 2 断开，于是 2YA 断电，切削液压缸 4 立即停止进刀，从而避免工件未夹紧被切削而出事故。

② 控制执行元件的顺序动作。

如图 5-32(b)所示，液压泵启动后，首先 2YA 通电，液压缸 5 左腔进油，推动活塞按①所示方向右移。当碰到限位器(或死挡铁)后，系统压力升高，压力继电器 6 发出电信号，使 1YA 通电，高压油进入液压缸 4 的左腔，推动活塞按②所示的方向右移。这时，若 3YA 通电，液压缸 4 的活塞快速右移；若 3YA 断电，则液压缸 4 的活塞慢速右移，其慢速运动速度由节流阀 3 调节，从而完成先①后②的顺序动作。

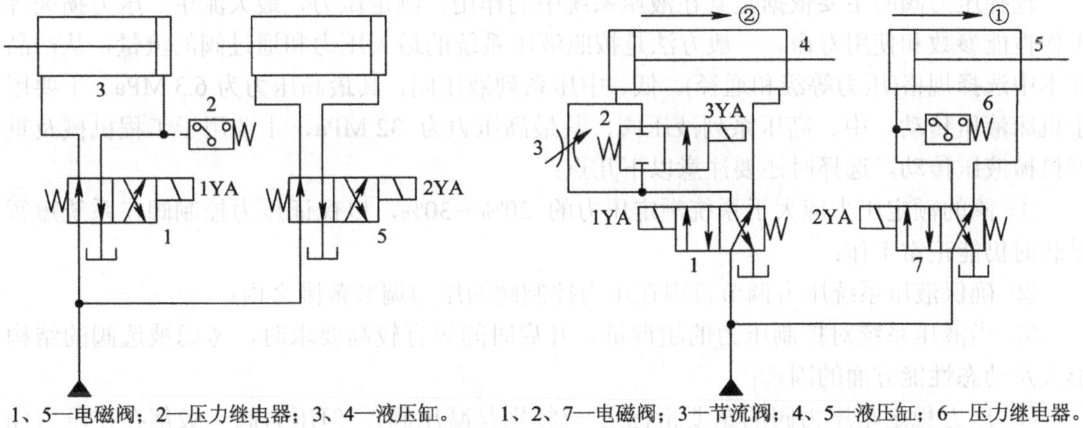

1、5—电磁阀；2—压力继电器；3、4—液压缸。

(a) 安全保护

1、2、7—电磁阀；3—节流阀；4、5—液压缸；6—压力继电器。

(b) 控制执行元件的顺序动作

图 5-32　压力继电器的应用

③ 液压泵的启闭。

如图 5-33(a)所示，回路中有两个液压泵，1 为高压小流量泵，5 是低压大流量泵。当活塞快速下降时，两泵同时输出压力油。当液压缸 3 活塞杆抵住工件开始加压时，压力继电器 4 在压力油作用下发出动作，触动微动开关，将常闭触点断开，使液压泵 5 停转。在加工过程中减慢液压缸的速度，同时减少动力消耗。

④ 液压泵卸荷。

图 5-33(b)与图 5-33(a)所示回路相似，但压力继电器不是控制液压泵停止转动，而是控制二位二通电磁阀，将液压泵 5 输出的压力油流回油箱，使其卸荷。

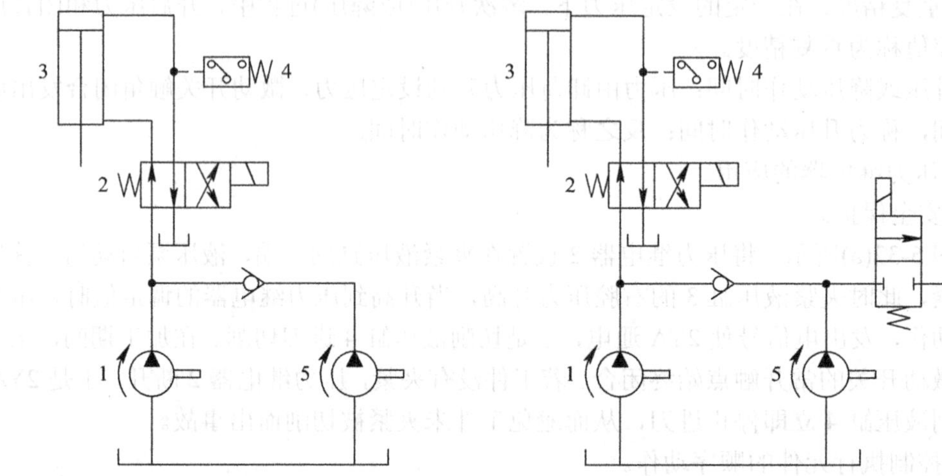

1—高压小流量泵；2—电磁阀；3—液压缸；4—压力继电器；5—低压大流量泵。

(a) 液压泵的启闭

1—高压小流量泵；2—电磁阀；3—液压缸；4—压力继电器；5—低压大流量泵。

(b) 液压泵的卸荷

图 5-33 压力继电器的应用

5) 压力控制阀的选用

选择压力阀的主要依据是其在液压系统中的作用，额定压力、最大流量、压力损失等工作性能参数和使用寿命。一般方法是按照液压系统的最大压力和通过阀的流量，从产品样本中选择规格(压力等级和通径)。低、中压系列液压阀，其最高压力为 6.3 MPa，主要用于机床液压传动。中、高压系列液压阀，其最高压力为 32 MPa，主要用于工程机械及重型机械液压传动。选择时还要注意以下几点：

① 阀的额定压力应大于系统额定压力的 20%～30%，以保证压力控制阀在系统短暂过载时仍能正常工作；

② 确保液压系统压力调节范围在压力控制阀的压力调节范围之内；

③ 当液压系统对控制压力的超调量、开启时间等有较高要求时，考虑被选阀的结构形式及动态性能方面的因素；

④ 压力稳定是压力阀的重要指标之一(特别是减压阀)，但压力阀一般都存在压力偏移，在选用时注意其偏移是否超过系统要求；

⑤ 压力控制阀的使用流量不要超过其额定值，而流量是选择压力控制阀通径的依据；

⑥ 直动型压力控制阀结构简单，灵敏度高，但其压力受流量变化的影响大，调压偏差大，适用于灵敏度要求高的缓冲、制动装置中，不适于高压、大流量情况工作；

⑦ 先导型压力控制阀的灵敏度和响应速度比直动型压力阀低，而调压精度比直动型压力阀高，广泛用于高压、大流量和调压精度要求较高的场合。

此外，还应考虑阀的安装空间及连接形式、使用寿命及维护方便性等因素。

2. 压力控制回路

压力控制回路是用压力阀来控制和调节液压系统主油路或某一支路的压力，以满足执行元件所需的力或力矩的要求。利用压力控制回路可实现对系统进行调压、减压增压、卸荷、保压与工作机构的平衡等各种控制。

1) 调压回路

当液压系统工作时，液压泵应向系统提供所需压力的液压油，同时又要节省能源，减少油液发热，提高执行元件运动的平稳性，所以应设置调压或限压回路。当液压泵一直工作在系统的调定压力时，就要通过溢流阀调节并稳定液压泵的工作压力。在变量泵系统中或旁路节流调速系统中用溢流阀(当安全阀用)限制系统的最高安全压力。若系统在不同的工作时间内需要有不同的工作压力，可采用二级或多级调压回路。

调压回路课件　　调压回路微课

(1) 单级调压回路。

如图 5-34 所示，通过液压泵 1 和溢流阀 2 的并联，即可组成单级调压回路。通过调节溢流阀的设定压力，可以改变泵的输出压力。当溢流阀的调定压力确定后，液压泵就在溢流阀的调定压力下工作，从而实现对液压系统进行调压和稳压控制。如果将液压泵 1 改换为变量泵；这时溢流阀将作为安全阀来使用，液压泵的工作压力低于溢流阀的调定压力，溢流阀不工作；当系统出现故障，液压泵的工作压力上升时，一旦压力达到溢流阀的调定压力，溢流阀将开启，并将液压泵的工作压力限制在溢流阀的调定压力下，使液压系统不至于因压力过载而受到破坏，从而保护了液压系统。

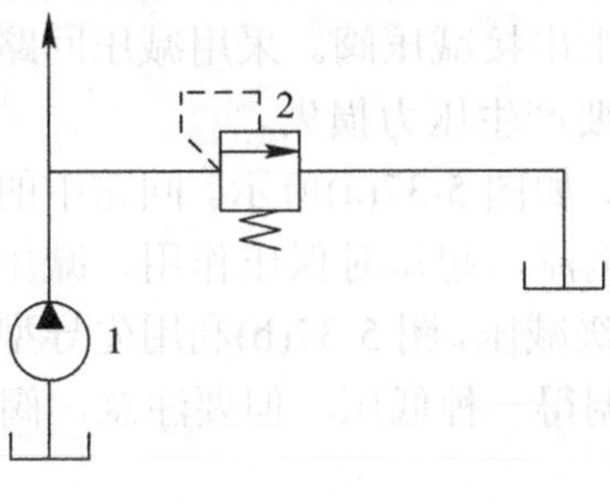

图 5-34　单级调压回路

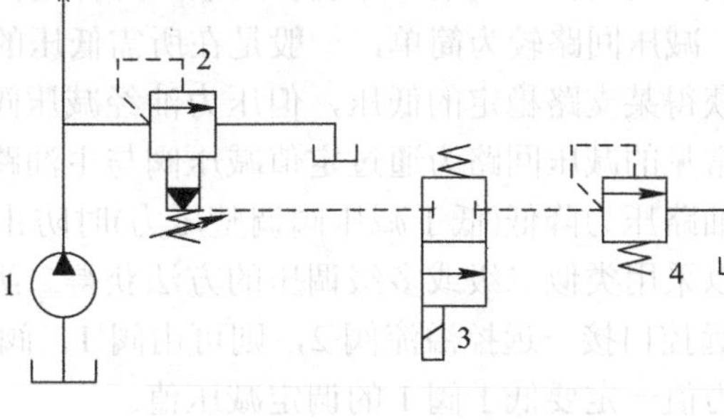

图 5-35　二级调压回路

(2) 二级调压回路。

如图 5-35 所示，当二位二通电磁阀 3 处于图示位置时系统压力由阀 2 调定，当阀 3 得电后处于下位时，系统压力由阀 4 调定，但要注意阀 4 的调定压力一定要小于阀 2 的调定压力，否则不能实现；当系统压力由阀 4 调定时，先导型溢流阀 2 的先导阀口关闭，但主阀开启，液压泵的溢流流量经主阀回油箱，这时阀 4 亦处于工作状态，并有油液通过。应当指出：若将阀 3 与阀 4 对换位置，仍可进行二级调压，并且可以在二级压力转换点上获得更为稳定的压力转换。

(3) 三级调压回路。

图 5-36 为三级调压回路，三级压力分别由先导式溢流阀 1、调压阀(溢流阀)2、3 调定。当电磁铁 1YA、2YA 失电时，系统压力由先导式溢流阀 1 调定。当 1YA 得电时，系统压力由溢流阀 2 调定；当 2YA 得电时，系统压力由溢流阀 3 调定。在这种调压回路中，阀 2 和阀 3 的调定压力要低于主溢流阀 1 的调定压力，而阀 2 和阀 3 的调定压力之间没有一定的大小关系。当阀 2 或阀 3 工作时，阀 2 或阀 3 相当于阀 1 上的另一个先导阀。

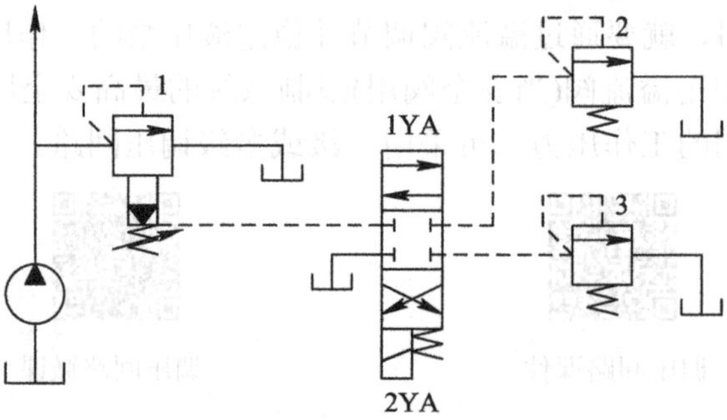

三级调压回路动画

图 5-36　三级调压回路

2) 减压回路

减压、增压回路课件　　减压、增压回路微课　　减压回路动画

当泵的输出压力是高压，而局部回路或支路要求低压时，可以采用减压回路，如机床液压系统中的定位、夹紧、分度以及液压元件的控制油路等，它们往往要求比主油路较低的压力。减压回路较为简单，一般是在所需低压的支路上串接减压阀。采用减压回路虽能方便地获得某支路稳定的低压，但压力油经减压阀口时要产生压力损失。

最常见的减压回路为通过定值减压阀与主油路相连，如图 5-37(a)所示。回路中的单向阀在主油路压力降低(低于减压阀调整压力)时防止油液倒流，起短时保压作用，减压回路中也可以采用类似二级或多级调压的方法获得二级或多级减压。图 5-37(b)利用先导型减压阀 1 的远控口接一远控溢流阀 2，则可由阀 1、阀 2 各调得一种低压。但要注意，阀 2 的调定压力值一定要低于阀 1 的调定减压值。

为了使减压回路工作可靠，减压阀的最低调整压力不应小于 0.5 MPa，最高调整压力至少应比系统压力小 0.5 MPa，当减压回路中的执行元件需要调速时，调速元件应放在减压阀的后面，以免减压阀泄漏(指由减压阀泄油口流回油箱的油液)对执行元件的速度产生影响。

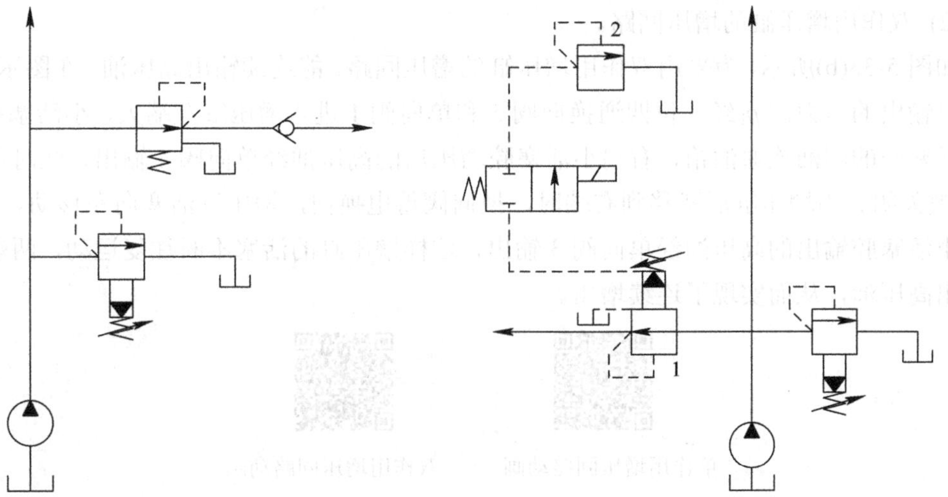

(a)　　(b)

图 5-37　减压回路

3) 增压回路

如果系统或系统的某一支油路需要压力较高但流量不大的压力油，而采用高压泵又不经济，或者根本就没有必要增设高压力的液压泵时，就常采用增压回路，这样不仅易于选择液压泵，而且系统工作较可靠，噪声小。增压回路中提高压力的主要元件是增压缸或增压器。

(1) 单作用增压缸的增压回路。

如图 5-38(a)所示，为利用增压缸的单作用增压回路，当系统在图示位置工作时，系统的供油压力 p_1 进入增压缸的大活塞腔，此时在小活塞腔即可得到所需的较高压力 p_2；当二位四通电磁换向阀右位接入系统时，增压缸返回，辅助油箱中的油液经单向阀补入小活塞。因而该回路只能间歇增压，所以称之为单作用增压回路。

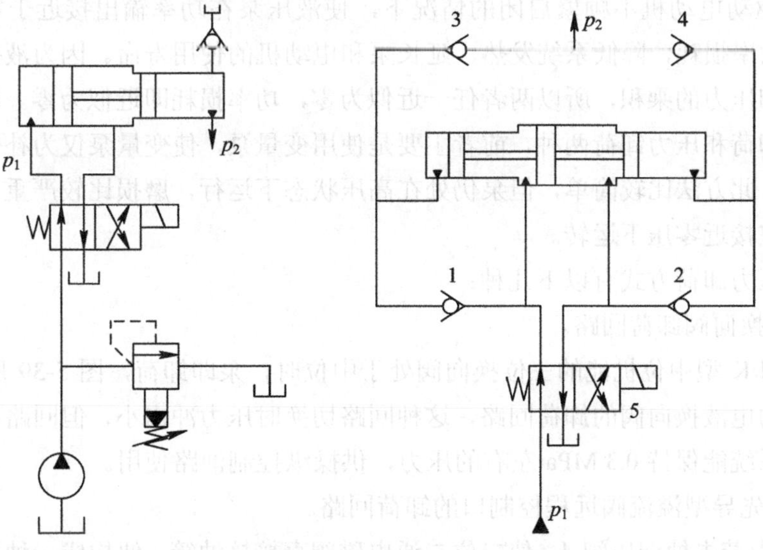

(a)　　(b)

图 5-38　增压回路

(2) 双作用增压缸的增压回路。

如图 5-38(b)所示，为采用双作用增压缸的增压回路，能连续输出高压油。在图示位置，液压泵输出的压力油 p_1 经二位四通换向阀 5 和单向阀 1 进入增压缸左端大、小活塞腔，右端大活塞腔的回油连通油箱，右端小活塞腔增压后的高压油经单向阀 4 输出，此时单向阀 2、3 被关闭。当增压缸活塞移到右端时，换向阀得电换向，增压缸活塞向左移动。同理，左端小活塞腔输出的高压油经单向阀 3 输出，这样增压缸的活塞不断往复运动，两端便交替输出高压油，从而实现了连续增压。

单作用增压回路动画　　双作用增压回路动画

4) 卸荷回路

卸荷回路课件　　卸荷回路微课

在液压系统工作中，有时执行元件短时间停止工作，不需要液压系统传递能量，或者执行元件在某段工作时间内保持一定的力，而运动速度极慢，甚至停止运动，在这种情况下，不需要液压泵输出油液，或只需要很小流量的液压油，于是液压泵输出的压力油全部或绝大部分从溢流阀流回油箱，造成能量的无谓消耗，引起油液发热，使油液加快变质，而且还影响液压系统的性能及泵的寿命。为此，需要采用卸荷回路，即卸荷回路的功用是指在液压泵驱动电动机不频繁启闭的情况下，使液压泵在功率输出接近于零的情况下运转，以减少功率损耗，降低系统发热，延长泵和电动机的使用寿命。因为液压泵的输出功率为其流量和压力的乘积，所以两者任一近似为零，功率损耗即近似为零。因此液压泵的卸荷有流量卸荷和压力卸荷两种，前者主要是使用变量泵，使变量泵仅为补偿泄漏而以最小流量运转，此方法比较简单，但泵仍处在高压状态下运行，磨损比较严重。压力卸荷的方法是使泵在接近零压下运转。

常见的压力卸荷方式有以下几种：

(1) 采用换向阀卸荷回路。

M、H 和 K 型中位机能的三位换向阀处于中位时，泵即卸荷，图 5-39 所示为采用 M 型中位机能的电液换向阀的卸荷回路，这种回路切换时压力冲击小，但回路中必须设置单向阀，以使系统能保持 0.3 MPa 左右的压力，供操纵控制油路使用。

(2) 采用先导型溢流阀远程控制口的卸荷回路。

图 5-35 中若去掉调压阀 4，使二位二通电磁阀直接接油箱，便构成一种用先导型溢流阀的卸荷回路，如图 5-40 所示，这种卸荷回路卸荷压力小，切换时冲击也小。

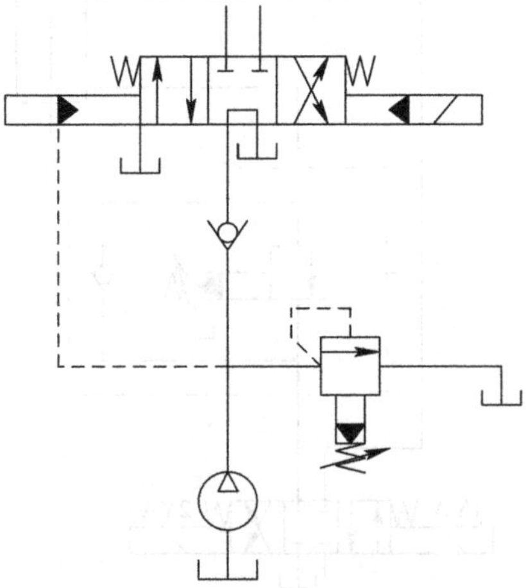

图 5-39　M 型中位机能卸荷回路

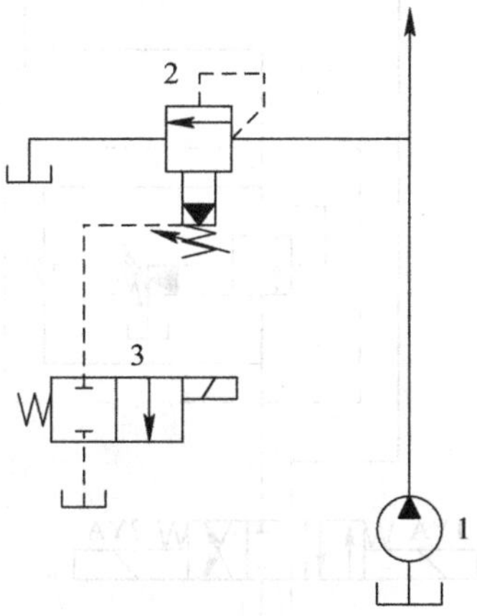

图 5-40　先导型溢流阀的远程控制口的卸荷回路

换向阀中位机能
卸荷回路动画

先导溢流阀远程控制
口卸荷回路动画

5) 平衡回路

平衡回路课件

平衡回路微课

平衡回路的功用在于防止垂直或倾斜放置的液压缸和与之相连的工作部件因自重而自行下落。图 5-41(a)为采用单向顺序阀的平衡回路，当 1YA 得电后、活塞下行时，回油路上就存在着一定的背压；只要将这个背压调到能支撑住活塞和与之相连的工作部件自重，活塞就可以平稳地下落。当换向阀处于中位时，活塞就停止运动，不再继续下移。这种回路当活塞向下快速运动时功率损失大，锁住时活塞和与之相连的工作部件会因单向顺序阀和换向阀的泄漏而缓慢下落，因此它只适用于工作部件重量不大、活塞锁住时定位要求不高的场合。

图 5-41(b)为采用液控顺序阀的平衡回路。当活塞下行时，控制压力油打开液控顺序阀，背压消失，因而回路效率较高；当停止工作时，液控顺序阀关闭以防止活塞和工作部件因自重而下降。这种平衡回路的优点是只有上腔进油时活塞才下行，比较安全可靠；缺点是活塞下行时平稳性较差。这是因为活塞下行时，液压缸上腔油压降低，将使液控顺序阀关闭。当顺序阀关闭时，因活塞停止下行，使液压缸上腔油压升高，又打开液控顺序阀。因此液控顺序阀始终工作于启闭的过渡状态，影响工作的平稳性。这种回路适用于运动部件重量不是很大且停留时间较短的液压系统。

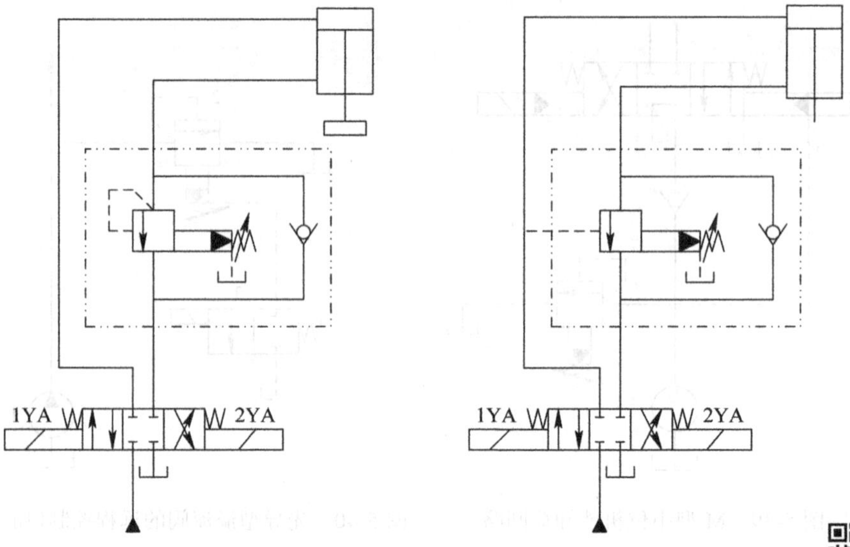

(a) 采用单向顺序阀　　(b) 采用液控顺序阀

图 5-41　采用顺序阀的平衡回路

顺序阀平衡回路动画

6) 保压回路

保压回路课件　　保压回路微课

在液压系统中，常要求液压执行机构在一定的行程位置上停止运动或在有微小的位移下能够稳定地维持一定的压力，这就需要采用保压回路。最简单的保压回路是密封性能较好的液控单向阀的回路，但是阀类元件处的泄漏使得这种回路的保压时间不能维持太久。常用的保压回路有以下几种：

(1) 利用液压泵的保压回路。

利用液压泵的保压回路也就是在保压过程中，液压泵仍以较高的压力(保压所需的压力)工作，此时若采用定量泵，则压力油几乎全经溢流阀流回油箱，系统功率损失大，易发热，故只在小功率的系统且保压时间较短的场合下才使用；若采用变量泵，在保压时泵的压力较高，但输出流量几乎等于零，因此液压系统的功率损失小，这种保压方法能随泄漏量的变化而自动调整输出流量，因而其效率也较高。

(2) 利用蓄能器的保压回路。

利用蓄能器的保压回路如图 5-42(a)所示，当主换向阀在左位工作时，液压缸向前运动且压紧工件，进油路压力升高至调定值，压力继电器动作使二通阀通电，泵即卸荷，单向阀自动关闭，液压缸则由蓄能器保压。缸压不足时，压力继电器复位使泵重新工作。保压时间的长短取决于蓄能器容量，调节压力继电器的工作区间即可调节缸中压力的最大值和最小值。图 5-42(b)为多缸系统中的保压回路，这种回路当主油路压力降低时，单向阀 3 关闭，支路由蓄能器保压补偿泄漏，压力继电器 5 的作用是当支路压力达到预定值时发出信号，使主油路开始动作。

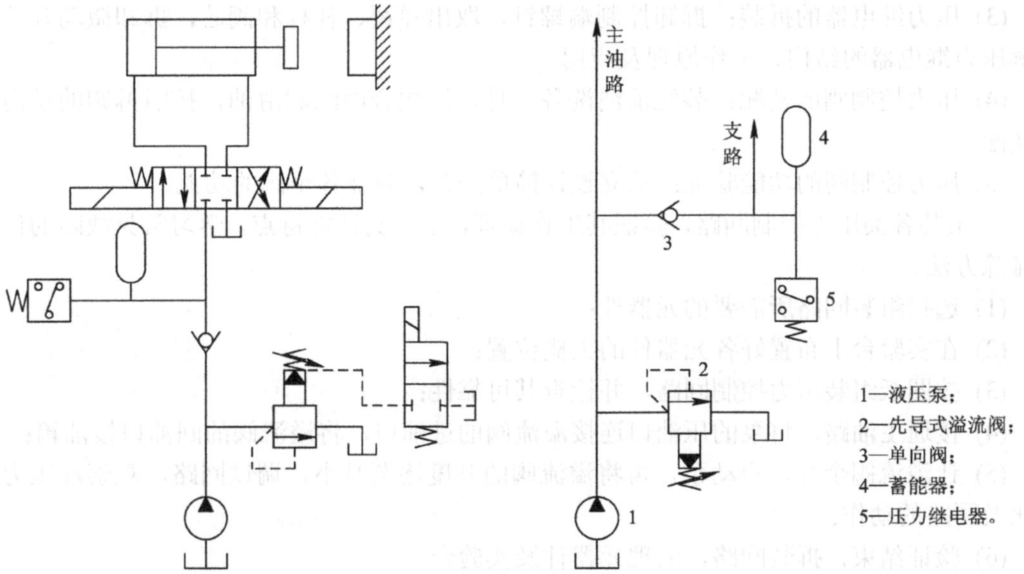

(a) 液压缸由蓄能器保压　　(b) 多缸系统中的保压回路

图 5-42　利用蓄能器的保压回路

蓄能器保压回路动画　　自动补油保压回路动画

(3) 自动补油保压回路。

图 5-43 为采用液控单向阀和电接触式压力表的自动补油式保压回路，其工作原理为：当 1YA 得电，换向阀右位接入回路，液压缸上腔压力升至电接触式压力表的上限值时，上触点接电，使电磁铁 1YA 失电，换向阀处于中位，液压泵卸荷，液压缸由液控单向阀保压。当液压缸上腔压力下降到预定下限值时，电接触式压力表又发出信号，使 1YA 得电，液压泵再次向系统供油，使压力上升。当压力达到上限值时，上触点又发出信号，使 1YA 失电。因此，这一回路能自动地使液压缸补充压力油，使其压力能长期保持在一定范围内。

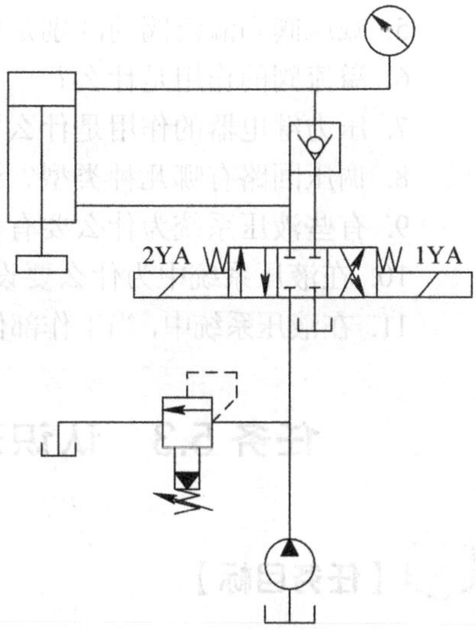

图 5-43　自动补油的保压回路

【实施步骤】

1. 认识压力控制阀

(1) 直动型压力阀的拆装：拆下调压螺母，取出弹簧，分离阀芯、阀体，了解阀的结构、特点、工作原理及应用。

(2) 先导型压力阀的拆装：拆卸先导阀调压螺母，取出弹簧，分离先导阀芯和阀体；拆卸主阀螺钉，取出弹簧，分离主阀阀芯和阀体，了解阀的结构、工作原理及应用。

(3) 压力继电器的拆装：拆卸控制端螺钉，取出弹簧、杠杆和阀芯，拆卸微动开关，了解压力继电器的结构、工作原理及应用。

(4) 压力控制阀的装配：装配前清洗各零件，给配合面涂润滑油，按照拆卸的反向顺序装配。

(5) 压力控制阀的功能验证：独立设计简单回路，验证各个阀的功能。

2. 组装各类压力控制回路，验证其工作原理，了解其性能特点，学习常见故障的诊断及排除方法。

(1) 选择组装回路所需要的元器件；

(2) 在实验台上布置好各元器件的大概位置；

(3) 按图纸组装压力控制回路，并检查其可靠性；

(4) 接通主油路，将泵的压油口连接溢流阀的进油口，将溢流阀的回油口接油箱；

(5) 让溢流阀全开，启动泵，再将溢流阀的开度逐渐减小，调试回路，观察油压力的变化及回路的动作；

(6) 验证结束，拆装回路，清理元器件及实验台。

【思考与练习】

1. 压力控制阀的作用是什么？有哪些类型？
2. 溢流阀的作用是什么？有哪些类型？
3. 简述先导型溢流阀的工作原理。
4. 减压阀的作用是什么？有哪些类型？
5. 减压阀和溢流阀的区别是什么？
6. 溢流阀的作用是什么？
7. 压力继电器的作用是什么？
8. 调压回路有哪几种类型？请举例说明。
9. 有些液压系统为什么要有保压回路？保压回路应满足哪些基本要求？
10. 在液压系统中为什么要设置背压回路？背压回路与平衡回路有何区别？
11. 在液压系统中，当工作部件停止工作以后，使泵卸荷有什么好处？有哪些卸荷方法？

任务 5.3　认识流量控制阀及搭建速度控制回路

【任务目标】

1. 知识目标

(1) 了解节流阀、调速阀的原理和结构；

(2) 掌握速度控制回路的工作原理及应用场合。

2. 能力目标

(1) 熟悉节流调、调速阀的图形符号的含义；

(2) 能正确搭建、调试、使用各种速度控制回路。

3. 素质目标

(1) 具备独立思考和主动探究能力；

(2) 具备团队协作意识和职业精神；

(3) 具备严谨、细致的工作作风。

【任务内容】

认识流量控制阀及搭建速度控制回路。

【相关知识】

1. 流量控制阀

在液压系统中，控制工作液体流量的阀称为流量控制阀，简称流量阀。常用的流量控制阀有节流阀、调速阀等，节流阀是最基本的流量控制阀。流量控制阀通过改变节流口的开口大小调节通过阀口的流量，从而改变执行元件的运动速度。

1) 节流阀

节流阀课件　　节流阀微课

(1) 节流阀流量控制的工作原理。

油液流经小孔、狭缝或毛细管时，会产生较大的液阻，通流面积越小，油液受到的液阻越大，通过阀口的流量就越小，所以，改变节流口的通流面积，使液阻发生变化，就可以调节流量的大小，这就是流量控制的工作原理。

实验证明，节流口的流量特性可以用下列通式表示：

$$Q = KA\Delta p^m \tag{5-1}$$

式中，Q 表示通过节流口的流量，A 为节流口的通流面积，K 为流量系数，m 的值取决于孔口形式。Δp 表示节流口前后的压力差。当 K、Δp 和 m 一定时，只要改变节流阀通流面积 A，就可调节通过节流阀的流量。

图 5-44 所示的节流阀串联在液压泵与执行元件之间，此时必须在液压泵与节流阀之间并联一个溢流阀。调节节流阀，可使进入液压缸的流量改变，由于定量泵供油，多余的油液必须从溢流阀溢出。这样，节流阀才能达到调节液压缸速度的目的。

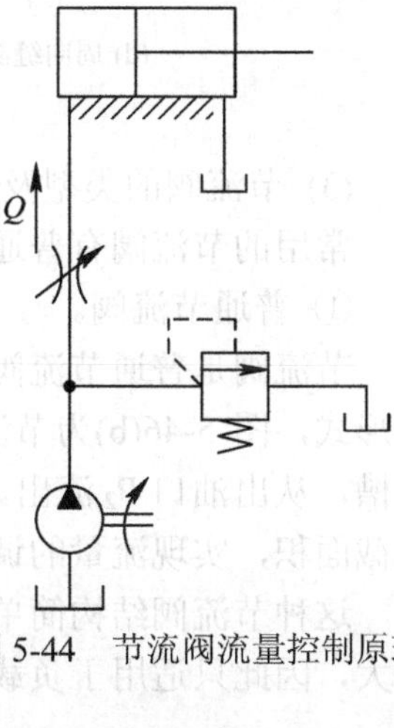

图 5-44　节流阀流量控制原理

(2) 节流阀节流口形式。

节流阀节流口的形式很多，图 5-45 所示为常用的几种。

图 5-45(a)为针阀式节流口，针阀芯做轴向移动时，将改变环形通流截面积的大小，从而调节流量。

图 5-45(b)为偏心式节流口，在阀芯上开有一个截面为三角形(或矩形)的偏心槽，当转动阀芯时，就可以调节通流截面积大小而调节流量。

上述两种形式的节流口结构简单，制造容易，但节流口容易堵塞，流量不稳定，适用于性能要求不高的场合。

图 5-45(c)为轴向三角槽式节流口，在阀芯端部开有一个或两个斜的三角沟槽，轴向移动阀芯时，就可以改变三角槽通流截面积的大小，从而调节流量。这是目前应用很广的节流口形式。

图 5-45(d)为周向缝隙式节流口，阀芯上开有狭缝，油液可以通过狭缝流入阀芯内孔，然后由左侧孔流出，旋转阀芯就可以改变缝隙的通流截面积。

图 5-45(e)为轴向缝隙式节流口，在套筒上开有轴向缝隙，轴向移动阀芯即可改变缝隙的通流面积大小，以调节流量。

上述三种节流口性能较好，尤其是轴向缝隙式节流口，其节流通道厚度可薄到 0.07～0.09 mm，可以得到较小的稳定流量。

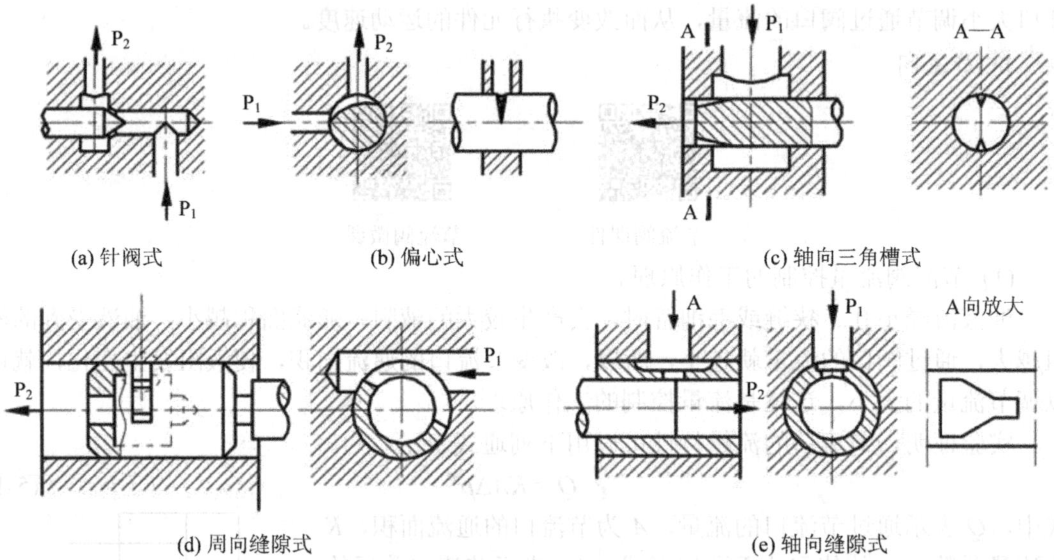

图 5-45　节流口的形式

(3) 节流阀的类型及工作原理。

常用的节流阀有普通节流阀、单向节流阀和行程节流阀等。

① 普通节流阀。

节流阀是普通节流阀的简称，如图 5-46(a)所示的节流阀结构，其节流口采用轴向三角槽形式，图 5-46(b)为节流阀的图形符号。压力油从进油口 P_1 流入，经阀芯 3 左端的节流沟槽，从出油口 P_2 流出。转动手柄 1，通过推杆 2 使阀芯 3 做轴向移动，可改变节流口通流截面积，实现流量的调节。弹簧 4 的作用是使阀芯向右抵紧在推杆上。

这种节流阀结构简单，制造容易，体积小，但负载和温度的变化对流量的稳定性影响较大，因此只适用于负载和温度变化不大或执行机构速度稳定性要求较低的液压系统。

② 单向节流阀。

图 5-47(a)为单向节流阀的结构图。从工作原理来看，单向节流阀是节流阀和单向阀的组合，在结构上是利用一个阀芯同时起节流阀和单向阀的两种作用。当压力油从油口 P_1 流入时，油液经阀芯上的轴向三角槽节流口从油口 P_2 流出，旋转手柄可改变节流口通流面积大小而调节流量。当压力油从油口 P_2 流入时，在油压作用力作用下，阀芯下移，压力油从油口 P_1 流出，起单向阀作用。

图 5-47(b)为单向节流阀的图形符号。

普通节流阀动画

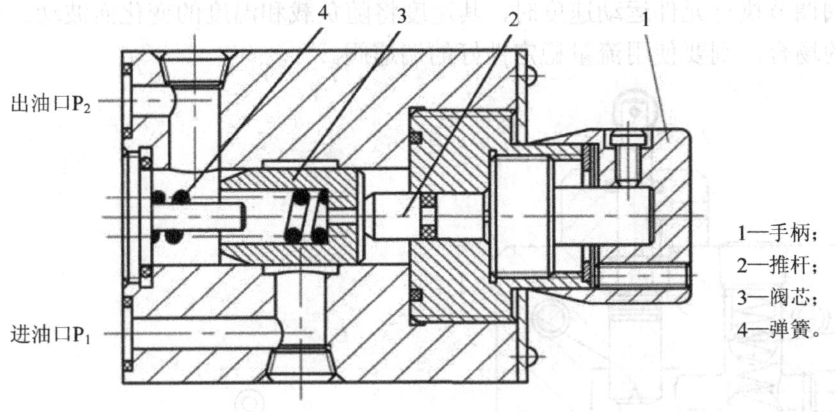

(a) 结构图

(b) 图形符号

图 5-46　普通节流阀

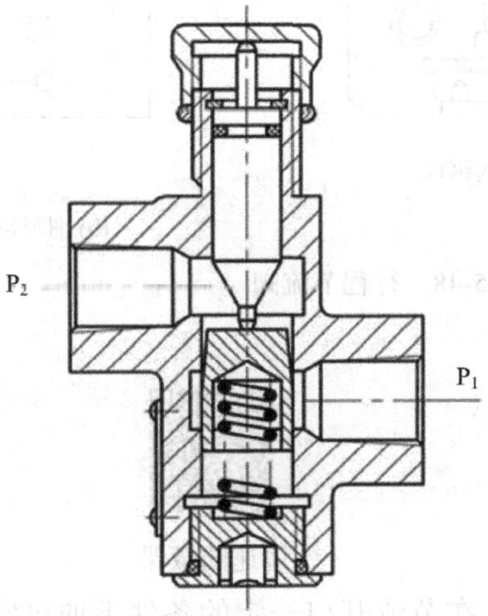

(a) 结构图

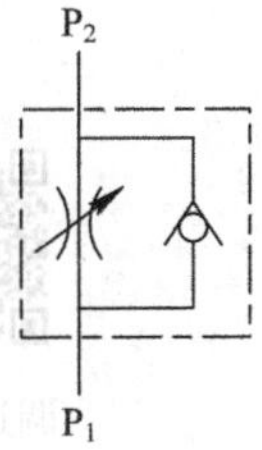

(b) 图形符号

图 5-47　单向节流阀

③ 行程节流阀。

行程节流阀是滚轮控制的可调节流阀，又称减速阀。其原理是通过行程挡块压下滚轮，使阀芯下移改变节流口通流面积，减小流量而实现减速。

图 5-48(a)为一种与单向阀组合的行程节流阀，又称单向行程节流阀，它可以满足以下所述机床液压进给系统的快进、工进、快退工作循环的需要。

a. 快进时，阀芯 1 未被压下，节流口未起节流作用，压力油从油口 P_1 直接流往油口 P_2，执行元件实现快进。

b. 当行程挡块压在滚轮上，使阀芯下移一定距离，将通道大部分遮断，由阀芯上的三角槽节流口调节流量，实现减速，执行元件慢进，即实现工作进给。

c. 压力油油液从油口 P_2 进入，推开单向阀阀芯 2(钢球)，油液直接由 P_1 流出，不经节流口，执行元件实现快退。

图 5-48(b)为行程节流阀的图形符号。

由于使用节流阀调节执行元件运动速度时，其速度将随负载和温度的变化而波动。在速度稳定性要求高的场合，则要使用流量稳定性好的调速阀。

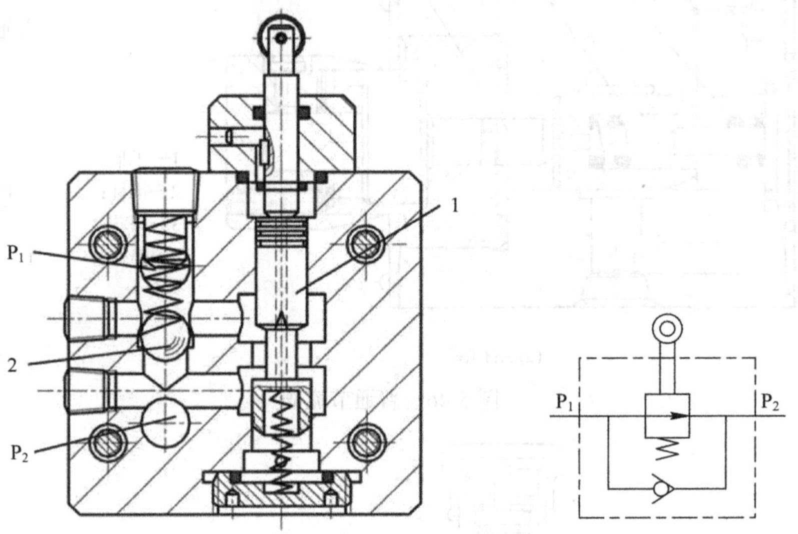

1—节流阀阀芯；2—单向阀钢球。

(a) 结构图　　　(b) 图形符号

图 5-48　行程节流阀

2) 调速阀

调速阀课件　　　调速阀微课

在液压系统中，采用节流阀调速，在节流开口一定的条件下通过它的流量随负载和供油压力的变化而变化，无法保证执行元件运动速度的稳定性，速度负载特性较差，因此只适用于工作负载变化不大和速度稳定性要求不高的场合。为了克服节流阀的这一缺点，使执行元件获得稳定的运动速度，而且避免爬行现象的产生，就需采用调速阀。

(1) 调速阀的结构和原理。

调速阀是由一个定差减压阀和一个节流阀串联组合而成。节流阀用来调节流量，定差减压阀用来保证节流阀前后的压力差 p 不受负载变化的影响，从而使通过节流阀的流量保持稳定。

图 5-49(a)为调速阀的工作原理图。图中定差减压阀 1 与节流阀 2 串联。若减压阀进口压力为 p_1，出口压力为 p_2，节流阀出口压力为 p_3；则减压阀 a 腔、b 腔油压为 p_2，c 腔的油压为 p_3；若 a 腔、b 腔、c 腔的有效工作面积分别为 A_1、A_2、A_3，则 $A_3 = A_1 + A_2$。

图 5-49(b)为减压阀阀芯的受力图，受力平衡方程为

$$p_2 A_1 + p_2 A_2 = p_3 A_3 + F_S \tag{5-2}$$

即

$$\Delta p = p_2 - p_3 = \frac{F_S}{A_3} \approx 常量 \tag{5-3}$$

式中，F_S 为弹簧作用力。

因为减压阀阀芯弹簧很软(刚度很低)，当阀芯左右移动时，F_S 变化不大，所以节流阀前后的压力差 Δp 基本上不变而为一个常量。也就是说当负载变化时，通过调速阀的油液流量基本不变，液压系统执行元件的运动速度保持稳定。

若负载增加，使 p_3 增大的瞬间，减压阀向左推力增大，使阀芯左移，阀口开大，阀口液阻减小，使 p_2 也增大，其差值($\Delta p = p_2 - p_3$)基本保持不变。同理，当负载减小，p_3 减小时，减压阀阀芯右移，p_2 也减小，其差值亦不变。因此调速阀适用于负载变化较大，速度平稳性要求较高的液压系统。

图 5-49(c)为调速阀的图形符号。

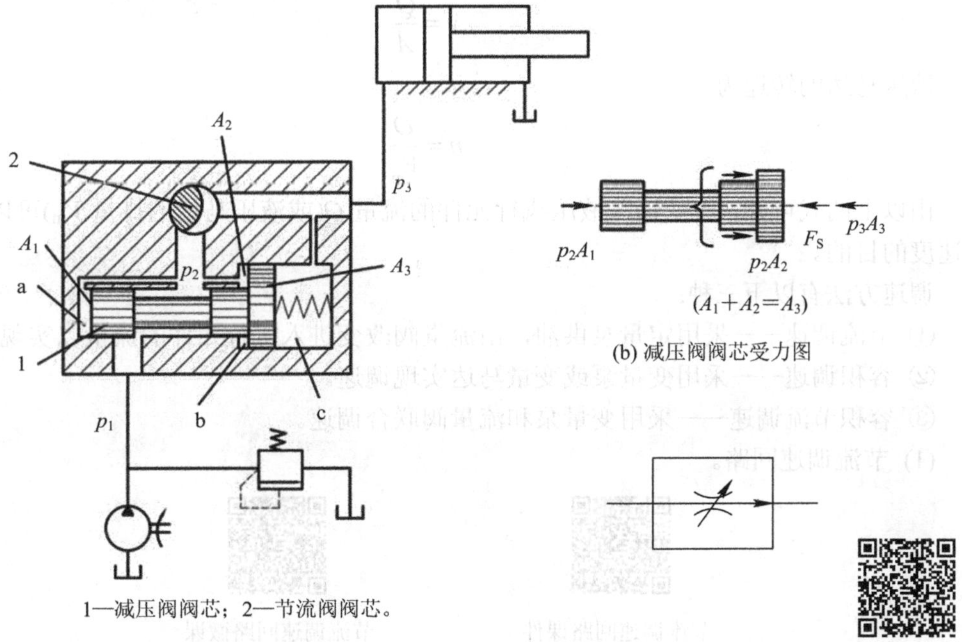

1—减压阀阀芯；2—节流阀阀芯。

(a) 工作原理图　　(c) 图形符号　　调速阀动画

图 5-49　调速阀的工作原理

(2) 调速阀的流量特性。

调速阀的流量特性如图 5-50 所示。当调速阀进、出口压差大于一定数值(Δp_{min})后，通过调速阀的流量不随压差的改变而变化。而当其压差小于 Δp_{min} 时，由于压力差对阀芯产生的作用力不足以克服阀芯上的弹簧力，此时阀芯仍处于左端，阀口完全打开，减压阀

不起减压作用，故其特性曲线与节流阀特性曲线重合。因此，欲使调速阀正常工作，就必须保证其有一最小压差(一般为 0.5 MPa)。

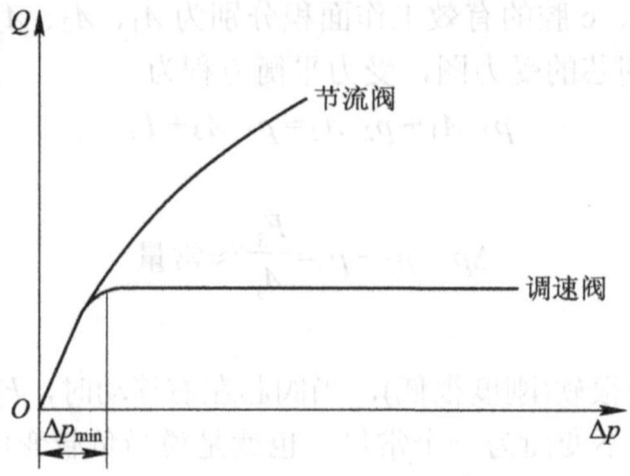

图 5-50　调速阀和节流阀特性比较

2. 速度控制回路

1) 调速回路

假设输入执行元件的流量为 Q，液压缸的有效面积为 A，液压马达的排量为 V_m，则液压缸的运动速度为

$$v = \frac{Q}{A} \tag{5-4}$$

液压马达的转速为

$$n = \frac{Q}{V_m} \tag{5-5}$$

由以上两式可知，改变输入液压执行元件的流量 Q(或液压马达的排量 V_m)可以达到改变速度的目的。

调速方法有以下三种：

① 节流调速——采用定量泵供油，由流量阀改变进入执行元件的流量以实现调速。

② 容积调速——采用变量泵或变量马达实现调速。

③ 容积节流调速——采用变量泵和流量阀联合调速。

(1) 节流调速回路。

节流调速回路课件　　节流调速回路微课

节流调速回路在定量液压泵供油的液压系统中安装了流量阀，调节进入执行元件的油液流量，从而调节执行元件工作行程速度。该回路结构简单，成本低，使用维修方便，但它的能量损失大，效率低，发热大，故一般只用于小功率场合。

根据流量阀在油路中安装位置的不同，可分为进油路节流调速、回油路节流调速、旁油路节流调速等形式。

① 进油路节流调速回路。

把流量控制阀串联在执行元件的进油路上的调速回路称为进油路节流调速回路，如图5-51所示。回路工作时，液压泵输出的油液(压力 p_B 由溢流阀调定)经可调节流阀进入液压缸左腔，推动活塞向右运动，右腔的油液则流回油箱。液压缸左腔的油液压力 p_1 由作用在活塞上的负载阻力 F 的大小决定。液压缸右腔的油液压力 $p_2\approx 0$，进入液压缸油液的流量 Q_1 由节流阀调节，多余的油液 Q_2 经溢流阀流回油箱。A 为活塞的有效作用面积，A_0 为流量阀节流口通流截面积。

当活塞带动执行机构以速度 v 向右做匀速运动时，作用在活塞两个方向上的力互相平衡，则

$$p_1A=F \tag{5-6}$$

即

$$p_1=\frac{F}{A} \tag{5-7}$$

设节流阀前后的压力差为 Δp，则

$$\Delta p=p_B-p_1 \tag{5-8}$$

假定节流口形状为薄壁小孔，由于经流量阀流入液压缸右腔的流量为

$$Q_1=KA_0\Delta p^m=KA_0\sqrt{\Delta p} \tag{5-9}$$

所以活塞的运动速度为

$$v=\frac{Q_1}{A}=\frac{KA_0}{A}\sqrt{\Delta p}=\frac{KA_0}{A}\sqrt{p_B-\frac{F}{A}} \tag{5-10}$$

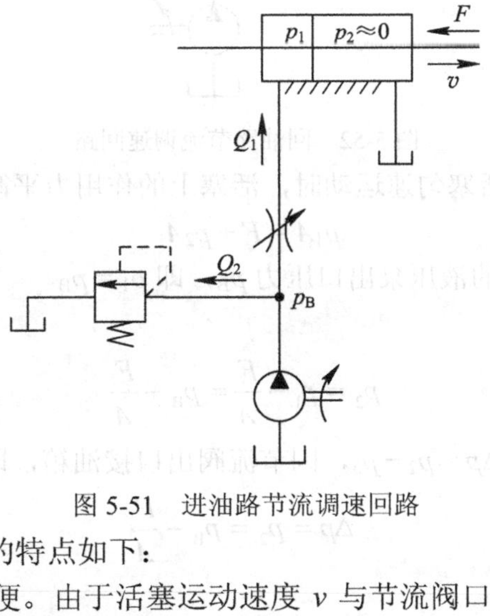

进油节流调速回路动画

图5-51　进油路节流调速回路

进油路节流调速回路的特点如下：

a. 结构简单，使用方便。由于活塞运动速度 v 与节流阀口通流截面积 A_0 成正比，调节 A_0 大小即可方便地调节活塞运动速度。

b. 可以获得较大的推力和较低的速度。液压缸回油腔和回油管路中油液压力很低，接近于零，且当单活塞杆液压缸在无活塞杆腔进油实现工作进给时，活塞有效作用面积较大，故输出推力较大，速度较低。

c. 速度稳定性差。由上式可知液压泵工作压力 p_B 经溢流阀调定后近于恒定，节流阀

调定后 A_0 也不变，活塞有效作用面积 A 为常量，所以活塞运动速度 v 将随负载 F 的变化而波动。

d. 运动平稳性差。由于回油路压力为零，即回油腔没有背压力，当负载突然变小、为零或为负值时，活塞会产生突然前冲。为了提高运动的平稳性，通常在回油管路中串接一个背压阀(换装大刚度弹簧的单向阀或溢流阀)。

e. 系统效率低，传递功率小。因液压泵输出的流量和压力在系统工作时经调定后均不变，所以液压泵的输出功率为定值。当执行元件在轻载低速下工作时，液压泵输出功率中有很大部分消耗在溢流阀和节流阀上，流量损失和压力损失大，系统效率很低。功率损耗会引起油液发热，使进入液压缸的油液温度升高，导致泄漏增加。

使用节流阀的进油节流调速回路一般应用于功率较小、负载变化不大的液压系统中。

② 回油路节流调速回路。

把流量控制阀安装在执行元件通往油箱的回油路上的调速回路称为回油节流调速回路，如图 5-52 所示。

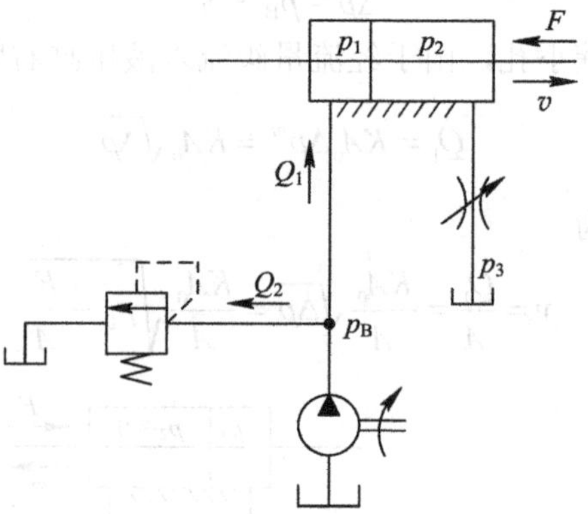

图 5-52　回油路节流调速回路

回油节流调速回路动画

和前面分析相同，当活塞匀速运动时，活塞上的作用力平衡方程式为

$$p_1A = F + p_2A \tag{5-11}$$

其中 p_1 等于由溢流阀调定的液压泵出口压力 p_B，即 $p_1 = p_B$

则

$$p_2 = p_1 - \frac{F}{A} = p_B - \frac{F}{A} \tag{5-12}$$

节流阀前后的压力差 $\Delta p = p_2 - p_3$，因节流阀出口接油箱，即 $p_3 \approx 0$，所以

$$\Delta p = p_2 = p_B - \frac{F}{A} \tag{5-13}$$

活塞运动速度为

$$v = \frac{Q_1}{A} = \frac{KA_0}{A}\sqrt{\Delta p} = \frac{KA_0}{A}\sqrt{p_B - \frac{F}{A}} \tag{5-14}$$

此式与进油节流调速回路所得的公式完全相同，因此两种回路具有相似的调速特点。但回油节流调速回路有两个明显的优点：一是节流阀装在回油路上，回油路上有较大的背压，因此在外界负载变化时可起缓冲作用，运动的平稳性比进油节流调速回路要好。二是

回油节流调速回路中，经节流阀后压力损耗而发热，导致温度升高的油液直接流回油箱，容易散热。

回油节流调速回路广泛应用于功率不大、负载变化较大或运动平稳性要求较高的液压系统中。

③ 旁油路节流调速回路。

如图 5-53 所示，将节流阀设置在与执行元件并联的旁油路上，即构成了旁油路节流调速回路。该回路中，节流阀调节了液压泵溢回油箱的流量 Q_2，从而控制了进入液压缸的流量 Q_1，调节流量阀的通流面积，即可实现调速。这时，溢流阀作为安全阀，常态时关闭。回路中只有节流损失，无溢流损失，功率损失较小，系统效率较高。

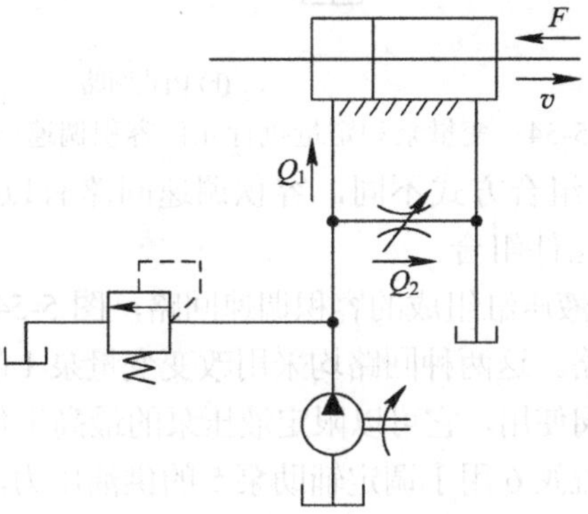

旁油路节流调速回路动画

图 5-53　旁油路节流调速回路

旁油路节流调速回路主要用于高速、重载、对速度平稳性要求不高的场合。

使用节流阀的节流调速回路，速度受负载变化的影响比较大，即速度稳定性都较差，为了克服这个缺点，在回路中可用调速阀替代节流阀。

(2) 容积调速回路。

容积调速回路课件　　容积调速回路微课

容积调速回路通过改变变量泵或变量马达排量以调节执行元件的运动速度。在容积式调速回路中，液压泵输出的液压油全部直接进入液压缸或液压马达，无溢流损失和节流损失。而且液压泵的工作压力随负载的变化而变化，因此，这种调速回路效率高，发热量少，其缺点是变量液压泵结构复杂，价格较高。容积调速回路多用于工程机械、矿山机械、农业机械和大型机床等大功率的调速系统中。

按油液的循环方式不同，容积调速回路可分为开式和闭式回路。图 5-54(a)是开式回路，泵从油箱吸油，执行元件的油液返回油箱，油液在油箱中便于沉淀杂质、析出空气，并得到良好的冷却，但油箱尺寸较大，污物容易侵入。图 5-54(b)是闭式回路，液压泵的吸油口与执行元件的回油口直接连接，油液在系统内封闭循环，其结构紧凑、油气隔绝、运动平稳、噪音小，但散热条件较差。闭式回路中需设置补油装置，由辅助泵及与其配套的溢流阀和油箱组成，绝大部分容积调速回路的油液循环采用闭式循环方式。

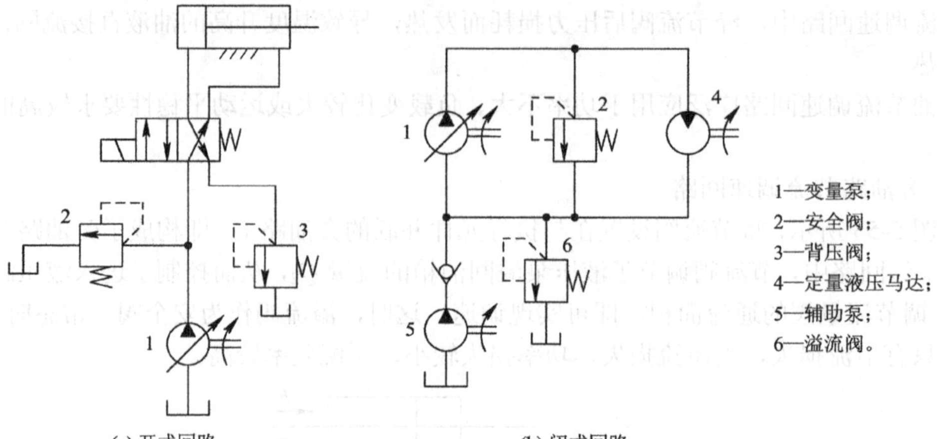

(a) 开式回路　　(b) 闭式回路

图 5-54　变量泵和定量执行元件容积调速回路

根据液压泵和执行元件组合方式不同，容积调速回路有以下三种形式：

① 变量泵和定量执行元件组合。

图 5-54(a)为变量泵 1 和液压缸组成的容积调速回路，图 5-54(b)所示为变量泵 1 和定量液压马达 4 组成的容积调速回路。这两种回路均采用改变变量泵 1 的输出流量的方法来调速的。工作时，溢流阀 2 作为安全阀使用，它可以限定液压泵的最高工作压力，起过载保护作用。溢流阀 3 作为背压阀使用，溢流阀 6 用于调定辅助泵 5 的供油压力，补充系统泄漏油液。

② 定量泵和变量液压马达组合。

在图 5-55(a)所示的回路中，定量泵 1 的输出流量不变，调节变量液压马达 3 的排量，便可改变其转速，溢流阀 2 可作安全阀用。

③ 变量泵和变量液压马达组合。

在图 5-55(b)所示的回路中，变量泵 1 正反向供油，双向变量液压马达 3 正反向旋转，调速时液压泵和液压马达的排量分阶段调节。在低速阶段，液压马达排量保持最大，以改变液压泵的排量来调速；在高速阶段，液压泵排量保持最大，通过改变液压马达的排量来调速。这样就扩大了调速范围。单向阀 6、7 用于使辅助泵 4 双向补油，单向阀 8、9 使安全阀 2 在两个方向都能起过载保护作用，溢流阀 5 用于调节辅助泵的供油压力。

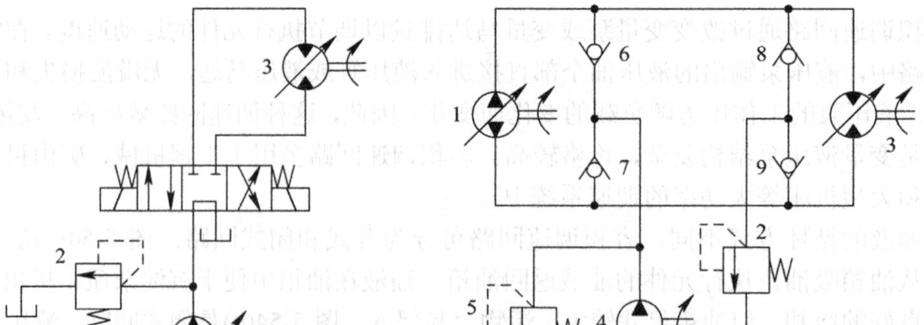

(a) 定量泵和变量马达调速回路　　(b) 变量泵和变量马达调速回路

图 5-55　不同组合方式的容积调速回路

(3) 容积节流调速回路。

用变量液压泵和节流阀(或调速阀)相配合进行调速的方法称为容积节流调速。

图 5-56 所示为由限压式变量叶片泵和调速阀组成的容积节流调速回路。调节调速阀节流口的开口大小，就能改变进入液压缸的流量，从而改变液压缸活塞的运动速度。如果变量液压泵的流量大于调速阀调定的流量，由于系统中没有设置溢流阀，多余的油液没有排油通路，势必使液压泵和调速阀之间油路的油液压力升高，但是当限压式变量叶片泵的工作压力增大到预先调定的数值后，泵的流量会随工作压力的升高而自动减小。

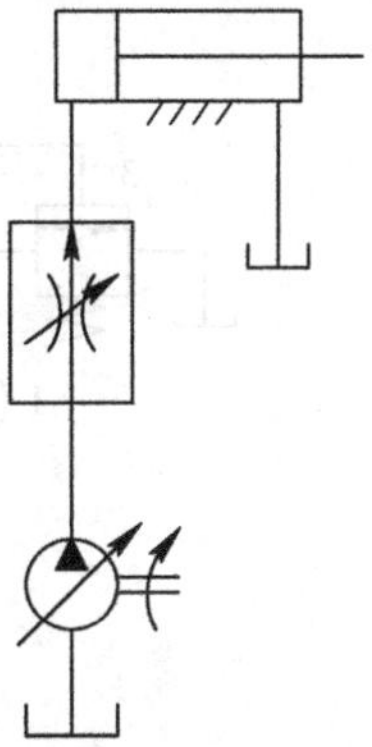

图 5-56　容积节流调速回路

在这种回路中，泵的输出流量与通过调速阀的流量是相适应的，因此效率高，发热量小。同时，采用调速阀，液压缸的运动速度基本不受负载变化的影响，即使在较低的运动速度下工作，运动也较稳定。

2) 快速运动回路

快速运动回路课件　　快速运动回路微课

执行元件在一个工作循环的不同阶段要求有不同的运动速度和承受不同的负载，在空行程阶段其速度较高，负载较小。采用快速回路，可以在尽量减少液压泵流量损失的情况下使执行元件获得快的速度，以提高生产率。常见的快速运动回路有以下几种。

(1) 差动连接快速运动回路。

图 5-57 所示的差动回路是利用差动液压缸的差动连接来实现的。当二位三通电磁换向阀处于右位时，液压缸呈差动连接，液压泵输出的油液和液压缸小腔返回的油液合流，进入液压缸的大腔，实现活塞的快速运动。

这种回路比较简单、经济，但液压缸的速度加快有限，差动连接与非差动连接的速度之比等于活塞与活塞杆截面积之比。若不能满足快速运动的要求，则可与限压式变量泵等其他方法联合使用。

(2) 双泵供油快速运动回路。

图 5-58 所示的回路中采用了低压大流量泵 1 和高压小流量泵 2 并联，它们同时向系统供油时可实现液压缸的空载快速运动；进入工作行程时，系统压力升高，液控顺序阀 3(卸

荷阀)打开，使大流量液压泵 1 卸荷，仅由小流量液压泵 2 向系统供油，液压缸的运动变为慢速工作行程，工进时压力由溢流阀 5 调定。

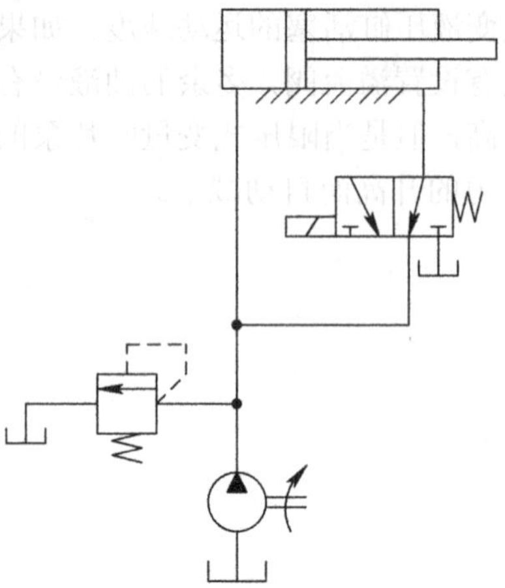

图 5-57　差动连接快速运动回路

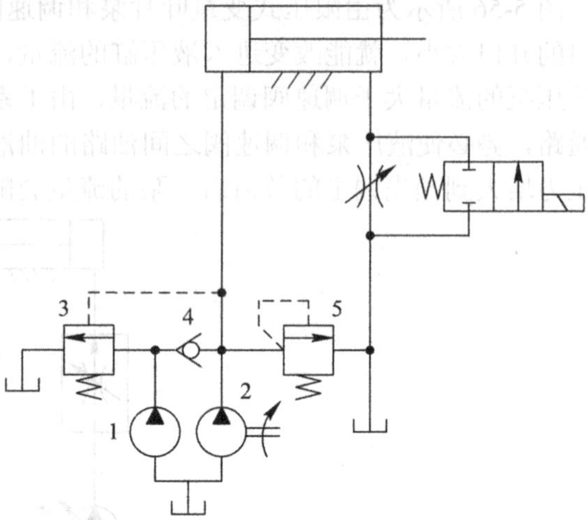

图 5-58　双泵供油快速运动回路

差动连接快速运动回路动画　　双泵供油快速运动回路动画

(3) 蓄能器快速运动回路。

在图 5-59 所示的用蓄能器辅助供油的快速回路中，用蓄能器使液压缸实现快速运动。

当换向阀处于左位或右位时，液压泵 1 和蓄能器 3 同时向液压缸供油，实现快速运动。当换向阀处于中位时，液压缸停止工作，液压泵经单向阀向蓄能器供油，随着蓄能器内油量的增加，压力亦升高，至液控顺序阀 2 的调定压力时，液压泵卸荷。

这种回路适用于短时间内需要大流量的场合，并可用小流量的液压泵使液压缸获得较大的运动速度，但蓄能器充油时，液压缸必须有足够的停歇时间。

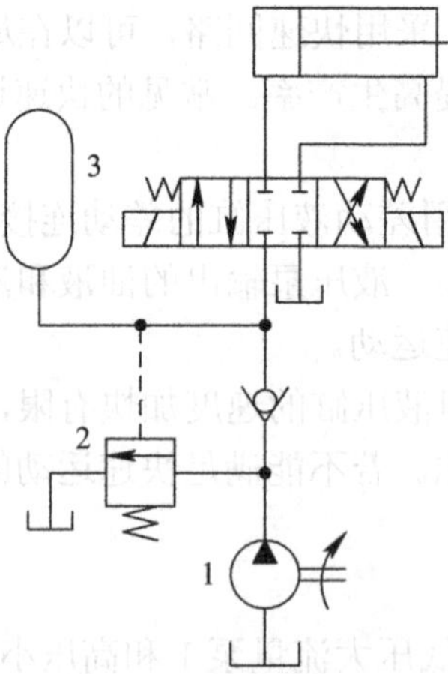

图 5-59　蓄能器快速运动回路

3) 速度换接回路

速度换接回路可使执行元件在一个工作循环中，从一种运动速度变换到另一种运动速度。

(1) 快速与慢速的速度换接回路。

如图 5-60 所示，在用行程阀控制的快慢速换接回路中，活塞杆上的挡块未压下行程阀时，液压缸右腔的油液经行程阀回油箱，活塞快速运动；当挡块压下行程阀时，液压缸回油经节流阀回油箱，活塞转为慢速工进。

此换接过程比较平稳，换接点的位置精度高，但行程阀的安装位置不能任意布置，管路连接较为复杂。

若将行程阀改为电磁阀，则安装连接方便，但速度换接的平稳性、可靠性和换接精度都较差。

蓄能器快速运动回路动画　速度换接回路课件　速度换接回路微课　行程阀控制快慢速的速度换接回路动画

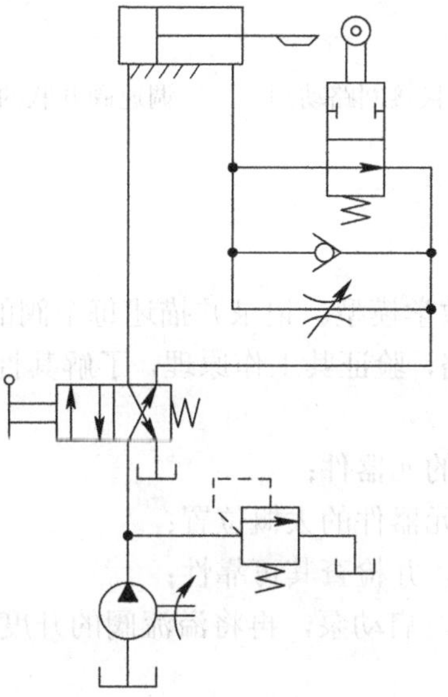

图 5-60　快慢速的速度换接回路

(2) 两种慢速的速度换接回路。

如图 5-61 所示，在两个调速阀并联实现两种进给速度的换接回路中，两调速阀由二位三通换向阀换接，它们各自独立调节流量，互不影响，一个调速阀工作时，另一个调速阀没有油液通过。在速度换接过程中，由于原来没工作的调速阀中的减压阀处于最大开口位置，速度换接时大量油液通过该阀，将使执行元件突然前冲。

如图 5-62 所示，用两调速阀串联的方法来实现两种不同速度的换接回路中，两调速阀由二位二通换向阀换接，但后接入的调速阀的开口要小，否则，换接后得不到所需要的速度，起不到换接作用，该回路的速度换接平稳性比调速阀并联的速度换接回路好。

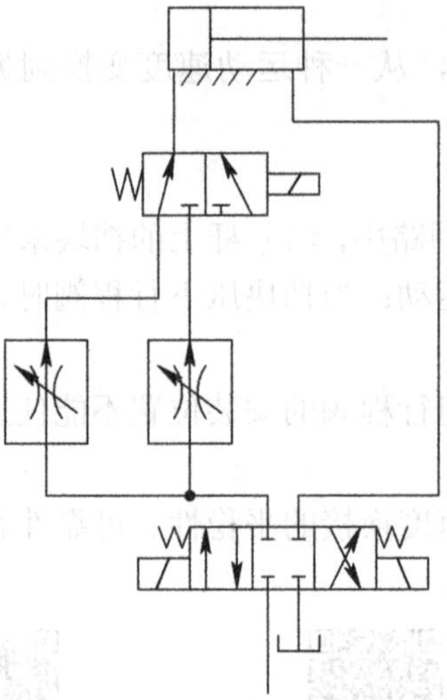

图 5-61　调速阀并联的慢速转换回路

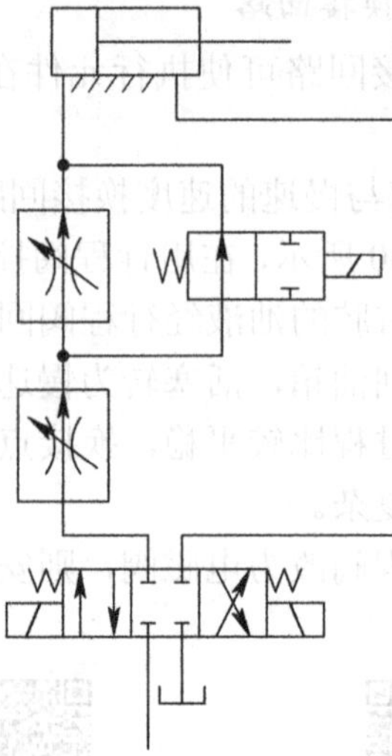

图 5-62　调速阀串联的慢速转换回路

调速阀串联的快慢速的速度换接回路动画

调速阀并联的快慢速的速度换接回路动画

【实施步骤】

1. 观察节流阀，调速阀教学模型。记录并描述每个阀的结构和工作原理。

2. 组装各类速度控制回路，验证其工作原理，了解其性能特点，学习常见故障的诊断及排除方法。

(1) 选择组装回路所需要的元器件；

(2) 在实验台上布置好各元器件的大概位置；

(3) 按图纸组装系统回路，并检查其可靠性；

(4) 让实验台溢流阀全开，启动泵，再将溢流阀的开度逐渐减小，调试回路，并观察回路的动作情况；

(5) 验证结束，拆装回路，清理元器件及实验台。

【思考与练习】

1. 简述节流阀、单向节流阀的工作原理；

2. 简述调速阀与节流阀的特点、区别；

3. 简述节流调速回路的工作原理，分析不同类型节流调速回路的特点；

4. 简述各种速度控制回路的工作原理；

5. 简述快慢速换接回路的工作原理。

任务 5.4　认识特殊类型控制阀及搭建多缸控制回路

【任务目标】

1. 知识目标

(1) 掌握插装阀的结构及分类；
(2) 了解插装阀的工作原理；
(3) 掌握叠加阀的结构及分类；
(4) 了解叠加阀的工作原理；
(5) 了解电液比例阀的工作原理及应用；
(6) 了解伺服阀的工作原理及应用；
(7) 了解数字阀的工作原理及应用；
(8) 掌握顺序动作回路的控制方式及其工作原理；
(9) 掌握同步回路的控制方式及其工作原理；
(10) 掌握多缸快慢速互不干扰回路的工作原理。

2. 能力目标

(1) 能够识别液压系统中的各特殊类型的阀；
(2) 能够对特殊类型阀的故障原因进行分析和排除；
(3) 能够搭建顺序动作回路并进行简单排故；
(4) 能够搭建同步回路并进行简单排故；
(5) 能够对互不干扰回路进行故障检测和排除。

3. 素质目标

(1) 具备独立思考和主动探究能力；
(2) 具备团队协作意识和职业精神；
(3) 具备严谨、细致的工作作风。

【任务内容】

认识特殊类型的阀及搭建多缸动作回路。

【相关知识】

1. 特殊类型阀

1) 插装阀

插装阀又称为逻辑阀，是一种较新型的液压元件。它的特点是通流能力大，密封性能好，动作灵敏、结构简单，因此主要用于流量较大系统或对密封性能要求较高的系统。

插装阀的结构原理图及图形符号如图 5-63 所示，它由控制盖板、插装单元(包括阀套、弹簧、阀芯及密封件)、插装块体和先导型控制阀(装在控制盖板上)组成。由于这种阀的插装单元在回路中主要起通、断作用，故又称二通插装阀。二通插装阀的工作原理相当于一个液控单向阀。图中 A 和 B 为主油路仅有的两个工作油口，K 为控制油口(与先导阀相接)，当 K 口无液压力作用时，阀芯受到的向上的液压力大于弹簧力，阀芯开启，A 与 B 相通，至于液流的方向，视 A、B 口的压力大小而定。反之，当 K 口有液压力作用时，且 K 口的油液压力大于 A 和 B 口的油液压力，才能保证 A 与 B 之间关闭。

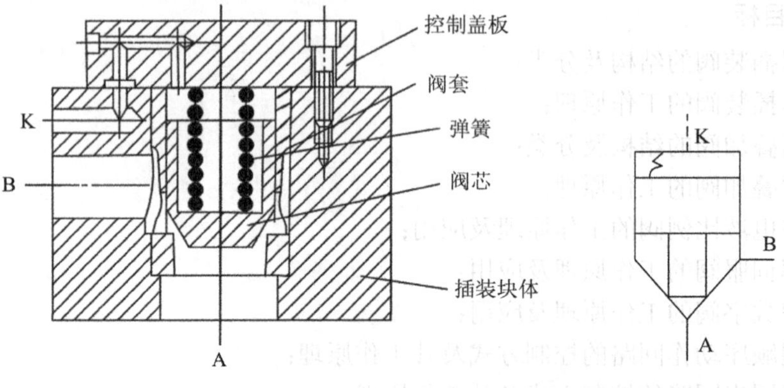

(a) 结构原理图　　(b) 图形符号

图 5-63　插装阀的结构原理图及图形符号

插装阀通过与各种先导阀组合，便可组成方向控制阀、压力控制阀和流量控制阀，其结构如图 5-64 所示。

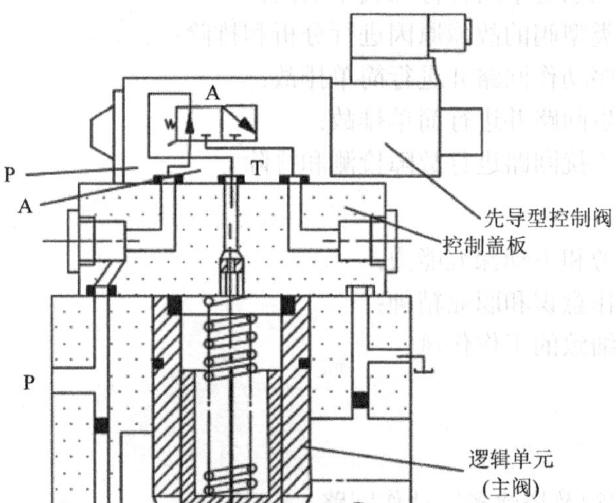

图 5-64　插装组合阀示意图

(1) 方向控制插装阀。

插装阀可以组成各种方向控制阀，如图 5-65 所示。p_A、p_B 分别为 A、B 口压力，图

5-65(a)为单向阀，当 $p_A > p_B$ 时，阀芯关闭，A 与 B 不通；而当 $p_B > p_A$ 时，阀芯开启，油液从 B 流向 A。图 5-65(b)为二位二通阀，当二位三通电磁阀断电时，阀芯开启，A 与 B 接通；电磁阀通电时，阀芯关闭，A 与 B 不通。图 5-65(c)为二位三通阀，当二位四通电磁阀断电时，A 与 T 接通；电磁阀通电时，A 与 P 接通。图 5-65(d)为二位四通阀，电磁阀断电时，P 与 B 接通，A 与 T 接通；电磁阀通电时，P 与 A 接通，B 与 T 接通。

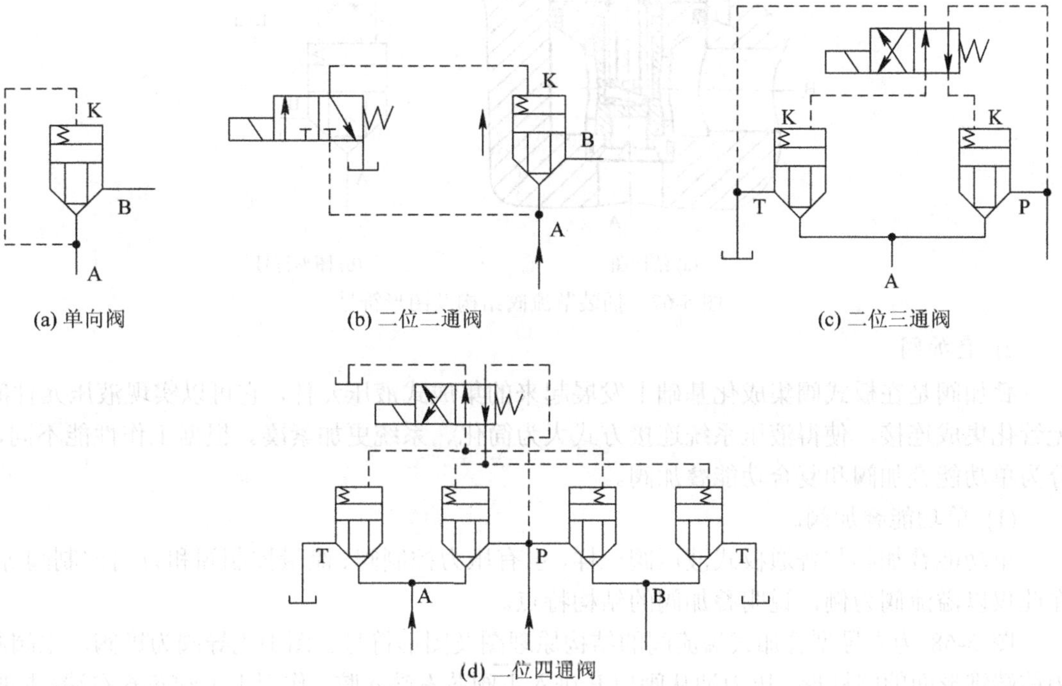

图 5-65　插装阀作方向控制阀

(2) 压力控制插装阀。

插装阀可以组成压力控制阀，如图 5-66 所示。在图 5-66(a)中，如 B 接油箱，则插装阀用作溢流阀，其原理与先导型溢流阀相同。如 B 接负载时，则插装阀起顺序阀作用。图 5-66(b)所示为电磁溢流阀，当二位二通电磁阀通电时起卸荷作用。

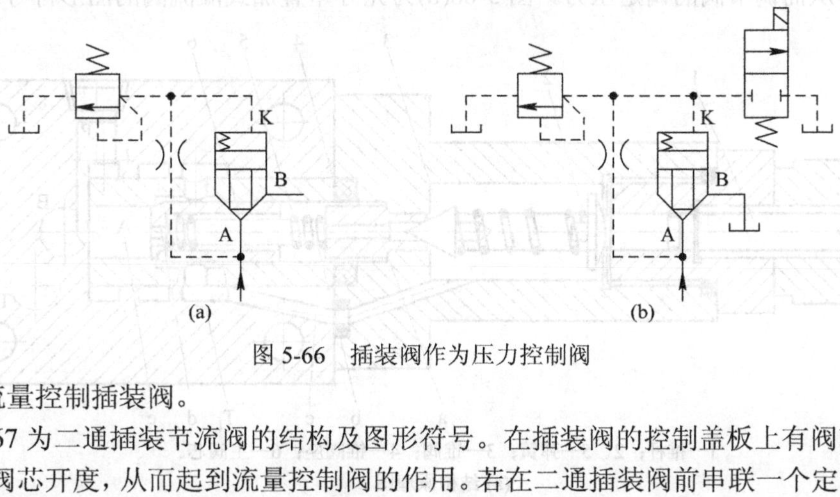

图 5-66　插装阀作为压力控制阀

(3) 流量控制插装阀。

图 5-67 为二通插装节流阀的结构及图形符号。在插装阀的控制盖板上有阀芯限位器，用来调节阀芯开度，从而起到流量控制阀的作用。若在二通插装阀前串联一个定差减压阀，

则可组成二通插装调速阀。

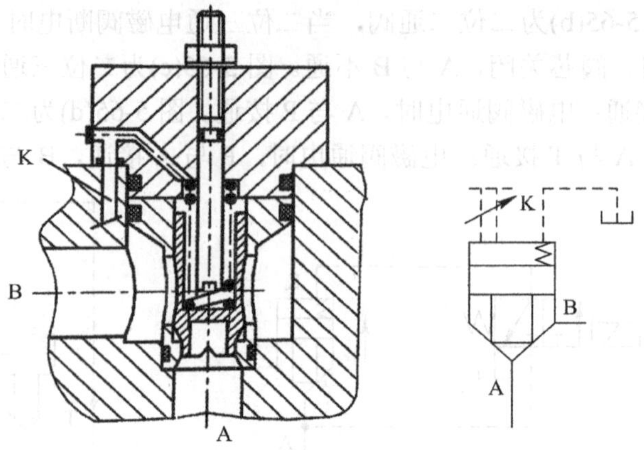

(a) 结构图　　(b) 图形符号

图 5-67　插装节流阀结构及图形符号

2) 叠加阀

叠加阀是在板式阀集成化基础上发展起来的集成式液压元件，它可以实现液压元件间无管化集成连接，使得液压系统连接方式大为简化、系统更加紧凑。根据工作性能不同，分为单功能叠加阀和复合功能叠加阀。

(1) 单功能叠加阀。

单功能叠加阀与普通板式液压阀一样，也有压力控制阀、流量控制阀和方向控制阀等。在此仅以溢流阀为例，说明叠加阀的结构特点。

图 5-68 为先导型叠加式溢流阀的结构原理图及图形符号。图中先导阀为锥阀，主阀芯为前端锥形面的圆柱形。压力油从阀口 P 进入主阀芯右端 e 腔，作用于主阀芯 6 右端，同时通过小孔 d 进入主阀芯左腔 b，再通过小孔 a 作用于锥阀芯 3 上。当进油口压力小于阀的调整压力时，锥阀芯关闭，主阀芯无溢流，当进油口压力升高，达到阀的调整压力后，锥阀芯打开，液流经小孔 d、a 到达出油口 T，液流流经阻尼孔 d 时产生压力降，使主阀芯两端产生压力差，此压力差克服弹簧力使主阀芯 6 向左移动，主阀芯开始溢流。调节推杆 1，可压缩弹簧 2。从而调节阀的调定压力。图 5-68(b)为先导型叠加式溢流阀的图形符号。

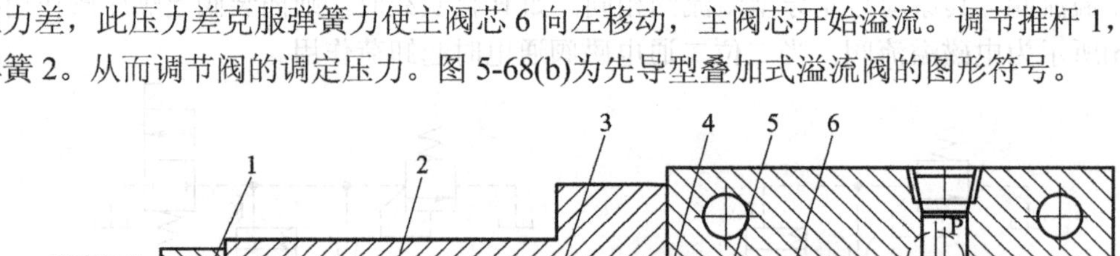

1—推杆；2、5—弹簧；3—锥阀；4—锥阀座；6—主阀芯。

(a) 结构原理图

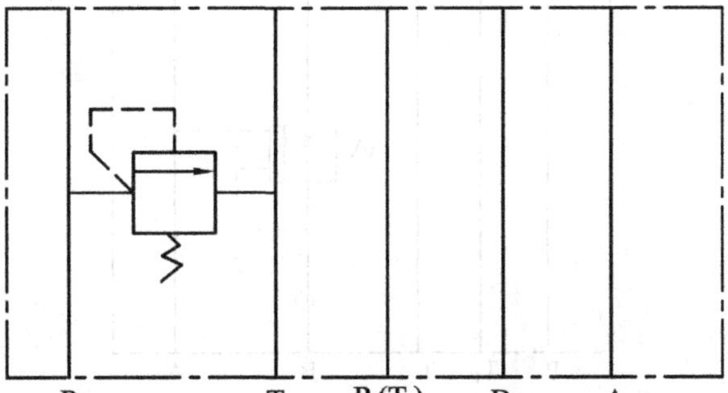

(b) 图形符号

图 5-68　先导型叠加式溢流阀的结构原理图及图形符号

(2) 复合功能叠加阀。

复合功能叠加阀又称之为多机能叠加阀。它是在一个控制阀芯单元中实现两种以上的控制机能的叠加阀。在此以顺序背压阀为例，介绍复合叠加阀的结构特点。

图 5-69 为顺序背压叠加阀，其作用是在差动系统中，当执行元件快速运动时，保证液压缸回油畅通；当执行元件进入工进工作过程后，顺序阀自动关闭，背压阀叠加工作，在油缸回油腔建立起所需的背压。该阀的工作原理为：当执行元件快进时，A 口的压力低于顺序阀的调定压力值，主阀芯在调压弹簧的作用下，处于左端，油口 B 液流畅通，顺序阀处于常通状态。执行件进入工进后，由于流量阀的作用，使系统的压力提高，当进油口 A 的压力超过顺序阀的调定值时，控制活塞推动主阀芯右移，油路 B 被截断，顺序阀关闭，此时 B 腔回油阻力升高压力油作用在主阀芯上开有轴向三角槽的台阶左端面上，对阀芯产生向右的推力，主阀芯在 A、B 两腔油压的作用下，继续向右移动使节流阀口打开，B 腔的油液经节流口回油，维持 B 腔回油保持一定值的压力。

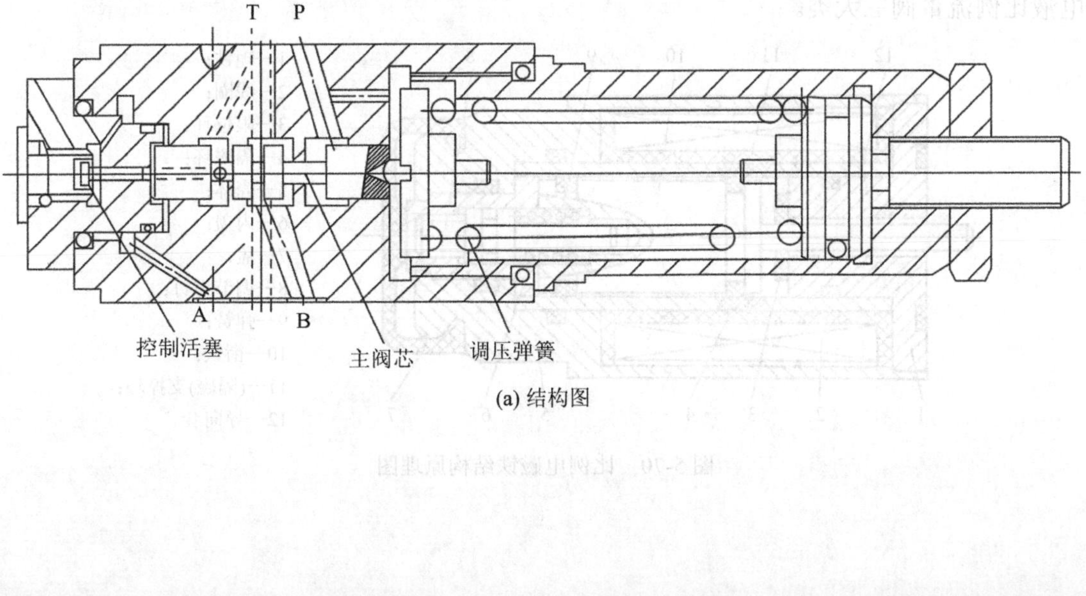

(a) 结构图

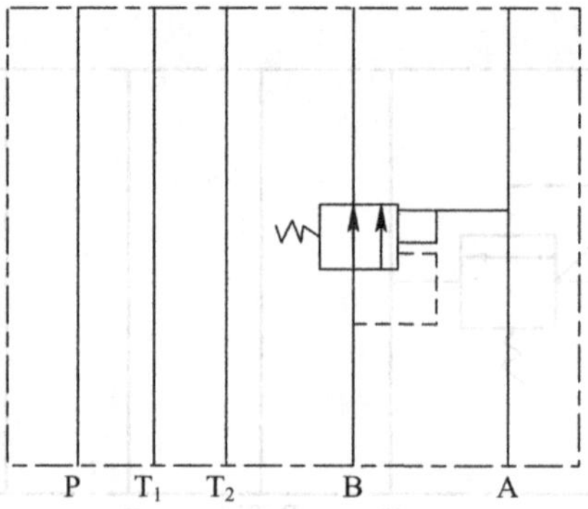

(b) 图形符号

图 5-69　顺序背压叠加阀

3) 电液比例阀

前述各种阀大都是手动调节和开关式控制的阀，其输出参数在处于工作状态时是不可调节的，而电液比例阀是一种可以按输入的电气信号连续地、按比例地对油液的压力、流量或方向进行远距离控制的阀，被广泛应用于要求对液压参数进行连续控制或程序控制，但对控制精度和动态特性要求不太高的液压系统中。

现在的比例阀，一类是由电液伺服阀简化结构、降低精度发展起来的；另一类是用比例电磁铁取代普通液压阀的手调装置或电磁铁发展起来的。这里介绍的为后者，它是当今比例阀的主流，与普通控制阀可以互换。

电液比例阀的构成，从原理上讲相当于在普通液压阀上，装上一个比例电磁铁以代替原有的控制(驱动)部分。比例电磁铁是一种直流电磁铁，与普通换向阀用电磁铁的不同主要在于比例电磁铁的输出推力与输入的线圈电流基本成比例。这一特性使比例电磁铁可作为液压阀中的信号给定元件。

普通电磁换向阀所用的电磁铁只要求有吸合和断开两个位置，并且为了增加吸力，在吸合时磁路中几乎没有气隙。而比例电磁铁则要求吸力(或位移)和输入电流成比例，并在衔铁的全部工作位置上，磁路中保持一定的气隙。图 5-70 为比例电磁铁的结构原理图。根据用途和工作特点的不同，电液比例阀可以分为电液比例压力阀、电液比例方向阀和电液比例流量阀三大类。

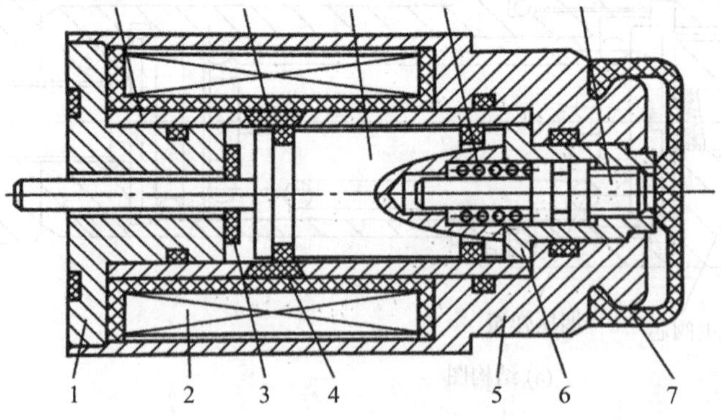

1—轭铁；
2—线圈；
3—限位环；
4—隔磁环；
5—壳体；
6—内盖；
7—盖；
8—调节螺钉；
9—弹簧；
10—衔铁；
11—(隔磁)支撑环；
12—导向套。

图 5-70　比例电磁铁结构原理图

下面对三类比例阀的工作原理进行简单介绍。

(1) 电液比例压力阀。

用比例电磁铁取代先导型溢流阀的手调装置(调压手柄)，便可组成先导型比例溢流阀如图 5-71 所示。该阀下部与普通溢流阀的主阀相同，上部则为比例先导型压力阀。该阀还附有一个手动调整的安全阀(先导阀)，用以限制比例溢流阀的最高压力；以避免因电子仪器发生故障时的控制电流过大，压力超过系统允许最大压力的可能性。比例电磁铁的推杆向先导阀阀芯施加推力，该推力作为先导级压力负反馈的指令信号。随着输入电信号强度的变化，比例电磁铁的电磁力将随之变化，从而改变推力的大小，使锥阀的开启压力随输入信号的变化而变化。若输入信号连续地、按比例地或按一定程序变化，则比例溢流阀所调节的系统压力也连续地、按比例地或按一定的程序进行变化。因此，比例溢流阀多用于系统的多级调压或实现连续的压力控制。

直动型压力阀作为先导阀与其他普通的压力阀的主阀相配，便可组成先导型比例溢流阀、比例顺序阀和比例减压阀。

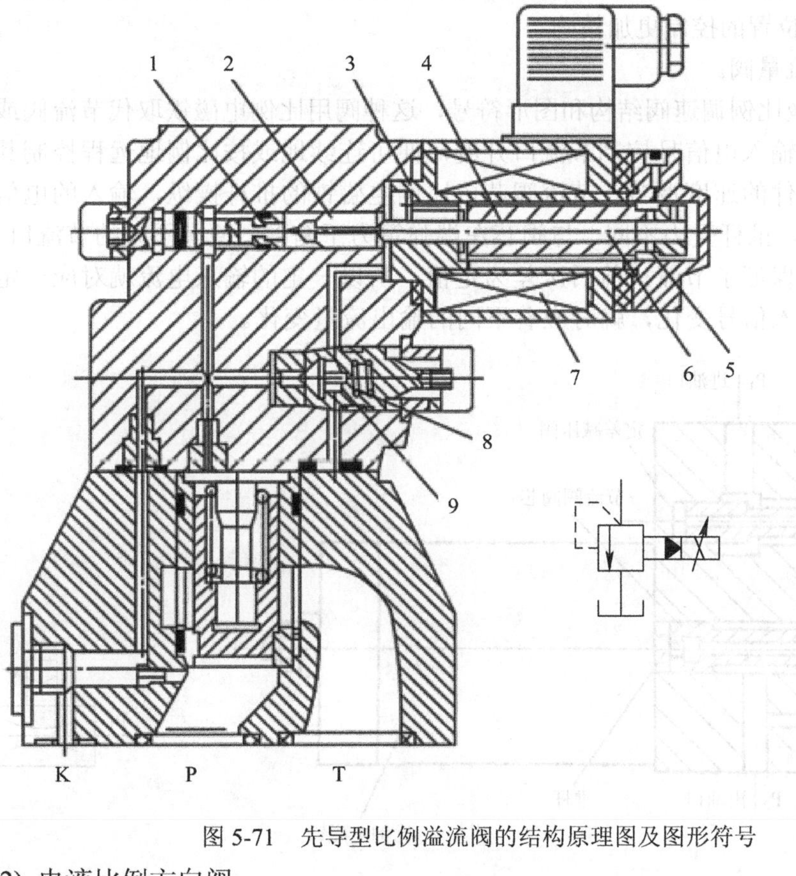

1—阀座；
2—先导锥阀；
3　轭铁；
4—衔铁；
5—弹簧；
6—推杆；
7—线圈；
8—弹簧；
9—先导阀。

图 5-71　先导型比例溢流阀的结构原理图及图形符号

(2) 电液比例方向阀。

图 5-72 为带位移传感器的直动型比例方向节流阀结构和图形符号，这种阀用比例电磁铁取代电磁换向阀中的普通电磁铁，便构成直动型比例方向节流阀。由于使用了比例电磁铁，阀芯不仅可以换位，而且换位的行程可以连续地或按比例地变化，因而连通油口间的

通流截面面积也可以连续地或按比例地变化，所以比例方向节流阀不仅能控制执行元件的运动方向，而且能控制其速度。

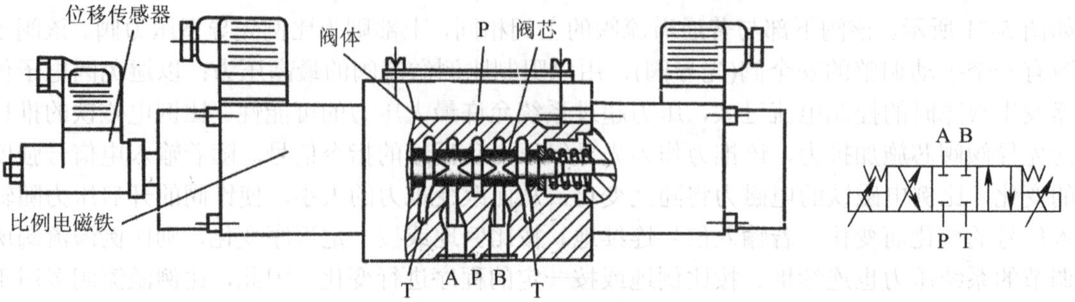

图 5-72　带位移传感器的直动型比例方向节流阀

部分比例电磁铁前端还附有位移传感器，能准确地测定电磁铁的行程，并向放大器发出电反馈信号。放大器将输入信号和反馈信号加以比较后，再向电磁铁发出纠正信号以补偿误差，因此阀芯位置的控制更加精确。

(3) 电液比例流量阀。

图 5-73 为电液比例调速阀结构和图形符号，这种阀用比例电磁铁取代节流阀或调速阀的手调装置，以输入电信号控制节流口开度，便可连续地或按比例地远程控制其输出流量，实现执行部件的速度调节。节流阀芯由比例电磁铁的推杆操纵，输入的电信号不同，则电磁力不同，推杆受力不同，与阀芯左端弹簧力平衡后，便有不同的节流口开度。由于定差减压阀已保证了节流口前后压差为定值，所以一定的输入电流就对应一定的输出流量，不同的输入信号变化，就对应着不同的输出流量变化。

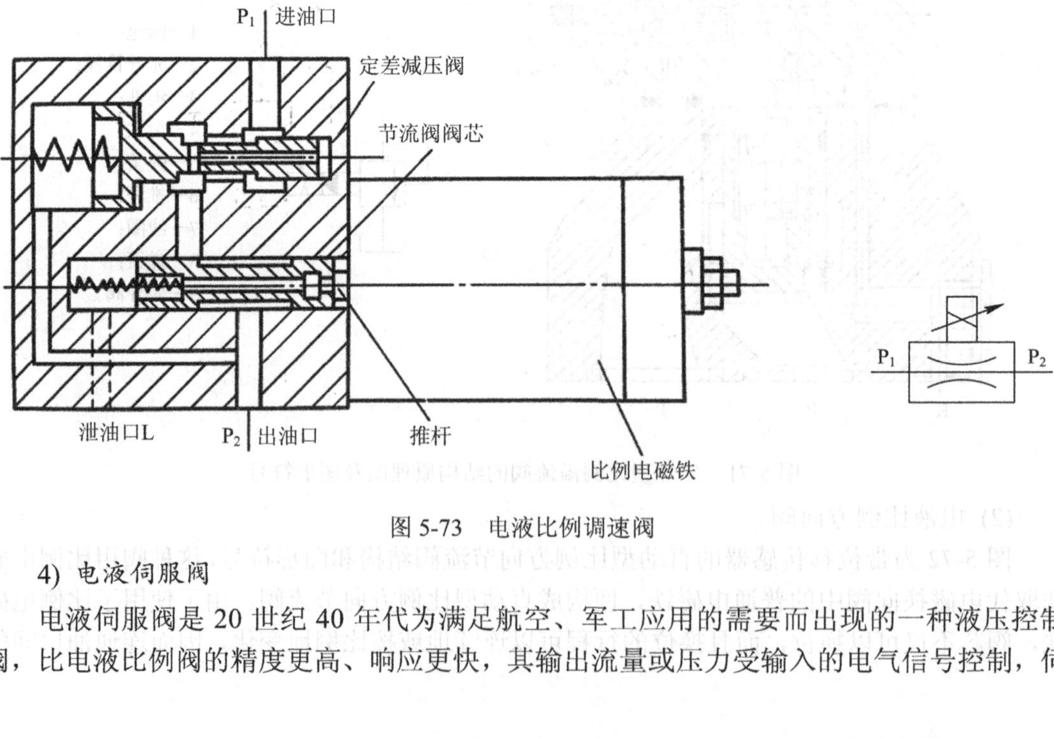

图 5-73　电液比例调速阀

4) 电液伺服阀

电液伺服阀是 20 世纪 40 年代为满足航空、军工应用的需要而出现的一种液压控制阀，比电液比例阀的精度更高、响应更快，其输出流量或压力受输入的电气信号控制，伺服阀价格较高，对过滤精度的要求也较高，电液伺服阀目前广泛应用于要求高精度控制的自动控制设备中，用以实现位置控制、速度控制和力的控制等。电液伺服阀和电液伺服系统中动态过程非常复杂，这里仅对电液伺服阀工作原理进行简单介绍。

电液伺服阀由伺服放大器进行控制。伺服放大器的输入电压信号来自电位器、信号发生器、同步机组和计算机的D/A数模转换器输出的电压信号等；其输出参数即电—机械转换器(力矩马达)的电流与输入电压信号成正比。伺服放大器是具有深度电流负反馈的电子放大器，一般主要包括比较元件(即加法器或误差检测器)、电压放大和功率放大等三部分。电液伺服阀在系统中一般不用做开环控制，系统的输出参数必须进行反馈，形成闭环控制。有的电液伺服阀还有内部状态参数的反馈。

图5-74为一个典型的电液伺服阀，由电—机械转换器、液压控制阀和反馈机构三部分组成。电液控制阀的电—机械转换器的直接作用是将伺服放大器输入的电流转换为力矩或力(前者称为力矩马达、后者称为力马达)，进而转换为在弹簧支撑下阀的运动部件的角位移(力矩马达)或直线位移(力马达)以控制阀口的通流截面面积大小。图5-71(a)的上部为力矩马达，图5-71(b)表示力矩马达的结构。衔铁7和挡板2为一个整体，由固定在阀座上的弹簧管3支撑。挡板下端的球头插入滑阀10的凹槽，前后两块永久磁铁5与导磁体6、8形成一个固定磁场。当线圈4内无控制电流时，导磁体6，8和衔铁间四个间隙中的磁通相等，且方向相同，衔铁受力平衡处于中位。当线圈中有控制电流时，一组对角方向气隙中的磁通增加，另一组对角方向气隙中的磁通减小，于是衔铁在磁力作用下克服弹簧管的弹力，偏移一角度。挡板随衔铁偏转而改变其与两个喷嘴1与挡板间的间隙，一个间隙减小，另一个间隙相应增加。该电液伺服阀的液压阀部分为双喷嘴挡板先导阀控制的功率级滑阀式主阀。压力油经P口直接为主阀供油，但进喷嘴挡板的油则需经过滤器12进一步过滤。

当挡板偏转使其与两个喷嘴间隙不等时，间隙小的一侧的喷嘴腔压力升高，反之间隙大的一侧喷嘴腔压力降低。这两腔压差作用在滑阀的两端面上，使滑阀产生位移，阀口开启。这时压力油经P口和滑阀的一个阀口并经通口A或B流向液压缸(或马达)，液压缸(或马达)的排油则经通口B或A和另一阀口并经通口T与回油相通。

滑阀移动时带动挡板下端球头一起移动，从而在衔铁挡板组件上产生力矩，形成力反馈，因此这种阀又称力反馈伺服阀。稳态时衔铁挡板组件在驱动电磁力矩、弹簧管的弹性反力矩、喷嘴液动力产生的力矩、阀芯位移产生的反馈力矩作用下保持平衡。输入电流越大，电磁力矩也越大，阀芯位移即阀口通流面积也越大，在一定阀口压差(如7 MPa)下，通过阀的流量也越大，即在一定阀口压差下，阀的流量近似与输入电流成正比。当输入电流极性反向时，输出流量也反向。

电液伺服阀的反馈方式除上述力反馈外还有阀芯位置直接反馈、阀芯位移电反馈、流量反馈、压力反馈(压力伺服阀)等多种形式。电液伺服阀内的某些反馈主要改善其动态特性，如动压反馈等。

上述电液伺服阀液压部分为二级阀，伺服阀也有单级的和三级的，三级伺服阀主要用于大流量场合。电液伺服阀的电—机械转换器除力矩马达等动铁式外，还有动圈式和压电陶瓷等形式。

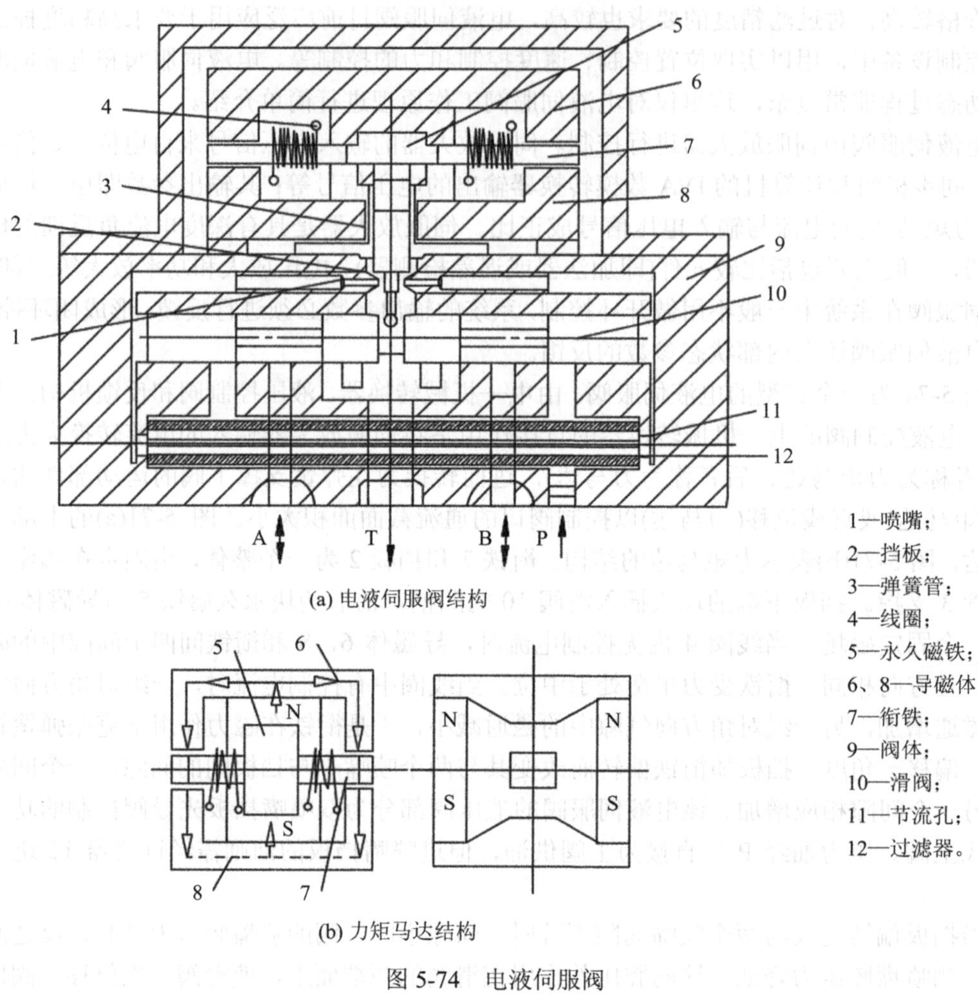

(a) 电液伺服阀结构

(b) 力矩马达结构

图 5-74　电液伺服阀

5) 数字阀

电液数字阀，简称数字阀，是用数字信息直接控制阀口的开启和关闭，从而实现液流压力、流量、方向控制的一种液压控制阀。数字阀可直接与计算机接口相连，不需要 D/A 转换器。与伺服阀及比例阀相比，数字阀结构简单、工艺性好、价格低廉、抗污染能力强、工作稳定可靠、功耗小。在计算机实时控制的电液系统中，已部分取代比例阀或伺服阀，为计算机在液压领域的应用开辟了一条新的途径。这里仅介绍数字阀的工作原理。

对计算机而言，最普通的信号是量化为两个量级的信号，即开和关。用数字量来控制阀的方法很多，常用的是由脉冲调制演变而来的增量控制法以及脉宽调制控制法。

增量控制数字阀采用步进电机—机械转换器，通过步进电动机，在脉冲信号的基础上，使每个采样周期的步数在前一个采样周期步数上增加或减少步数，以达到需要的幅值，由机械转换器输出位移控制液压阀阀口的开启和关闭。图 5-75 为增量式数字阀控制系统的框图。

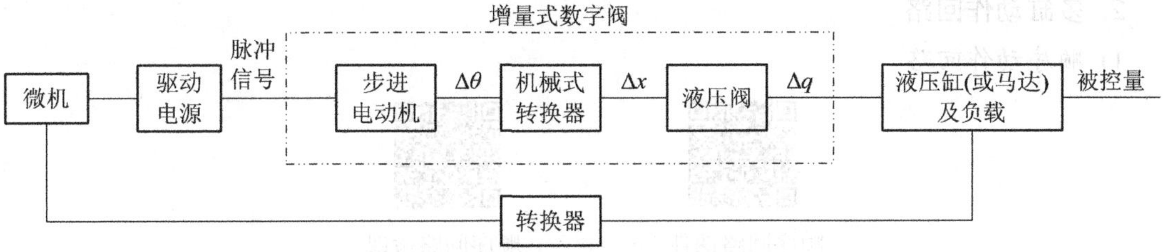

图 5-75　增量式数字阀控制系统框图

脉宽调制式数字阀通过脉宽调制放大器将连续信号调制为脉冲信号并放大，然后输送给高速开关数字阀，以开启时间的长短来控制阀的开口大小。在需要做两个方向运动的系统中，要用两个数字阀分别控制不同方向的运动，这种数字阀用于控制系统的框图，如图 5-76 所示。

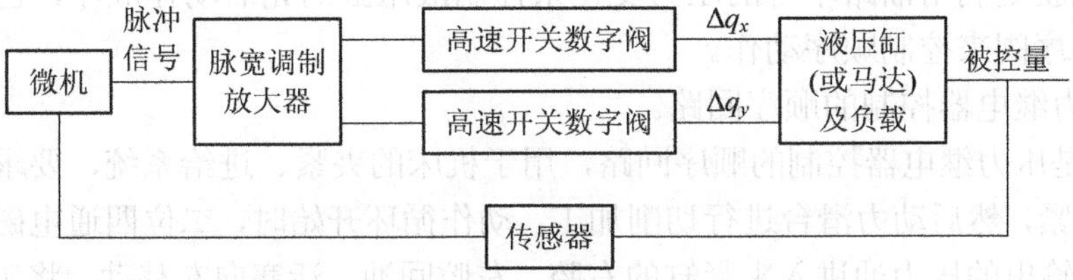

图 5-76　脉宽调制式数字阀控制系统框图

图 5-77 为步进电动机直接驱动的数字式流量控制阀的结构。当计算机给出脉冲信号后，步进电动机 1 转过一个角度 A_e，作为机械转换装置的滚珠丝杠 2 将旋转角度 A_e 转换为轴向位移 A_x 直接驱动节流阀阀芯 3，开启阀口。开在阀套上的节流口有两个，其中右节流口为非圆周通流，左节流口为全圆周通流。阀芯向左移时先开启右节流口，阀开口较小，移动一段距离后左节流口打开，两节流口同时通油，阀的开口增大。这种节流开口大小分两段调节的形式，可改善小流量时的调节性能。步进电动机转过一定步数，可控制阀口的一定开度，从而实现流量控制。

该阀没有反馈功能，但装有零位移传感器 6，在每个控制周期结束时，阀芯都可在零位移传感器的控制下回到零位，使阀具有较高的重复精度。

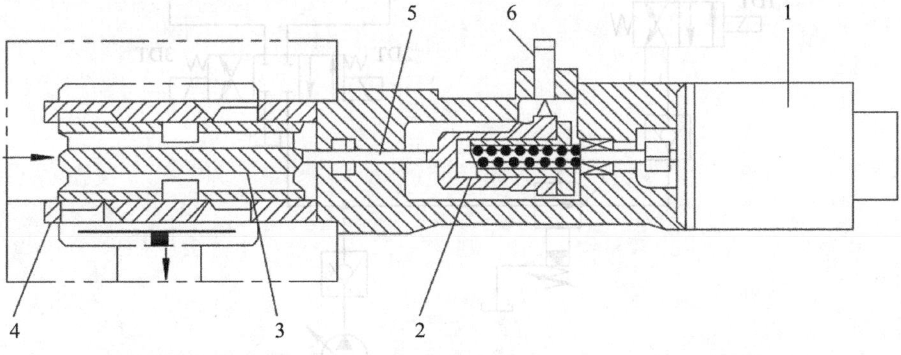

1—步进电动机；2—滚珠丝杠；3—阀芯；4—阀套；5—连杆；6—零位移传感器。

图 5-77　数字式流量控制阀

2. 多缸动作回路

1) 顺序动作回路

顺序回路课件　　顺序回路微课

在多缸液压系统中，往往需要按照一定的要求顺序动作。例如，自动车床中刀架的纵横向运动，夹紧机构的定位和夹紧等。

顺序动作回路按其控制方式不同，分为压力控制、行程控制和时间控制三类，其中前两类用得较多。

(1) 用压力控制的顺序动作回路。

压力控制就是利用油路本身的压力变化来控制液压缸的先后动作顺序，它主要利用压力继电器和顺序阀来控制顺序动作。

① 用压力继电器控制的顺序回路。

图 5-78 是压力继电器控制的顺序回路，用于机床的夹紧、进给系统，要求的动作顺序是先将工件夹紧，然后动力滑台进行切削加工，动作循环开始时，二位四通电磁阀处于图示位置，液压泵输出的压力油进入夹紧缸的右腔，左腔回油，活塞向左移动，将工件夹紧。夹紧后，液压缸右腔的压力升高，当油压超过压力继电器的调定值时，压力继电器发出讯号，指令电磁阀的电磁铁 2DT、4DT 通电，进给液压缸动作。油路中要求先夹紧后进给，工件没有夹紧则不能进给，这一严格的顺序是由压力继电器保证的。

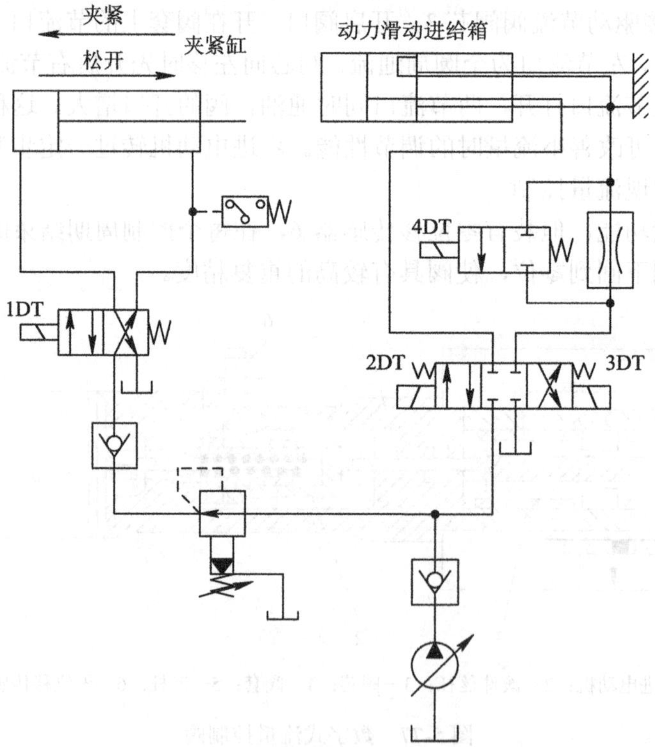

图 5-78　压力继电器控制的顺序回路

压力继电器控制的顺序回路动画　　顺序阀控制顺序回路动画

② 用顺序阀控制的顺序动作回路。

图 5-79 是采用两个单向顺序阀的压力控制顺序动作回路。其中右边单向顺序阀控制两液压缸前进时的先后顺序，左边单向顺序阀控制两液压缸后退时的先后顺序。当电磁换向阀左位工作时，压力油进入液压缸 1 的左腔，右腔经阀 3 中的单向阀回油，此时由于压力较低，右边顺序阀关闭，缸 1 的活塞运动。当液压缸 1 的活塞运动至终点时，油压升高，达到右边单向顺序阀的调定压力时，顺序阀开启，压力油进入液压缸 2 的左腔，右腔直接回油，缸 2 的活塞向右移动。当液压缸 2 的活塞右移达到终点后，电磁换向阀断电复位。如果此时电磁换向阀右位工作，压力油进入液压缸 2 的右腔，左腔经右边单向顺序阀中的单向阀回油，使缸 2 的活塞向左返回，到达终点时，压力油升高打开左边单向顺序阀，使液压缸 1 的活塞返回。

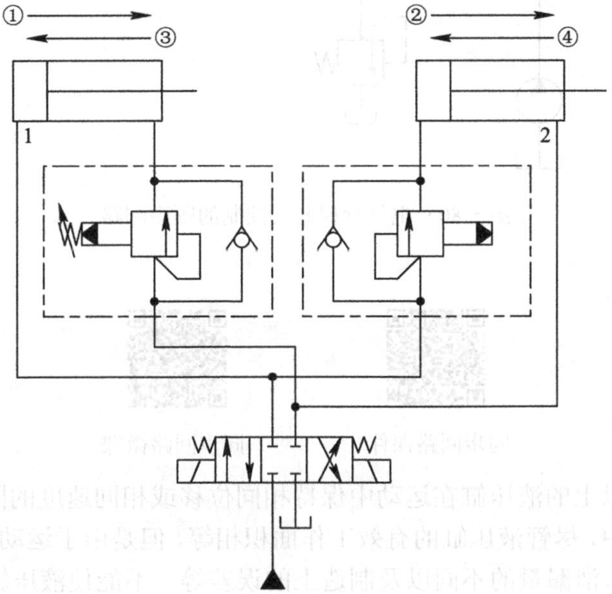

图 5-79　顺序阀控制的顺序回路

这种顺序动作回路的可靠性，在很大程度上取决于顺序阀的性能及其压力调整值。顺序阀的调整压力应比先动作的液压缸的工作压力高 0.8～1MPa，以免在系统压力波动时，发生误动作。

(2) 用行程控制的顺序动作回路

行程控制顺序动作回路是利用工作部件到达一定位置时，发出信号来控制液压缸的先后动作顺序，它可以利用行程开关、行程阀或顺序缸来实现。

图 5-80 是利用电气行程开关发送信号来控制电磁阀先后换向的顺序动作回路。其动作

顺序是：按起动按钮，电磁铁 1DT 通电，缸 1 活塞右行；当挡铁触动行程开关 2XK，使 2DT 通电，缸 2 活塞右行；缸 2 活塞右行至行程终点，触动 3XK，使 1DT 断电，缸 1 活塞左行；而后触动 1XK，使 2DT 断电，缸 2 活塞左行。至此完成了缸 1、缸 2 的全部顺序动作的自动循环。采用电气行程开关控制的顺序回路，调整行程大小和改变动作顺序均很方便，且可利用电气互锁使动作顺序可靠。

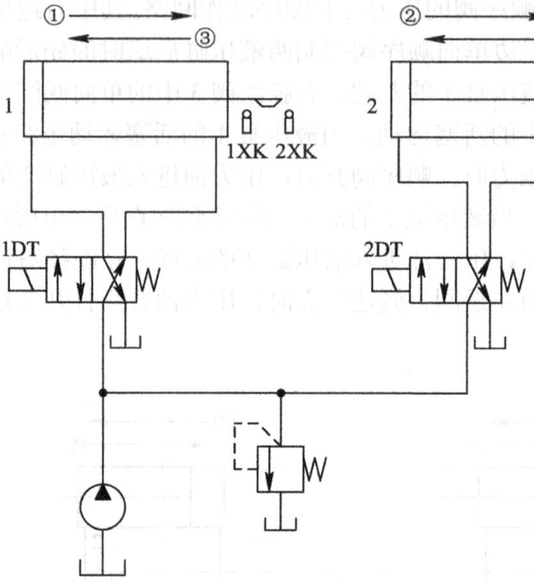

行程开关控制
顺序回路动画

图 5-80　电气行程开关控制的顺序回路

2) 同步回路

同步回路课件　　同步回路微课

使两个或两个以上的液压缸在运动中保持相同位移或相同速度的回路称为同步回路。在一泵多缸的系统中，尽管液压缸的有效工作面积相等，但是由于运动中所受负载不均衡，摩擦阻力也不相等，泄漏量的不同以及制造上的误差等，不能使液压缸同步动作。同步回路的作用就是为了克服这些影响，补偿它们在流量上所造成的变化。

(1) 串联液压缸的同步回路。

图 5-81 是串联液压缸的同步回路。图中第一个液压缸回油腔排出的油液，被送入第二个液压缸的进油腔。如果串联油腔活塞的有效面积相等，便可实现同步运动。这种回路两缸能承受不同的负载，但泵的供油压力要大于两缸工作压力之和。

由于泄漏和制造误差，影响了串联液压缸的同步精度，当活塞往复多次后，会产生严重的失调现象，为此要采取补偿措施。图 5-82 是两个单作用缸串联，并带有补偿装置的同步回路。

为了达到同步运动，液压缸 1 有杆腔 A 的有效面积应与液压缸 2 无杆腔 B 的有效面积相等。在活塞下行的过程中，如液压缸 1 的活塞先运动到底，触动行程开关 1XK 发讯，使电磁铁 1DT 通电，此时压力油便经过二位三通电磁阀 3、液控单向阀 5 向液压缸 2 的 B 腔补油，使缸 2 的活塞继续运动到底。如果液压缸 2 的活塞先运动到底，触动行程开关 2XK，使电磁铁 2DT 通电，此时压力油便经二位三通电磁阀 4 进入液控单向阀的控制油口，液控单向阀 5 反向导通，使缸 1 能通过液控单向阀 5 和二位三通电磁阀 3 回油，使缸 1 的活塞继续运动到底，对失调现象进行补偿。

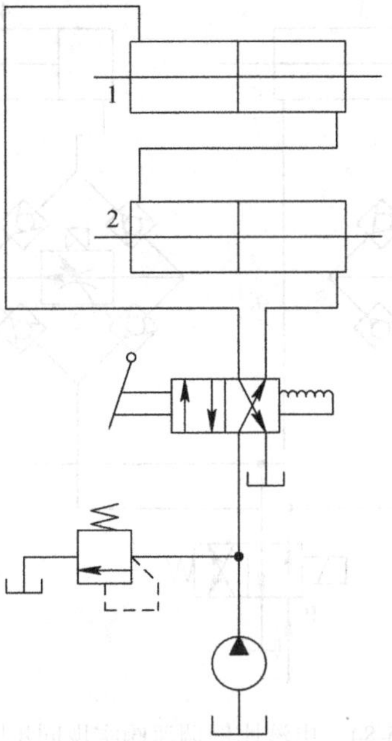

图 5-81　串联液压缸的同步回路

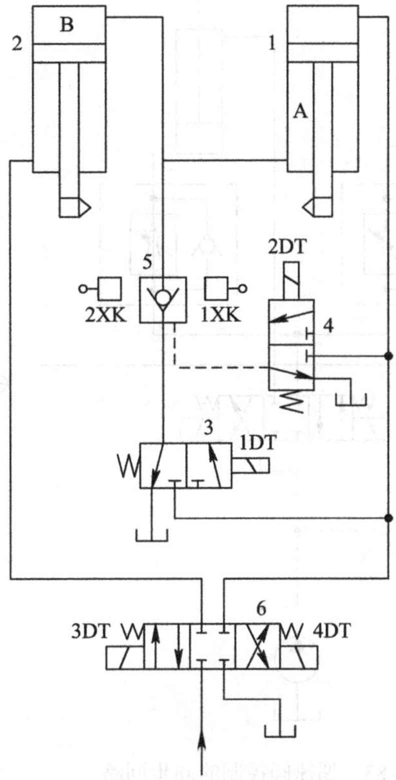

图 5-82　采用补偿措施的串联液压缸同步回路

(2) 流量控制式同步回路。

① 用调速阀控制的同步回路：图 5-83 是两个并联的液压缸，分别用调速阀控制的同步回路。两个调速阀分别调节两缸活塞的运动速度，当两缸有效面积相等时，则流量也调整得相同；若两缸面积不等时，则改变调速阀的流量也能达到同步的运动。

用调速阀控制的同步回路，结构简单，并且可以调速，但是由于受到油温变化以及调速阀性能差异等影响，同步精度较低，一般在 5%～7%左右。

补偿措施的串联液压缸同步回路动画

液压缸串联同步回路动画

调速阀控制同步回路动画

② 用电液比例调速阀控制的同步回路：图 5-84 为用电液比例调速阀实现同步运动的回路。回路中使用了一个普通调速阀 1 和一个比例调速阀 2，它们装在由多个单向阀组成的桥式回路中，并分别控制着液压缸 3 和 4 的运动。当两个活塞出现位置误差时，检测装置就会发出信号，调节比例调速阀的开度，使缸 4 的活塞跟上缸 3 的活塞运动而实现同步。

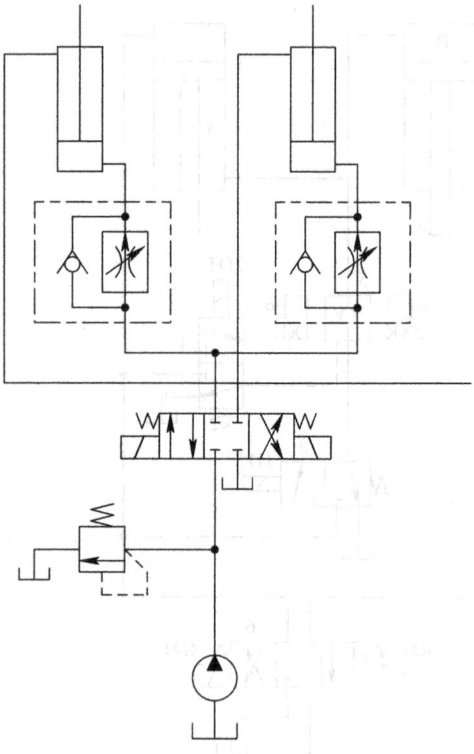

图 5-83　调速阀控制的同步回路

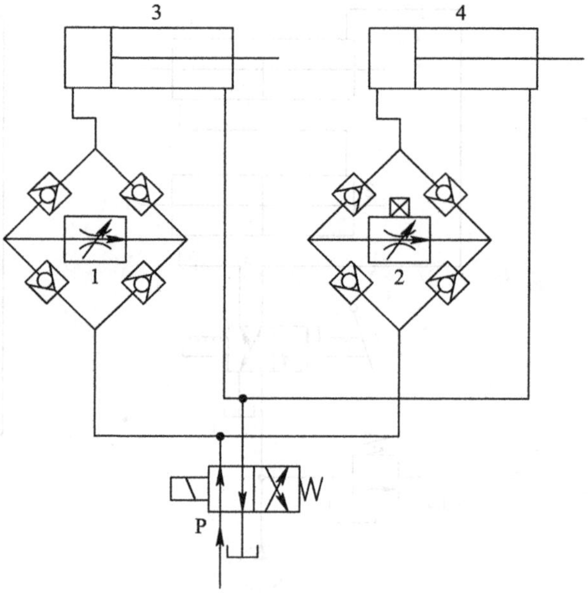

图 5-84　电液比例调速阀实现同步回路

这种回路的同步精度较高，位置精度可达 0.5 mm，已能满足大多数工作部件所要求的同步精度。比例阀性能虽然比不上伺服阀，但费用低，系统对环境适应性强。因此，用它来实现同步控制被认为是一个新的发展方向。

3) 多缸快慢速互不干扰回路

在一泵多缸的液压系统中，往往由于其中一个液压缸快速运动时，会造成系统的压力下降，从而影响其他液压缸工作进给的稳定性。因此，在工作进给要求比较稳定的多缸液压系统中，必须采用快慢速互不干涉回路。

在图 5-85 所示的互不干扰回路中，各液压缸分别要完成快进、工作进给和快速退回的自动循环。回路采用双泵的供油系统，泵 1 为高压小流量泵，供给各缸工作进给所需的压力油；泵 2 为低压大流量泵，为各缸快进或快退时输送低压油，它们的压力分别由溢流阀 3 和 4 调定。

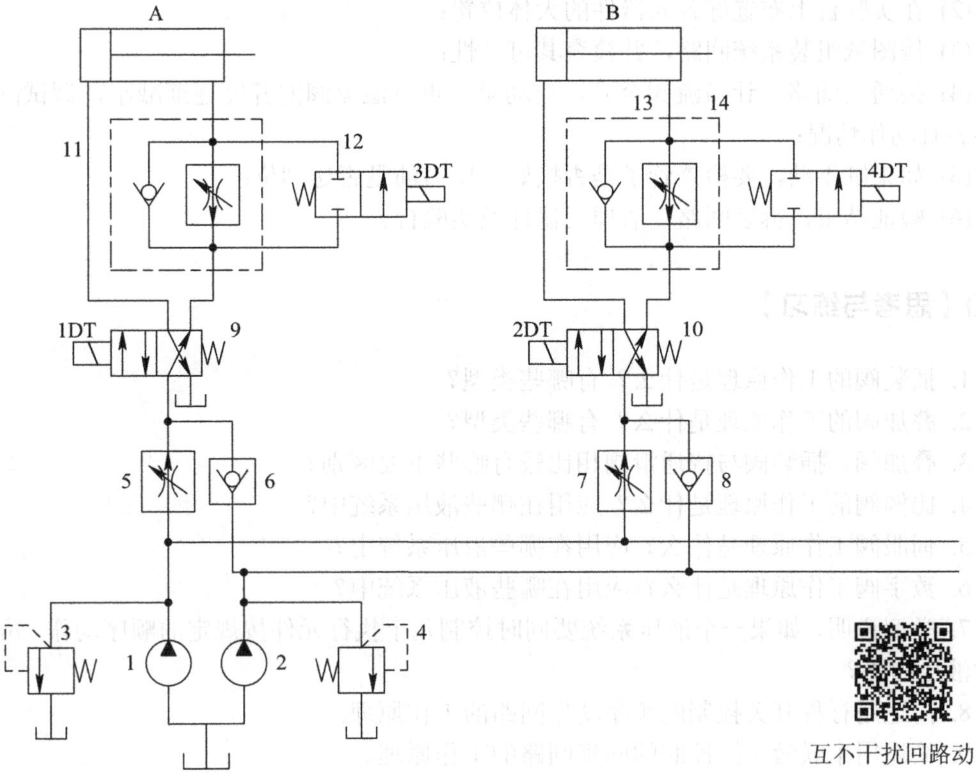

互不干扰回路动画

图 5-85　互不干扰回路

当开始工作时，电磁阀 1DT，2DT 和 3DT，4DT 同时通电，液压泵 2 输出的压力油经单向阀 6 和 8 进入液压缸的左腔，此时两泵供油使各活塞快速前进。当电磁铁 3DT、4DT 断电后，由快进转换成工作进给，单向阀 6 和 8 关闭，工进所需压力油由泵 1 供给。如果其中某一液压缸(例如缸 A)先转换成快速退回，即三位四通电磁换向阀 9 失电换向，泵 2 输出的油液经单向阀 6、换向阀 9 和单向调速阀 11 的单向调速阀进入液压缸 A 的右腔，左腔经换向阀回油、使活塞快速退回。其他液压缸仍由泵 1 供油，继续进行工作进给。这时，调速阀 5(或 7)使泵 1 仍然保持溢流阀 3 的调整压力，不受快退的影响，防止了相互干扰。在回路中调速阀 5 和 7 的调整流量应适当大于单向调速阀 11 和 13 的调整流量，这样，工作进给的速度由阀 11 和 13 来决定，这种回路可以用在具有多个工作部件各自分别运动的机床液压系统中。三位四通电磁换向阀 10 用来控制 B 缸换向，二位三通电磁换向阀 12，14 分别控制 A、B 缸快速进给。

【实施步骤】

1. 查阅资料，观察实物；

2. 分析插装阀、叠加阀、电液比例阀和数字阀的结构特点及应用；

3. 组装各类多缸控制回路，验证其工作原理，了解其性能特点，学习常见故障的诊断及排除方法。

(1) 选择组装回路所需要的元器件；

(2) 在实验台上布置好各元器件的大体位置；

(3) 按图纸组装系统回路，并检查其可靠性；

(4) 接通主油路，让溢流阀全开，启动泵，再将溢流阀的开度逐渐减小，调试回路，观察各缸动作情况；

(5) 如果缸不动，要检查管子是否接好，压力油是否送到位；

(6) 验证结束，拆装回路，清理元器件及实验台。

【思考与练习】

1. 插装阀的工作原理是什么？有哪些类型？
2. 叠加阀的工作原理是什么？有哪些类型？
3. 叠加阀、插装阀与普通滑阀相比较有哪些主要区别？
4. 比例阀的工作原理是什么？应用在哪些液压系统中？
5. 伺服阀工作原理是什么？应用在哪些液压系统中？
6. 数字阀工作原理是什么？应用在哪些液压系统中？
7. 举例说明，如果一个液压系统要同时控制几个执行元件按规定的顺序动作，应采用何种液压回路？
8. 简述用行程开关控制的顺序动作回路的工作原理。
9. 简述用串联液压缸控制的同步回路的工作原理。

聚焦思政

制造业是国民经济的主体，是立国之本、兴国之器、强国之基。历经多年的发展，我国建立起门类齐全、独立完整的制造体系，在载人航天、载人深潜、大型飞机、北斗卫星导航、超级计算机、高铁装备、百万千瓦级发电装备、万米深海石油钻探设备等一批重大技术装备取得突破，而液压与气压传动技术便是其中不可或缺的技术之一，也越来越成为衡量一个国家工业化水平的重要标志。希望我们学好专业技术，抓住机遇，不断创新改进，让中国制造走向全世界，也为中国制造走向中国创造贡献一份力量。

项目六　分析典型液压传动系统

液压传动系统种类繁多，它的应用涉及机械制造、轻工、纺织、工程机械、船舶、航空和航天等各个领域。液压传动系统是根据机电设备的工作要求，选用适当的液压基本回路经有机组合构成的，其工作原理一般用液压系统图来表示。液压系统图是用标准图形符号绘制的，原理图仅仅表示各个液压元件及它们之间的连接与控制方式，并不代表它们的实际尺寸大小和空间位置。

正确、快速地阅读和分析液压系统图，对于液压设备的设计、分析、调整、使用、维护和故障排除均具有重要的指导作用。

本项目通过对几个典型液压系统的实例分析，使学生学会阅读和分析液压系统的方法和步骤。

阅读和分析一个较复杂的液压系统图可按以下方法和步骤进行。

(1) 了解设备的功用及对液压系统动作和性能的要求。

(2) 初步分析液压系统图，并按执行元件数将其分解为若干个子系统。

(3) 对每个子系统进行分析，分析组成子系统的基本回路及各液压元件的作用，按执行元件的工作循环分析实现每步动作的进油和回油路线。

(4) 根据设备对系统中各子系统之间的顺序、同步、互锁、防干扰等要求，分析各子系统之间的联系，读懂整个液压系统的工作原理。

(5) 归纳总结液压系统的特点，以加深对整个液压系统的理解。

【项目概述】

本项目分为4部分内容：分析汽车起重机液压系统、分析履带式单斗挖掘机液压系统、分析组合机床动力滑台、分析DC-32K型捣固车液压系统。

任务6.1　分析汽车起重机液压系统

【任务目标】

1. 知识目标

(1) 掌握阅读液压系统图的方法；

(2) 读懂起重机液压系统的工作原理图。

2. 能力目标

(1) 能按照原理图进行回路的搭建；

(2) 能对系统故障进行诊断与排除。

3. 素质目标

(1) 具备独立思考和主动探究能力；

(2) 具备团队协作意识和职业精神。

【任务内容】

分析汽车起重机液压系统。

【相关知识】

分析汽车起重机液压系统课件　　　　分析汽车起重机液压系统微课

1. 汽车起重机液压系统概述

汽车起重机是用相配套的载重汽车为基本部分，在其上添加相应的起重功能部件，组成完整的汽车起重机，并且利用汽车自备动力作为起重机的液压系统动力。起重机工作时，汽车的轮胎不受力，依靠四条液压支腿将整个汽车抬起来，并将起重机的各个部分展开，进行起重作业。当需要转移起重作业现场时，只需要将起重机的各个部分收回到汽车上，使汽车恢复到车辆运输功能状态，进行转移。

图 6-1 为汽车起重机的结构原理图。它主要由如下五个部分构成：

图 6-1　汽车起重机工作结构原理图

(1) 支腿装置：起重作业时使汽车轮胎离开地面，架起整车，不使载荷压在轮胎上，并可调节整车的水平度。

(2) 吊臂回转结构：使吊臂实现 360° 任意回转，并在任何位置能够锁定停止。

(3) 吊臂伸缩结构：使吊臂在一定尺寸范围内可调，并能够定位，用以改变吊臂的工作长度，一般为 3 节或 4 节套筒伸缩结构。

(4) 吊臂变幅结构：使吊臂在一定角度范围内任意可调，用以改变吊臂的倾角。

(5) 吊钩起降结构：使重物在起吊范围内任意升降，并在任意位置负重停止，起吊和下降速度在一定范围内无级可调。

2. Q2-8 型汽车起重机工作原理

图 6-2 为 Q2-8 型汽车起重机液压系统图。该系统液压泵的动力由汽车发动机通过装在底盘变速箱上的取力箱提供，液压泵的额定工作压力为 21 MPa，排量为 40 mL/r，额定转速为 1500 r/min。液压泵通过中心回转接头 9、开关 10 和过滤器 11，从油箱吸油。阀 3 是安全阀，用以防止系统过载，调整压力为 19 MPa，其实际工作压力可由压力表 12 读取。液压系统中除液压泵、滤油器 11、安全阀 3、阀组 1 及支腿部分外，其他液压元件都装在可回转的上车部分，油箱也在上车部分，兼作配重。上车和下车部分的油路通过中心回转接头 9 连通，是一个单泵、串联(串联式多路阀)液压系统。整个系统由支腿收放、转台回转、吊臂伸缩、吊臂变幅和吊重起升 5 个工作支路组成，各部分都有相对的独立性。其中前、后支腿收放支路的换向阀 A、B 组成一个手动双联多路阀组 1，其余 4 支路的换向阀 C、D、E、F 组成一个手动四联多路阀组 2 布置在操作室中。各换向阀均为 M 型中位机能三位四通手动换向阀，其相互串联组合。根据起重工作的具体要求，操纵各阀不仅能分别控制各执行元件的运动方向，还可通过控制阀芯的位移量调整流量，从而实现无级变速和灵活的位移微量调整。

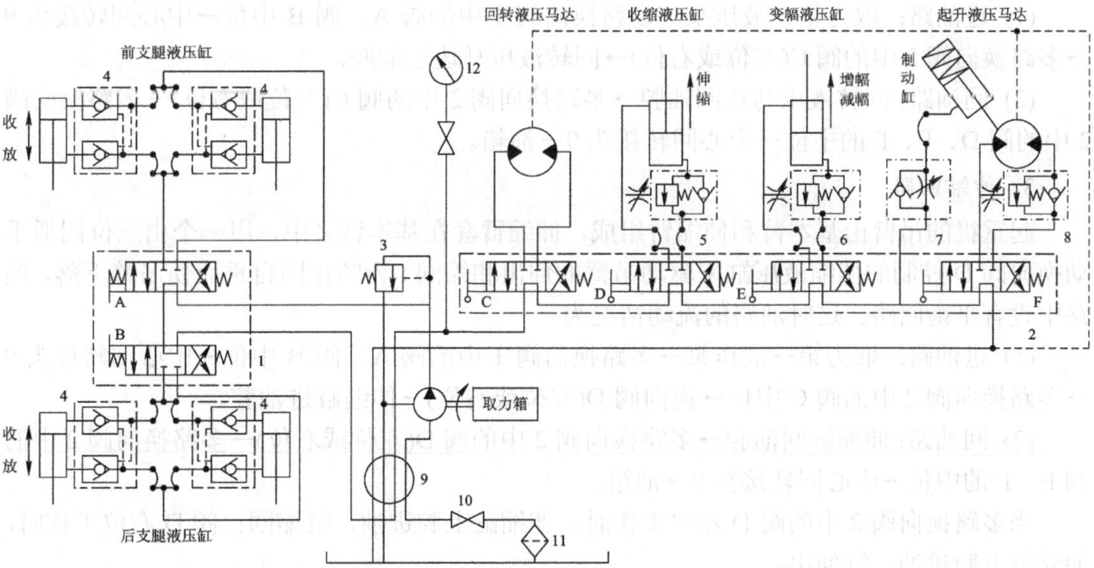

1、2—手动阀组；3—安全阀；4—双向液压锁；5、6、8—平衡阀；7—节流阀；9—中心回转接头；10—开关；11—过滤器；12—压力表；A、B、C、D、E、F—手动换向阀。

图 6-2　Q2-8 型汽车起重机液压系统图

1) 支腿回路

汽车起重机的底盘前后各有两条支腿，每一条支腿由一个液压缸驱动。两条前支腿和两条后支腿分别由三位四通手动换向阀 A 和 B 控制其伸出或缩回。换向阀均采用 M 型中位机能，且油路是串联的。每个液压缸的油路上均设有双向锁紧回路，以保证支腿被可靠地锁住，防止在起重作业时发生“软腿”现象或行车过程中支腿自行滑落。支腿回路的流动情况为

(1) 前支腿进油路：取力箱→液压泵→多路换向阀 1 中的阀 A(左位或右位)→两个前支腿缸进油腔(阀 A 左位进油，前支腿放下；阀 A 右位进油，前支腿收回)。

(2) 前支腿回油路：两个前支腿缸回油腔→多路换向阀 1 中的阀 A(左位或右位)→阀 B(中位)→中心回转接头 9→多路换向阀 2 中阀 C、D、E、F 的中位→中心回转接头 9→油箱。

(3) 后支腿进油路：取力箱→液压泵→多路换向阀 1 中的阀 A(中位)→阀 B(左位或右位)→两个后支腿缸进油腔(阀 B 左位进油，后支腿放下；阀 B 右位进油，后支腿收回)。

(4) 后支腿回油路：两个后支腿缸回油腔→多路换向阀 1 中的阀 B(左位或右位)→阀 A(中位)→中心回转接头 9→多路换向阀 2 中阀 C、D、E、F 的中位→中心回转接头 9→油箱。

前后四条支腿可以同时收和放，当多路换向阀 1 中的阀 A 和阀 B 同时左位工作时，四条支腿都放下；阀 A 和阀 B 同时右位工作时，四条支腿都收回；当多路换向阀 1 中的阀 A 左位工作，阀 B 右位工作时，前支腿放下，后支腿收回；当多路换向阀 1 中的阀 A 右位工作，阀 B 左位工作时，前支腿收回，后支腿放下。

2) 吊臂回转回路

吊臂回转机构采用液压马达作为执行元件。液压马达通过蜗轮蜗杆减速箱和一对内啮合的齿轮来驱动转盘。转盘转速较低，每分钟仅为 1～3 转，故液压马达的转速也不高，就没有必要设置液压马达的制动回路。因此，系统中只采用一个三位四通手动换向阀 C 来控制转盘的正转、反转和不动三种工况。这时油路的流动情况为

(1) 进油路：取力箱→液压泵→多路换向阀 1 中的阀 A、阀 B 中位→中心回转接头 9→多路换向阀 2 中的阀 C(左位或右位)→回转液压马达进油腔。

(2) 回油路：回转液压马达回油腔→多路换向阀 2 中的阀 C(左位或右位)→多路换向阀 2 中的阀 D、E、F 的中位→中心回转接头 9→油箱。

3) 伸缩回路

起重机的吊臂由基本臂和伸缩臂组成，伸缩臂套在基本臂之中，用一个由三位四通手动换向阀 D 控制的伸缩液压缸来驱动吊臂的伸出和缩回。为防止因自重而使吊臂下落，油路中设有平衡回路。这时油路的流动情况为

(1) 进油路：取力箱→液压泵→多路换向阀 1 中的阀 A、阀 B 中位→中心回转接头 9→多路换向阀 2 中的阀 C 中位→换向阀 D(左位或右位)→伸缩缸进油腔。

(2) 回油路：伸缩缸回油腔→多路换向阀 2 中的阀 D(左位或右位)→多路换向阀 2 中的阀 E、F 的中位→中心回转接头 9→油箱。

当多路换向阀 2 中的阀 D 左位工作时，伸缩缸上腔进油，缸缩回；阀 D 右位工作时，伸缩缸下腔进油，缸伸出。

4) 变幅回路

吊臂变幅就是用一个液压缸来改变起重臂的角度。变幅液压缸由三位四通手动换向阀

E 控制。同样，为防止在变幅作业时因自重而使吊臂下落，在油路中设有平衡回路。这时油路的流动情况为：

(1) 进油路：取力箱→液压泵→多路换向阀 1 中的阀 A、阀 B 中位→中心回转接头 9→阀 C 中位→阀 D 中位→阀 E(左位或右位)→变幅缸进油腔。

(2) 回油路：变幅缸回油腔→阀 E(左位或右位)→阀 F 中位→中心回转接头 9→油箱。当多路换向阀 2 中的阀 E 左位工作时，变幅缸上腔进油，缸减幅；阀 E 右位工作时，变幅缸下腔进油，缸增幅。

5) 起降回路

起降机构是汽车起重机的主要工作机构，它是一个由低速大转矩液压马达带动的卷扬机。液压马达的正、反转由三位四通手动换向阀 F 控制。起重机起升速度的调节是通过改变汽车发动机的转速从而改变液压泵的输出流量和液压马达的输入流量来实现的。在液压马达的回油路上设有平衡回路，以防止重物自由落下；此外，在液压马达上还设有由单向节流阀和单作用闸缸组成的制动回路，使制动器张开延时而紧闭迅速，以避免卷扬机起停时发生溜车下滑现象。这时油路的流动情况为

(1) 进油路：取力箱→液压泵→多路换向阀 1 中的阀 A、阀 B 中位→中心回转接头 9→阀 C 中位→阀 D 中位→阀 E 中位→阀 F(左位或右位)→卷扬机液压马达进油腔。

(2) 回油路：卷扬机液压马达回油腔→阀 F(左位或右位)→中心回转接头 9→油箱。

3. Q2-8 型汽车起重机液压系统的性能特点

从图 6-2 可以看出，该液压系统由调压、调速、换向、锁紧、制动、多缸卸荷等液压基本回路组成，其性能特点有：

(1) 在调压回路中，用安全阀限制系统最高压力，防止系统过载，对起重机起到超重起吊安全保护作用。

(2) 在调速回路中，采用三位四通手动换向阀，不仅可以方便灵活地控制换向动作，还可以通过手柄操纵来控制流量，以实现调速。在起升工作中，将此节流调速方法与控制发动机转速的方法结合使用，可以实现各工作部件微速动作。

(3) 在锁紧回路中，采用由液控单向阀构成的双向液压锁将前后支腿锁定在一定位置上，工作可靠、安全，确保整个起吊过程中每条支腿都不会出现软腿的现象。

(4) 在平衡回路中，采用单向液控顺序阀作平衡阀，以防止在起升、吊臂伸缩和变幅作业过程中因重物自重而下降，工作可靠。

(5) 在多缸卸荷回路中，采用换向阀 M 型中位机能并将油路串联起来，使任何一个工作机构既可单独动作，也可在轻载下任意组合地同时动作。

(6) 在制动回路中，采用由单向节流阀和单作用闸缸构成的制动器，工作可靠，且制动动作快，松开动作慢，确保安全。

【实施步骤】

1. 认真分析 Q2-8 型汽车起重机液压系统原理，完成下列问题：

(1) 了解搭建 Q2-8 型汽车起重机液压系统所用元部件；

(2) 思考搭建 Q2-8 型汽车起重机液压系统过程中的注意事项。

2. 在液压实训台中按照 Q2-8 型汽车起重机液压系统原理搭建回路，并解决搭建过程中所遇到的问题。

3. 老师对液压系统进行故障点设置，学生对系统中的故障进行诊断与排除，并将相关信息填入表 6-1。

表 6-1　Q2-8 型汽车起重机液压系统故障诊断表

序号	故障现象	故障原因	解决方法
1			
2			
3			
4			
5			
6			

【思考与练习】

1. Q2-8 型汽车起重机液压系统由哪些液压基本回路组成？
2. 图 6-2 中各三位四通换向阀为什么采用 M 型中位机能？阀 4 在油路中起什么作用？

任务 6.2　分析履带式单斗挖掘机液压系统

【任务目标】

1. 知识目标

(1) 掌握阅读液压系统图的方法；
(2) 读懂履带式单斗挖掘机液压系统的工作原理图。

2. 能力目标

(1) 能按照原理图进行回路的搭建；
(2) 能对履带式单斗挖掘机液压系统故障进行诊断与排除。

3. 素质目标

(1) 具备独立思考和主动探究能力；
(2) 具备团队协作意识和职业精神。

【任务内容】

分析履带式单斗挖掘机液压系统。

【相关知识】

分析单斗挖掘机液压传动系统课件　　分析单斗挖掘机液压传动系统微课

1. 单斗液压挖掘机概述

单斗液压挖掘机是装有一只铲斗并采用液压传动进行挖掘作业的机械，它在建筑、交通运输、水利施工、露天采矿及现代化军事工程中都有十分广泛的应用，是各种土石方施工中不可缺少的主要机械设备。单斗液压挖掘机的作业过程是以铲斗(一般装有斗齿)的切削刃切削土壤并将土装入斗内，斗满后提升。回转至卸土位置进行卸土，卸空后铲斗再转回并下降到地面进行下一次挖掘。当挖掘机挖完一段土壤后，机械移动一段距离，以便继续作业。因此单斗液压挖掘机是一种周期作业的自行式上方机械。

由于挖掘机的工作条件恶劣，要求实现的动作很复杂，其液压系统是工程机械液压系统中最为复杂的，主要要求有：

(1) 动臂、斗杆和铲斗的传动，要保证可以各自单独动作，也可以互相配合实现复合动作；

(2) 工作过程中，要求工作装置的动作和转台的回转既能单独进行，又能做复合动作，以提高机械生产率；

(3) 履带式挖掘机的左、右履带要求分别驱动，使机械行走方便，转向灵活，并且可以原地转弯；

(4) 挖掘机的一切动作都是可逆的，而且要求无级变速；

(5) 要求机械工作安全可靠，各种作业油缸要有良好的过载保护，回转机构和行走装置要有可靠的制动和限速，要防止动臂因自重而快速下降和整机超速溜坡。

2. WY60 履带式单斗挖掘机工作原理

图 6-3 是 WY60 履带式单斗挖掘机的液压系统图，具体工作原理为：发动机 2 带动斜轴式双联轴向柱塞泵 3(A、B 两泵)和齿轮泵 1，系统最大工作压力为 30 MPa，变量起始压力为 10 MPa，最大流量 2×125 L/min。双联泵带有全功率调节机构，根据整个系统的压力进行变量。液压泵输出的压力油分两路进入由八个三位六通阀组成的双向对流式阀组 15，形成顺序单动和并联相结合的主回路。

先导阀操纵系统是一个独立油路，由齿轮泵 1 供油，操纵系统的工作压力 2.5 MPa。

空载时，斜轴式双联轴向柱塞泵 3 的油液经过阀组 15、散热器 8 和滤油器 9 返回油箱。若系统压力超过 25 MPa，压力油经安全溢流阀流回油箱。

先导阀组 20(Ⅰ、Ⅱ)操纵挖掘机的作业动作，操作先导阀时，控制油推动相应的换向阀离开中位，使压力油进入工作液压缸 17、18、19 或回转马达 13。三个工作液压缸都能实现阀外自动合流，其中斗杆液压缸 18 的大小腔均可双泵合流，而动臂液压缸 17 和铲斗液压缸 19 只有大腔合流进油，合流的过程由两位阀 9 自动调节。每个工作液压缸和换向阀之间装有压力为 30 MPa 的限压补油阀，保证了闭锁压力，以及当液压缸出现负压时能够从回油路进行补油，防止产生吸空现象。动臂液压缸的大腔回路还装有单向节流阀 16，防止动臂超速下降。

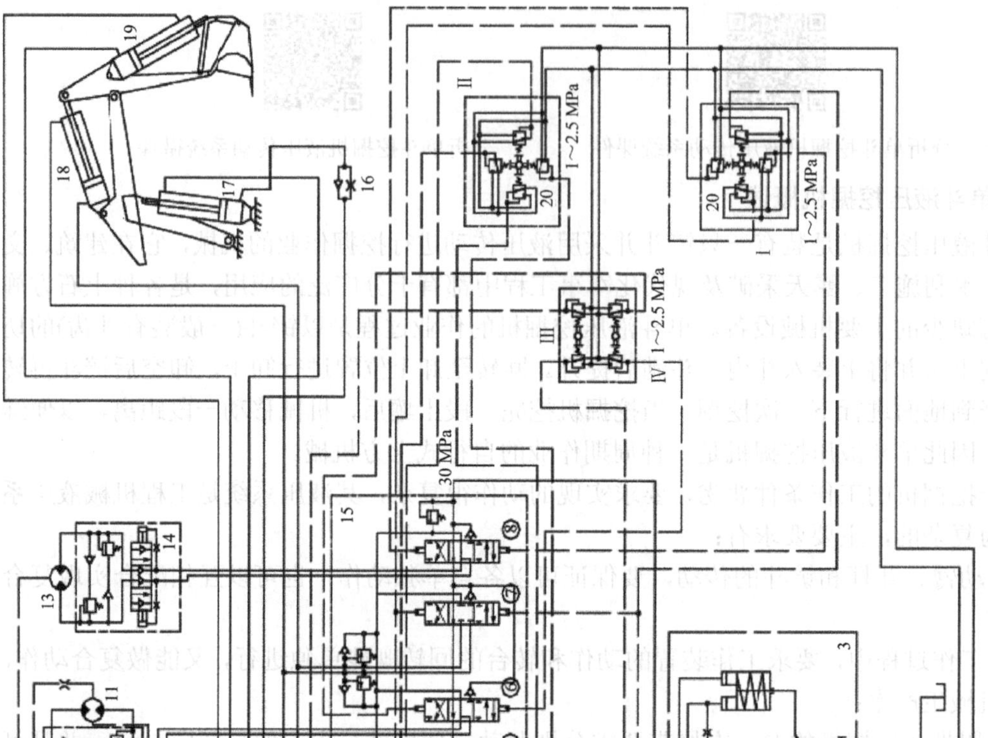

1—齿轮泵；2—发动机；3—双联泵；4—蓄能器；5—二位三通电磁换向阀；6—齿轮马达；7—风扇；8—散热器；9、10—过滤器；11—行走马达；12—回转接头；13—回转马达；14—液压制动阀；15—阀组；16—单向节流阀；17—动臂液压缸；18—斗杆液压缸；19—铲斗液压缸；20—先导阀组；21—两位三通换向阀。

图6-3 WY60履带式单斗挖掘机液压系统图

先导阀(III、IV)操纵两个行走马达 11，行走马达和回转马达均装有液压制动阀 14。这种制动阀具有闭锁、限速、制动和补油等多种功能。当阀组 15 中相应的换向阀处于中位时，制动阀的两条回路与回油回路相通，作用在制动阀阀杆两端的压力均衡，阀杆也处于中位，液压马达的两腔被封死，此时，起制动和闭锁作用。当阀组 15 中的换向阀在工作位置时，制动阀的一条回路接通高压回路，压力油通过节流孔推动阀杆右移(或左移)，使液压马达的一腔与高压回路相通，另一腔回油，此时，马达运转。挖掘机若发生溜坡现象，行走马达超速回转，进油不及时，进油回路压力大大降低，作用在制动阀阀杆一端的压力也大大降低，在回位弹簧作用下，阀杆向中位移动，使回油通道发生节流，从而限制马达转速，起了限速作用。当马达一腔产生负压时，回油在背压阀作用下，推开制动阀中位时的单向阀向该腔补油，使马达在任何情况下都不会发生吸空现象。

油箱装有特殊的油温指示器(未标出)，当油温超过 60℃时，使两位三通电磁换向阀 5 得电，此时齿轮泵 1 输出的压力油通过两位三通电磁换向阀 5 到达齿轮马达 6，继而带动风扇 7 旋转，进行强制风冷。

3. WY60 履带式单斗挖掘机液压系统的性能特点

从图 6-3 可以看出，该液压系统的特点是：采用对流式顺序单动和并联相结合的主回路；一切工作液压缸都能双泵合流；液压马达装有多功能的液压制动阀；设有温升及油污染指示信号器，以便及时进行冷却和清滤。

【实施步骤】

1. 认真分析 WY60 履带式单斗挖掘机液压系统原理，完成下列问题：

(1) 了解搭建 WY60 履带式单斗挖掘机液压系统所用元部件；

(2) 思考搭建 WY60 履带式单斗挖掘机液压系统过程中的注意事项。

2. 在液压实训台中按照 WY60 履带式单斗挖掘机液压系统原理搭建回路，并解决搭建过程中所遇到的问题。

3. 老师对液压系统进行故障点设置，学生对系统中的故障进行诊断与排除，并将相关信息填入表 6-2。

表 6-2　WY60 履带式单斗挖掘机液压系统故障诊断表

序号	故障现象	故障原因	解决方法
1			
2			
3			
4			
5			
6			

【思考与练习】

1. WY60 履带式单斗挖掘机液压系统由哪些液压基本回路组成？

2. 各先导阀的工作原理是什么？阀 21 在油路中起什么作用？

任务 6.3　分析组合机床动力滑台

【任务目标】

1. 知识目标

(1) 掌握阅读液压系统图的方法；
(2) 掌握动力滑台液压系统的工作原理；
(3) 掌握液压系统使用的元件、元件在该系统中的作用和系统中使用的基本回路；
(4) 了解动力滑台液压系统的调整方法。

2. 能力目标

(1) 能够结合工作循环图、电磁铁动作顺序表写出进、回油路线，并分析液压系统的工作过程；
(2) 能够分析系统中使用的元件、元件在系统中的作用和系统中的基本回路；
(3) 能够分析总结液压系统的特点。

3. 素质目标

(1) 具备独立思考和主动探究能力；
(2) 具备团队协作意识和职业精神；
(3) 具备严谨、细致的工作作风。

【任务内容】

认识动力滑台液压系统，了解其液压系统的组成、工作原理、常见故障诊断。

【相关知识】

1. 组合机床动力滑台概述

液压动力滑台是组合机床上用以实现进给运动的一种通用部件，其由液压缸驱动，动力滑台液压系统是一种以速度变化为主的典型液压系统。

液压动力滑台台面上可安装各种用途的切削头或工件，用以完成钻、扩、铰、镗、铣、车、刮端面、攻螺纹等工序的机械加工，并能按多种进给方式实现自动工作循环。

2. 典型工作循环

图 6-4 是动力滑台液压系统图，该液压动力滑台能完成的典型工作循环为：
快进→Ⅰ工进→Ⅱ工进→止挡块停留→快退→原位停止。

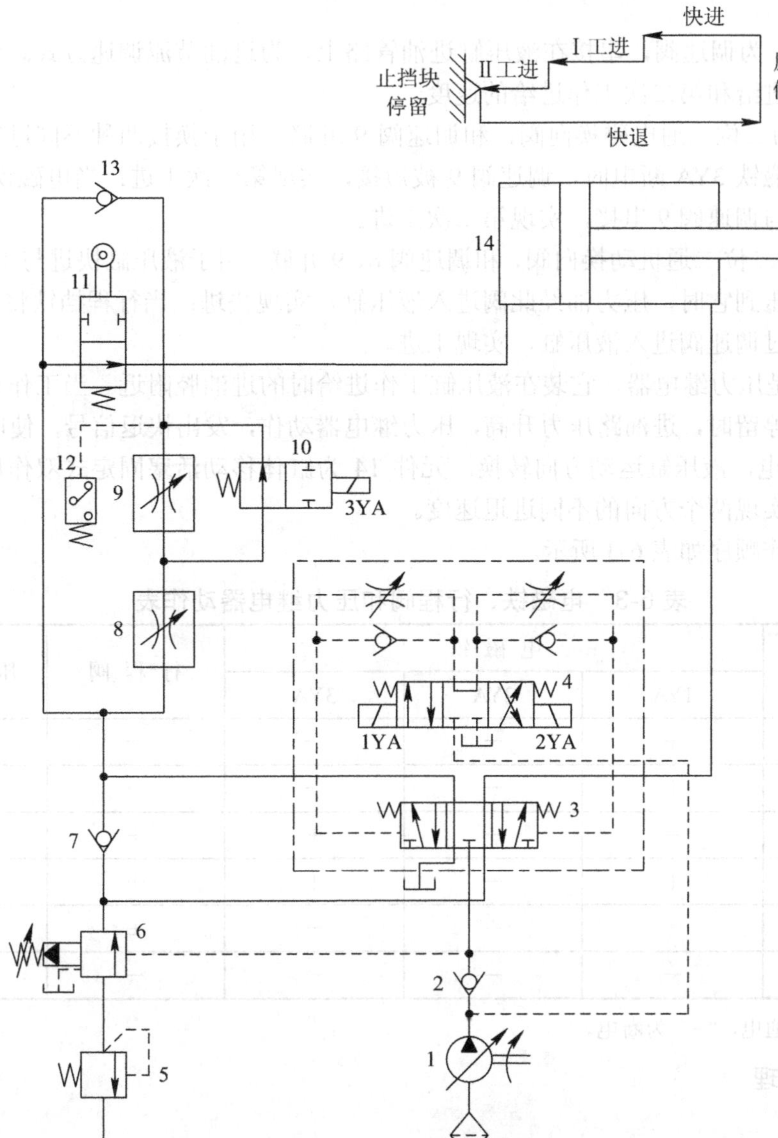

图 6-4 动力滑台液压系统图

3. 系统主要元件和功用

元件 1 为限压式变量叶片泵，供油压力不大于 6.3 MPa，和调速阀一起组成容积节流调速回路。

元件 2、7、13 均为单向阀，2 起防止油液倒流保护液压泵的作用，7 构成快进阶段的差动连接，13 实现快退时的单向流动。

元件 3、4 组合成三位五通电液动换向阀，3 为三位五通液动换向阀，作主阀使用；4 为三位四通电磁换向阀，作先导阀使用，该组合阀控制液压缸换向。

元件 5 是溢流阀，串接在回油管路中，可调定回油路的背压，以提高液压系统工作时的运动平稳性。

元件 8、9 为调速阀，串接在液压缸进油管路上，为进油节流调速方式。两阀分别调节第一次工作进给和第二次工作进给的速度。

元件 10 为二位二通电磁换向阀，和调速阀 9 并联，用于换接两种不同进给速度。当如图示位置电磁铁 3YA 断电时，调速阀 9 被短接，实现第一次工进；当电磁铁 3YA 通电时，调速阀 8 与调速阀 9 串接，实现第二次工进。

元件 11 为二位二通机动换向阀，和调速阀 8、9 并联，用于液压缸快进与工进的换接。当行程挡铁未压到它时，压力油经此阀进入液压缸，实现快进；当行程挡铁将它压下时，压力油只能通过调速阀进入液压缸，实现工进。

元件 12 是压力继电器，它装在液压缸工作进给时的进油腔附近。当工作进给结束，碰到固定挡铁停留时，进油路压力升高，压力继电器动作，发出快退信号，使电磁铁 1YA 断电，2YA 通电，液压缸运动方向转换。元件 14 为缸体移动活塞固定式双作用单活塞杆液压缸，用于实现两个方向的不同进退速度。

电磁铁动作顺序如表 6-3 所示。

表 6-3　电磁铁、行程阀和压力继电器动作表

工作循环	电磁铁			行程阀	压力继电器
	1YA	2YA	3YA		
快进	+	−	−	−	−
Ⅰ工进	+	−	−	+	−
Ⅱ工进	+	−	+	+	−
止挡块停留	+	−	+	+	+
快退	−	+	−	±	±
原位停止	−	−	−	−	−

注：“+”为通电，“−”为断电。

4. 工作原理

1) 快进

快进时系统压力低，液控顺序阀 6 关闭，变量泵 1 输出最大流量。

按下启动按钮，电磁铁 1YA 通电，电液换向阀的先导阀 4 处于左位，从而使主阀 3 也处于左位工作，其主油路如下。

① 进油路：1→2→3(左位)→11(下位)→缸(左腔)

② 回油路：缸(右腔)→3(左位)→7→11(下位)→缸(左腔)。

这时液压缸两腔连通，滑台差动快进。

(1) 第一次工作进给。

在快进终了时，滑台上的挡块压下行程阀 11，切断了快速运动的进油路。压力油只能通过调速阀 8 和二位二通电磁阀 10(左位)进入液压缸左腔，系统压力升高，液控顺序阀 6 开启，且泵的流量也自动减小。其主油路如下。

① 进油路：1→2→3(左位)→8→10(左位)→缸(左腔)。

② 回油路：缸(右腔)→3(左位)→6→5→油箱。

滑台实现由调速阀 8 调速的第一次工作进给，回油路上采用阀 6 作背压阀。

(2) 第二次工作进给。

当第一次工作进给终了时，挡块压下行程开关，使电磁铁 3YA 通电，阀右位工作，压力油必须通过调速阀 8 和 9 进入液压缸左腔。其主油路的进油路如下。

① 进油路：1→2→3(左位)→8→9→缸(左腔)。

② 回油路：缸(右腔)→3(左位)→6→5→油箱。

由于调速阀 9 的通流截面积比调速阀 8 的通流截面积小，从而滑台实现由阀 9 调速的第二次工作进给。

(3) 止挡块停留。

滑台以第二次工作进给速度前进，当液压缸碰到滑台座前端的止挡块后停止运动。这时液压缸左腔压力升高，当压力升高到压力继电器 12 的开启压力时，压力继电器发信号给时间继电器，由时间继电器延时控制滑台停留时间。

这时的油路与第二次工作进给的油路相同，但系统内油液已停止流动，液压泵的流量已减至很小，仅用于补充泄漏油。

2) 快退

时间继电器经延时后发出信号，使电磁铁 2YA 通电，1YA、3YA 断电。这时电磁换向阀 4 右位工作，液动换向阀 3 也换为右位工作，其主油路为如下。

① 进油路：1→2→3(右位)→缸(右腔)。

② 回油路：缸(左腔)→13→3(右位)→油箱。

因滑台返回时为空载，系统压力低，变量泵的流量又自动恢复到最大值，故滑台快速退回到第一次工进起点时，行程阀 11 复位。

3) 原位停止

当滑台快速退回到其原始位置时，挡块压下原行程开关，使电磁铁 2YA 断电，电磁换向阀 4 恢复至中位，液动换向阀 3 也恢复至中位，液压缸两腔油路被封闭，滑台被锁紧在起始位置上。

5. 液压系统的特点

动力滑台的液压系统是能完成较复杂工作循环的典型的单缸中压系统，其特点如下。

(1) 采用了限压式变量叶片泵和调速阀组成的容积节流调速回路，且在回油路上设置背压阀。能获得较好的速度刚性和运动平稳性，并可减少系统的发热。

(2) 采用电液动换向阀的换向回路，发挥了电液联合控制的优点，而且主油路换向平稳、无冲击。

(3) 采用液压缸差动连接的快速回路，简单可靠，能源利用合理。

(4) 采用行程阀和液控顺序阀，实现快进与工进速度的转换，使速度转换平稳、可靠、且位置准确。采用两个串联的调速阀及用行程开关控制的电磁换向阀实现两种工进速度的转换。由于进给速度较低，故也能保证换接精度和平稳性的要求。

(5) 采用压力继电器发信号，控制滑台反向退回，方便可靠。止挡块的采用还能提高滑台工进结束时的位置精度。

【实施步骤】

1. 了解组合机床动力滑台液压系统的组成。
2. 按照动作要求搭建回路，实现组合机床动力滑台液压系统的各个动作。

【思考与练习】

1. 简述组合机床动力滑台的工作原理。
2. 简述该系统的常见故障诊断方法。

任务 6.4 分析 DC-32K 型捣固车液压系统

【任务目标】

1. 知识目标

(1) 掌握阅读液压系统图的方法；
(2) 掌握捣固机液压系统的工作原理；
(3) 掌握液压系统使用的方法、元件在该系统中的作用和系统中使用的基本回路；
(4) 了解捣固机液压系统常见的故障与诊断方法。

2. 能力目标

(1) 能够结合原理图分析分析捣固机液压系统的工作过程；
(2) 能够分析系统中元件在系统中的作用和系统中的基本回路；
(3) 能够分析总结液压系统的特点。

3. 素质目标

(1) 具备独立思考和主动探究能力；
(2) 具备团队协作意识和职业精神；
(3) 具备严谨、细致的工作作风。

【任务内容】

认识捣固机液压系统的组成、工作原理，了解捣固机液压系统的常见故障及诊断方式。

【相关知识】

1. 捣固机液压系统概述

捣固机用在铁道线路的新线建设、旧线大修清筛和运营线路维修作业上，对轨道进行拨道、起道超平、道砟捣固以及道床肩部道砟的夯实工作，使轨道方向、左右水平和前后高低均达到线路设计标准或线路维修规则的要求，提高道砟的密实度，增加轨道的稳定性，保证列车安全运行；

DC-32K 型抄平起拨道捣固车的液压系统是集方向控制、压力控制、速度控制、比例伺服为一体的多功能系统，可以实现作业走行、起道、拨道、揭固、券资、评设控、比例机压，系统主要由开式液压系统组成。

根据控制要求的不同，DC-32K 型抄平起拨道捣固车各个执行机构的动作互不影响，所以形成了具有相对独立的液压系统工作回路，它们分别是：液压泵及振动液压马达液压回固装置升降及夹持液压回路、捣固装置横移及夯拍器升降液压回路、起拨道装置及作业走行液压马达液压回路、制动及支撑液压缸液压回路。

捣固装置升降液压回路采用电液比例控制，起拨道液压回路采用电液伺服控制。这些压回路与相应的反馈机构、执行机构和控制放大电路共同组成几套独立的电液比例(伺服)位置控制系统。

捣固车在线路上工作，环境温度变化大，每一个捣固工作循环时间短，工作机构起动、制动频繁，振动冲击大，维修条件差。因而要求液压系统及元件应在振动冲击下有足够的可靠性，应有完善的安全装置，液压油应有冷却装置等。

捣固车液压系统的执行元件多，共计液压缸 42 个、液压马达 6 台，这些执行元件不但有复合动作，而且有独立动作。为了充分利用发动机的功率，捣固车液压系统采用多泵、多回路定量液压系统。我们本次选择其中的捣固装置液压回路来重点分析。

2. 捣固机捣固装置液压回路

捣固装置除振动液压马达外，夹持及升降液压缸的动作均为间歇式。每次捣固作业时液压缸的基本动作程序是：升降液压缸使捣固镐插入道床一定深度，夹持液压缸开始夹持动作，夹持完毕后，升降液压缸把捣固装置升起，与此同时，夹持液压缸动作使内外捣固镐张开，准备下一次捣固。另外，夯实器升降液压缸与捣固装置升降液压缸同步动作；捣固装置横移液压缸根据线路情况随时动作。

根据不同线路的维修要求，捣固镐的夹持力可以调整，内侧夹持液压缸能单独动作；任一捣固装置也能单独工作，为了满足以上的工况条件，左右捣固装置的液压回路相同，且采用并联油路如图 6-5 所示。除振动液压马达回路外，捣固装置的升降、横移和夹持液压缸由三个不同压力的油路供油，可分为几个独立的液压回路，即外侧夹持液压缸液压回路、内侧夹持液压缸液压回路、升降及横移液压缸液压回路。

1) 外侧夹持液压缸液压回路

外侧夹持液压缸液压回路的压力为 15 MPa，一侧捣固装置上的四个外侧夹持液压缸的油路并联，液压缸的大腔和小腔油路分别由两个电磁换向阀控制。

通往外侧夹持液压缸的小腔油路上装有二位四通电磁换向阀 12 和单向节流阀 13，二位四通电磁换向阀初始位油路通液压缸小腔，所以在外侧夹持液压缸的小腔内常作用着 15 MPa 的压力油液。通往外侧夹持液压缸大腔油路上装有二位四通电磁换向阀 2 和单向减压阀 11，电磁换向阀 2 初始位油路把液压缸大腔通油箱。所以电磁换向阀 2 不动作时，液压缸小腔内的压力油使活塞缩回，捣固镐头处于张开状态。

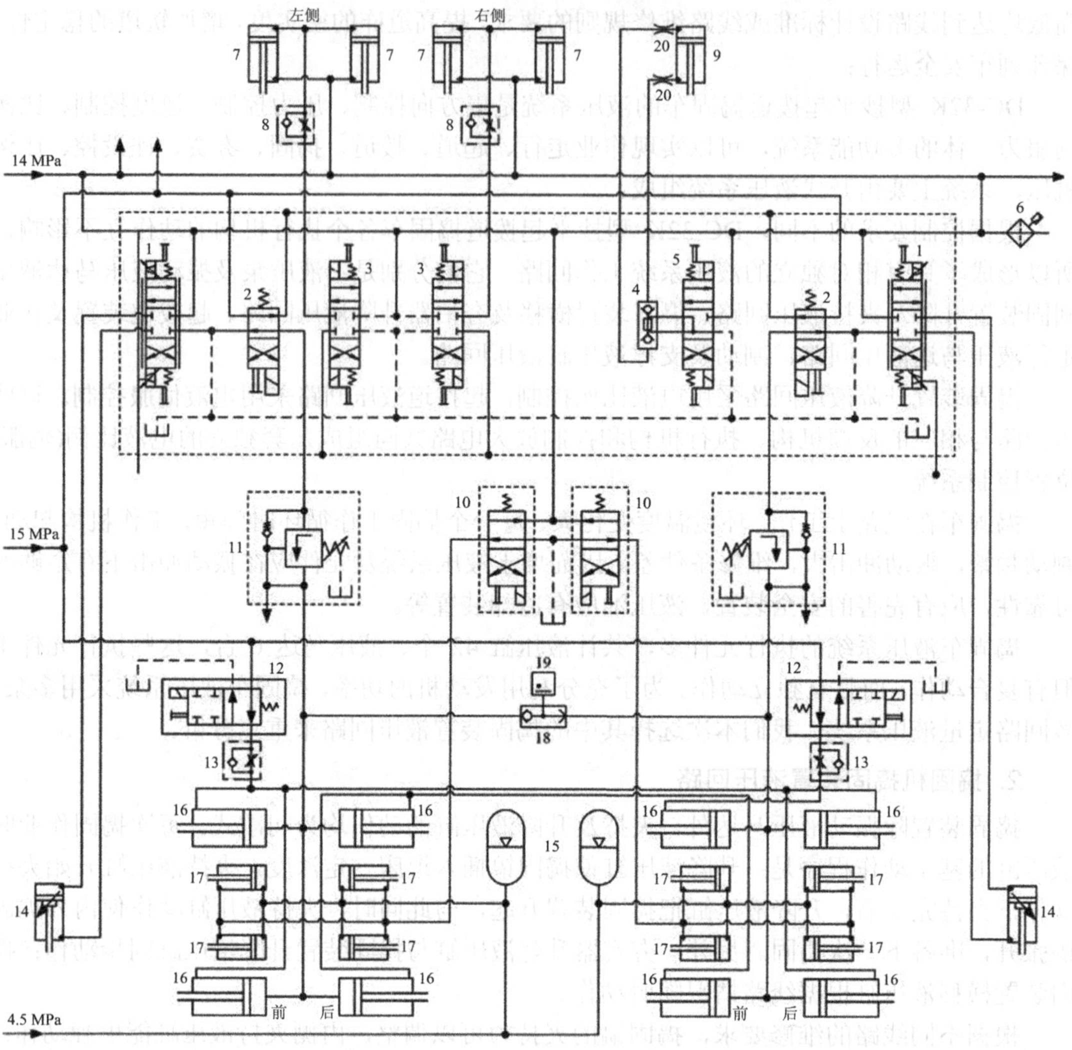

1—比例方向阀；2—电磁换向阀；3、5—三位四通电磁换向阀；4—液压锁；6—高压滤清器；
7—夯实器升降液压缸；8、13—单向节流阀；9—横移液压缸；10、12—电磁换向阀；11—减压阀；
14—升降液压缸；15—蓄能器；16—外侧夹持液压缸；17—内侧夹持液压缸；18—梭阀；19—压力继电器。

图 6-5　捣固装置液压回路

通往外侧夹持液压缸大腔的压力油液经单向减压阀 11 调节，油压力降到 9～12 MPa (根据线路条件确定)，以适应不同线路维修的要求。外侧夹持液压缸动作时，电磁阀 2 换向，压力油经单向减压阀减压后进入液压缸大腔。此时，虽然液压缸的大、小腔内都有压力油液，但由于活塞两端的受压面积不同，推力仍大于拉力，则活塞杆伸出，完成夹持动作。

调节单向节流阀 13，改变液压缸小腔回油的流量，即可改变外侧夹持液压缸的夹持动作速度。

电磁换向阀 12 换向时，切断液压缸小腔的油路，则外侧夹持液压缸不能进行夹持动作。这时，只能有内侧夹持液压缸的夹持动作，即实现单侧夹持捣固作业。

在外侧夹持液压缸的大腔油路上装有梭阀 18 和压力继电器 19，用来检测夹持动作时的油压力，当油压达到压力机电机的设定压力时，压力继电器动作，给捣固过程中自动循环的控制系统夹持终了电信号。

2) 内侧夹持液压缸液压回路

一侧捣固装置的四个内侧夹持液压缸并联，液压缸的大、小腔分别由高、低压两台泵供油。液压缸的大腔常通 4.5 MPa 压力的油液，液压缸的小腔经二位四通电磁换向阀 10 通 14 MPa 压力的油液。

电磁换向阀 10 初始位液压缸小腔沟通油箱。所以当电磁阀不动作时，内侧夹持液压缸大腔内有 45 MPa 的压力油，使活塞杆伸出，捣固镐处于张开状态。

电磁换向阀 10 换向，高压油进入液压缸小腔时，活塞杆缩回，完成内侧液压缸的夹持动作。

3) 捣固装置横移液压缸液压回路

捣固装置横移液压缸 9 由三位四通电磁换向阀 5 控制，液压缸的大、小腔油路上装有固定节流器和液压锁 4。三位四通电磁阀为 Y 型机能，当电磁阀 5 不动作时，液压缸的大小腔油路由液压锁关闭，则活塞杆处于某一固定位置不能移动。当电磁换向阀 5 动作时，压力油将液压锁顶开，沟通液压缸的大、小腔油路活塞杆开始移动捣固装置横移速度较低，故在液压缸的进出油路上装有固定节流器，限制液压缸的进出液压油流量，降低液压缸的动作速度。

4) 捣固装置升降液压缸液压回路

捣固装置升降液压缸 14 由比例方向阀控制。回路压力为 14 MPa，比例方向阀的控制油路要求油液清洁度高，故在比例方向阀的控制油路上装有高压滤清器 6。

5) 夯实器升降液压缸液压回路

左、右两台夯实器各有两个升降液压缸 7，两个升降液压缸采用并联油路，由三位四通电磁换向阀 3 控制。液压缸的大腔油路上装有单向节流阀 8，可以调节液压缸大腔的进油量，改变夯实器的下降速度。

【实施步骤】

1. 认识捣固机捣固装置液压系统的组成。
2. 按照动作要求搭建回路，实现液压系统的各个动作。

【思考与练习】

尝试分析捣固装置各个动作的液压原理。

聚焦思政

一个大型机械装置是由无数个小元件相互协同构成的，在分析液压传动系统工作原理时必须要认真分析各个液压元件的工作结构原理，运行部件之间的相互作用关系。同理，一个国家的发展蓝图也是由无数单独的个体共同努力完成的，只有团结协作、万众一心才能建设好我们的社会主义现代化强国。

项目七 认识气压传动系统

气压传动与液压传动统称为流体传动，都是利用有压流体(液体或气体)作为工作介质来传递动力或控制信号的一种传动方式。气动技术由风动技术和液压技术演变、发展而来，其作为一个独立的技术门类的历史至今还不到50年。由于气压传动的动力传递介质是取之不尽的空气，环境污染小，工程实现容易，所以在自动化领域中它充分显示出了强大的生命力和广阔的发展前景。气动技术在机械、电子、钢铁、运输车辆及橡胶、纺织、轻工、化工、食品、包装、印刷、烟草等各个制造行业，尤其是在各种自动化生产装备和生产线中得到了非常广泛的应用，成为当今应用最广、发展最快，也最易于接受和重视的技术之一。

【项目概述】

本项目为认识气压传动系统，介绍了气压传动系统的基本原理和组成，气压传动系统的组成，气压传动的应用与特点，还介绍了压缩空气的物理性质，压缩空气的污染，空气的质量等级等内容。

任务7.1 认识气压传动系统

【任务目标】

1. 知识目标

(1) 掌握气压传动的工作原理；

(2) 掌握气动系统的组成及特点。

2. 能力目标

(1) 能说出气压传动的基本工作过程；

(2) 能对比分析气压传动系统与液压传动系统的异同。

3. 素质目标

(1) 具备独立思考和主动探究能力；

(2) 具备团队协作意识和职业精神。

【任务内容】

查阅资料，认识气压传动系统的组成及工作原理。

【相关知识】

1. 气压传动系统的工作原理

本任务以剪切机为例，介绍气压传动的工作原理。图 7-1 为气动剪切机的工作原理，图 7-1(a)所示位置为剪切机剪切前的情况。空气压缩机 1 产生的压缩空气经空气冷却器 2、油水分离器 3、储气罐 4、空气过滤器 5、减压阀 6、油雾器 7 到达换向阀 9，部分气体经节流通路 a 进入换向阀 9 的下腔，使上腔弹簧压缩，换向阀阀芯位于上端；大部分压缩空气经换向阀 9 后由 b 路进入气缸 10 的上腔，而气缸下腔经 c 路、换向阀与大气相通，故气缸活塞处于最下端位置。当上料装置把工料 11 送入剪切机并到达规定位置时，工料压下行程阀 8，此时换向阀阀芯下腔压缩空气经 d 路、行程阀排入大气，在弹簧的推动下，换向阀阀芯向下运动至下端；压缩空气则经换向阀后由 c 路进入气缸下腔，上腔经 b 路、换向阀与大气相通，气缸活塞向上运动，剪刃随之上行剪断工料。工料剪下后，即与行程阀脱开，行程阀阀芯在弹簧作用下复位，d 路堵死，换向阀阀芯上移，气缸活塞向下运动，又恢复到剪断前的状态。

由以上分析可知，剪刃克服阻力剪断工料的机械能来自于压缩空气的压力能，提供压缩空气的是空气压缩机；气路中的换向阀、行程阀起改变气体流动方向、控制气缸活塞运动方向的作用。图 7-1(b)为用图形符号(又称职能符号)绘制的气动剪切机系统原理图。

认识气压传动系统课件　　　　认识气压传动系统微课

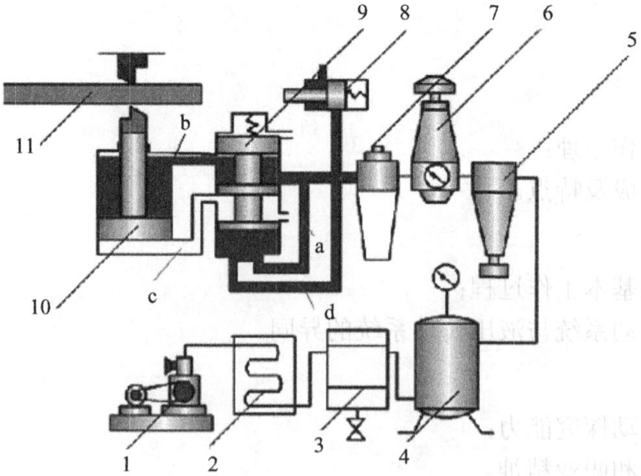

1—空气压缩机；
2—空气冷却器；
3—油水分离器；
4—储气罐；
5—空气过滤器；
6—减压阀；
7—油雾器；
8—行程阀；
9—换向阀；
10—气缸；
11—工料。

(a) 结构原理

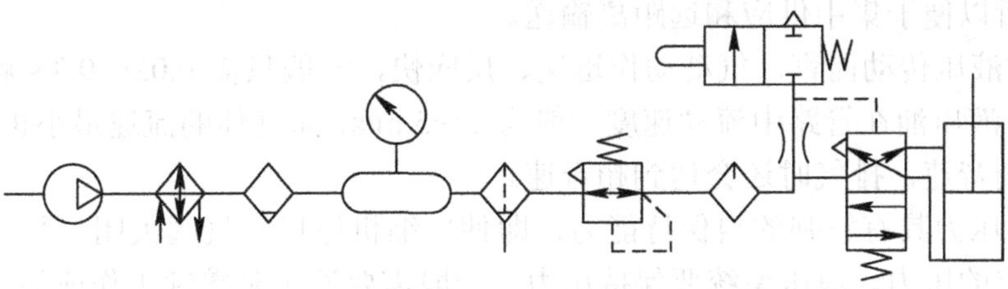

(b) 图形符号

图 7-1 气动剪切机的工作原理

2. 气压传动系统的组成

根据气动元件和装置的不同功能，可将气压传动系统分成以下五个部分：

(1) 气源装置：获得压缩空气的装置。其主体部分是空气压缩机，它将原动机供给的机械能转变为气体的压力能。

(2) 控制元件：用来控制压缩空气的压力、流量和流动方向的元件，以便使执行机构完成预定的工作循环，它包括各种压力控制阀、流量控制阀和方向控制阀等。

(3) 执行元件：将气体的压力能转换成机械能的一种能量转换装置。它包括实现直线往复运动的气缸和实现连续回转运动或摆动的气动马达或摆动马达等。

(4) 辅助元件：保证压缩空气净化、元件润滑、元件间连接及消声等所必需的元件，包括过滤器、油雾器、管接头及消声器等。

(5) 工作介质：用于传递运动、动力及信号的介质作用。气压传动的工作介质一般是压缩空气。

3. 气压传动的应用与特点

1) 气压传动的应用

人们很早就懂得用空气作为工作介质传递动力做功，如利用自然风力推动风车和带动水车提水灌田，近代用于汽车的自动开关门、火车的自动抱闸、采矿用风钻等。因为以压缩空气为工作介质具有防火、防爆、防电磁干扰、抗振动、防冲击、防辐射、无污染、结构简单、工作可靠等优点，近年来气压传动技术的应用领域已从汽车、采矿、钢铁、机械工业等重工业迅速扩展到化工、轻工、食品、军事工业等各行各业。和液压技术一样，当今气动技术亦发展成包含传动、控制与检测在内的自动化技术并成为包装设备、自动生产线和机器人等方面不可缺少的重要手段。由于工业自动化以及 FMS 的发展，要求气压传动技术以提高系统可靠性、降低总成本与电子工业相适应为目标，进行系统控制技术和机、电、液、气综合技术的研究和开发。显然，气动元件的微型化、节能化、无油化是当前的发展特点，与电子技术相结合产生的自适应元件，如各类比例阀和电液伺服阀，使气动系统从开关控制进入到反馈控制。计算机的广泛普及与应用为气动技术的发展提供了更加广阔的前景。

2) 气压传动的优点

(1) 工作介质是空气，取之不尽，节省了购买、储存、运输介质的费用和麻烦；使用后的空气直接排入大气，对环境无污染，处理方便，不必设置回收管路，因此也不存在介质变质、补充和更换等问题。

(2) 空气的黏度很小(约为液压油的万分之一)，所以流动阻力小，在管道中流动的压力损失较小，所以便于集中供应和远距离输送。

(3) 相对液压传动而言，气动动作迅速、反应快，一般只需 0.02～0.3 s 就可达到工作压力和速度。液压油在管路中流动速度一般为 1～5 m/s，而气体的流速最小也大于 10 m/s，有时甚至达到音速，排气时还会达到超音速。

(4) 气体压力具有较强的自保持能力，即使压缩机停机，气阀关闭，装置中仍然可以维持一个稳定的压力。液压系统要保持压力，一般需要液压泵继续工作或另加蓄能器，而气体通过自身的膨胀性来维持压力基本不变。

(5) 气动元件可靠性高、寿命长。电气元件可运行百万次，而气动元件可运行 2000 万～4000 万次。

(6) 气动系统对工作环境适应性好，特别在易燃、易爆、多尘埃、强磁、辐射、振动等恶劣工作环境中工作时，安全可靠性优于液压、电子和电气系统。

(7) 气动装置结构简单，成本低，维护方便，过载能自动保护。

3) 气压传动的缺点

(1) 空气具有的可压缩性大，不易实现准确的速度控制和很高的定位精度，负载变化时对系统的稳定性影响较大。

(2) 由于工作压力较低(一般为 0.4～0.8 MPa)，气动装置的输出力或力矩受到限制。在结构尺寸相同的情况下，气压传动装置比液压传动装置输出的力要小得多。

(3) 气动信号传递的速度比光、电子速度慢，所以不宜用于信号传递速度要求十分高的复杂线路中，但对一般的机械设备，气动信号的传递速度是能满足工作要求的。

(4) 噪声较大，尤其是在超音速排气时要加消声器。

(5) 空气本身没有润滑性，需在系统中另外加油雾器进行润滑。

【实施步骤】

1. 仔细阅读气动剪切机的工作原理，完成下列问题：

(1) 剪切机气动系统的组成；

(2) 描述剪切机的工作过程。

2. 观察气动实训台的工作过程，比较它与液压传动的不同，并将气动实训台所用气动元件的名称、数量、符号、规格型号列入表 7-1。

3. 查阅相关资料，分组讨论气压传动在生产生活中的应用。

表 7-1　气动元件清单

序号	名　称	数量	符号	规格型号
1				
2				
3				
4				
5				
6				

续表

序号	名　称	数量	符号	规格型号
7				
8				
9				
10				

【思考与练习】

1. 什么是气压传动，其基本工作原理是什么？
2. 气压传动系统由哪些部分组成？各部分的作用是什么？

任务 7.2　了解空气的性质

【任务目标】

1. 知识目标

(1) 掌握空气的基本性质(主要是黏性)；
(2) 掌握气体的状态变化的过程；
(3) 了解理想气体状态的变化过程。

2. 能力目标

(1) 能利用空气的特性分析气体的压力；
(2) 能正确利用空气湿度的性能。

3. 素质目标

(1) 具备独立思考和主动探究能力；
(2) 具备团队协作意识和职业精神。

【任务内容】

学习压缩空气的性质。

【相关知识】

空气是气压传动的主要工作介质，空气的成分、性能、主要参数等因素对气动系统能否正常工作有直接影响。

1. 空气的特性

1) 空气的组成

自然界的空气是由许多种气体混合而成的，其主要成分是氮气(78.03%)、氧气

(20.95%)、氩气(0.93%)、二氧化碳(0.03%)、氢气(0.01%)、氖气(0.0012%)、氦气(0.00043%)、氪气(0.000005%)和氙气(0.0000006%)等，另外还包含水蒸气、砂土等细小固体。在城市和工厂区，由于烟雾及汽车排气，大气中还含有二氧化硫、亚硝酸、碳氢化合物等物质。

2) 干空气和湿空气

(1) 干空气和湿空气。干空气指完全不含水蒸气的空气。湿空气指含有水蒸气的空气。湿空气中含有的水蒸气量越多，则湿空气越潮湿。

(2) 湿度。湿度的表示方法有绝对湿度和相对湿度。

绝对湿度是指单位体积的湿空气中所含水蒸气的质量，用 χ 表示，单位为 kg/m^3，其表达式为

$$\chi=\frac{m_s}{V} \tag{7-1}$$

式中：

m_s——湿空气中水蒸气的质量(kg)；

V——湿空气的体积(m^3)。

空气中的水蒸气含量是有极限的。在一定温度和压力下，空气中所含水蒸气达到最大可能的含量时，将空气叫作饱和湿空气。饱和湿空气所处的状态叫饱和状态。

饱和绝对湿度指在一定温度下，单位体积饱和湿空气所含水蒸气的质量，用 χ_b 表示，其表达式为：

$$\chi_b=\frac{P_b}{P_bT} \tag{7-2}$$

式中：

p_b——饱和湿空气中水蒸气的分压力(Pa)；

R_b——水蒸气的气体常数，$R_b = 462\ N \cdot m/(kg \cdot K)$；

T——热力学温度(K)。

在 2 MPa 压力下，可近似地认为饱和空气中水蒸气的密度与压力大小无关，只取决于温度。标准大气压下，湿空气的饱和水蒸气的密度、分压力和绝对湿度列于表 7-2。

表 7-2　饱和湿空气表

温度 t/℃	饱和水蒸气分压力 p_b/MPa	饱和绝对湿度 $\chi/(kg/m^3)$	温度 t/℃	饱和水蒸气分压力 p_b/MPa	饱和绝对湿度 $\chi/(kg/m^3)$
100	0.10123	588.7	20	0.00233	17.28
80	0.04732	290.6	15	0.00170	12.81
70	0.03113	196.8	10	0.00123	9.39
60	0.01991	129.6	5	0.00087	6.79
50	0.01233	82.77	0	0.00061	4.85
40	0.00737	51.05	−6	0.00037	3.16
35	0.00562	39.55	−10	0.00026	2.25
30	0.00424	30.32	−16	0.00015	1.48
25	0.00316	23.04	20	0.0001	1.07

相对湿度是指在某温度和压力下，湿空气的绝对湿度与饱和绝对湿度之比，用ϕ表示，其表达式为

$$\phi=\frac{\chi}{\chi_b}\times 100\%=\frac{p_s}{p_b}\times 100\% \tag{7-3}$$

当 $p_s=0$，$\phi=0$ 时，空气绝对干燥；当 $p_s=p_b$，$\phi=100\%$时，湿空气饱和，饱和空气吸收水蒸气的能力为零，此时的温度为露点温度，简称露点。温度降至露点温度以下，湿空气中便有水滴析出。降温法清除湿空气中的水分，就是利用此原理。

当空气的相对湿度在$\phi=60\%\sim70\%$范围内时，人体感觉舒适。为了使各元件正常工作，气动技术中规定工作介质的相对湿度不得大于 90%，当然相对湿度越低越好。

3) 空气的状态参数

(1) 密度。气体与固体不同，它既无一定的体积，也无一定的形状，要说明气体的质量是多少，必须说明质量占有多大容积。单位容积内所含气体的质量叫密度，用ρ表示，单位为 kg/m^3。

(2) 压力。空气的压力是气体分子由于热运动而相互碰撞，从而在容器的单位面积上产生的力的统计平均值，用p表示。压力的法定计量单位是 Pa，它和其他各种压力单位的换算见表 7-3。

表 7-3　各种压力单位的换算

	Pa	bar	kgf/cm^2	lbf/in^2	mmHg	mmH_2O
$Pa(N/m^2)$，帕	1	10^{-5}	1.02×10^{-5}	1.45×10^{-4}	7.5×10^{-3}	0.102
Bar，巴	10^5	1	1.02	14.5	750	1.02×10^4
kgf/cm^2，公斤力/平方厘米	0.981×10^5	0.981	1	14.22	735.6	104
lbf/in^2，磅力/平方英寸	6.9×10^3	0.069	0.07	1	51.71	703
mmHg，毫米汞柱	133.3	1.33×10^4	1.36×10^{-3}	19.3×10^{-3}	1	13.6
mmH_2O，毫米水柱	9.81	9.81×10^{-5}	10^{-4}	1.42×10^{-3}	7.36×10^{-2}	1

注：1 mmHg = 1Torr(托)，1 Kgf/cm^2 称为一个工程大气压，760 mmHg 称为一个物理大气压。

空气压力可用绝对压力、表压力和真空度等来度量，绝对压力、表压力和真空度的相互关系如图 7-2 所示。

绝对压力：以绝对真空作为计算压力的起点。一般需在表示绝对压力的符号的右下角标注 ABS，即 p_{ABS}。

表压力：表示高出当地大气压的压力值。压力表测得的值为表压力。在压力数值后一般不标注或标注 e，即 p_e。

真空度：低于当地大气压力的压力值。

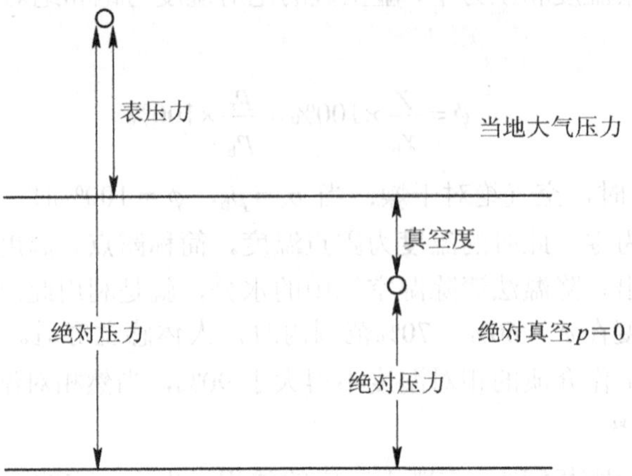

图 7-2　绝对压力、表压力和真空度之间的关系

由图 7-2 可知：表压力 = 绝对压力 − 当地大气压；真空度 = 当地大气压 − 绝对压力。

(3) 温度。温度指空气的冷热程度，它常用以下三种形式表达。

① 绝对温度：以气体分子停止运动时的最低极限温度为起点测量的温度，用 T 表示。其单位为(开尔文)，单位符号为 K。

② 摄氏温度：用符号 t 表示，其单位为摄氏度，单位符号为℃。

③ 华氏温度：用符号 t_F 表示，其单位为华氏度，单位符号为℉。三者之间的关系是：

$$T(\mathrm{K}) = t(℃) + 273.15 \tag{7-4}$$

$$t_F(°\mathrm{F}) = 1.8t(℃) + 32 \tag{7-5}$$

4) 空气的主要性能

(1) 压缩性。一定质量的静止气体，由于压力改变而导致气体所占容积发生变化的现象，称为气体的压缩性。气体流动时，气体的密度也会发生变化。由于气体比液体容易压缩，故液体常被当作不可压缩流体(密度变化可以忽略不计)，而气体常被称为可压缩流体(不能忽略密度变化)。气体容易压缩的特性，有利于气体的贮存，但难于实现气缸的平稳运动和低速运动。

(2) 黏性。流体的黏性指流体具有抗拒流动的性质。气体与液体相比，其黏性小得多，但实际上气体都具有黏性。

流体的黏性用动力黏度 μ 来表示，其法定计量单位是 Pa · s。空气的动力黏度 μ 与温度 t 的关系见表 7-4。可见温度对空气黏度的影响不大。气体比液体的动力黏度要小得多。如 20℃时，空气的黏度为 18.1×10^{-6} Pa · s，而某液压油的黏度 μ 为 5×10^{-2} Pa · s。因此，在管道内流动速度相同的条件下，液压油的流动损失比空气的流动损失大得多。

表 7-4　空气的黏度

t/℃	−20	0	10	20	30	40	50	60	80	100
$\mu/(\times10^{-6}$ Pa · s)	16.1	17.1	17.6	18.1	18.6	19.0	19.6	20.0	20.9	21.8

没有黏性的气体称为理想气体，自然界是不存在理想气体的。当气体的黏性较小，运动的相对速度也不大时，所产生的黏性力与其他类型的力相比可以忽略不计，这样的气体就可当作理想气体。

2. 气体的状态变化

1) 标准状态和基准状态

标准状态：温度为0℃，压力为0.1013 MPa(760 mmHg)时的气体状态。1标准大气压 = 760 mmHg = 0.1013 MPa，标准状态空气密度 $\rho = 1.293\ \text{kg/m}^3$。

基准状态：温度为20℃，相对湿度为65%，压力为0.1 MPa的状态。在单位后标注ANR。如自由空气的流量为30 m^3/h，应记为30 m^3/h(ANR)，基准状态空气的密度为 $\rho = 1.185\ \text{kg/m}^3$。

(1) 理想气体的状态方程。

理想气体的状态方程是描述理想气体的状态参数之间关系的方程，对空气而言，其理想气体的状态方程表达式为

$$p_v = RT \tag{7-6}$$

或

$$p = \rho RT = \frac{m}{V} RT \tag{7-7}$$

对一定质量的理想气体，状态方程也可写成：

$$\frac{p_1 V_1}{T_1} = \frac{p_2 V_2}{T_2} \tag{7-8}$$

式中：p——压力(Pa)；

v——质量体积(m^3/kg)；

ρ——密度(kg/m^3)；

T——温度(K)；

R——气体常数，干燥空气，$R = 287\text{N} \cdot \text{m/(kg} \cdot \text{K)}$；

m——质量(kg)；

V——容积(m^3)。

说明：

在气压传动所遇到的压力和温度范围内，空气可以作为理想气体处理。

对密闭容器中的气体和流动中的气体，气体状态方程都可使用。对流动中的气体，要求是流体质点处于不同位置时的三个状态参数。

利用气体状态方程，可将有压状态下的流量折算成基准状态下的流量。设有压状态下的压力为 p，温度为 T，单位时间内流入气体的体积为 V，折算成基准状态单位时间内流入气体的体积为 V_a，压力为 p_a，温度为 T_a，根据气体状态方程，在气体质量不变的条件下，则：

$$V_a = \frac{T_a p V}{T p_a} \tag{7-9}$$

(2) 理想气体状态变化过程。

① 等温过程。一定质量的空气，若其状态变化是在温度不变的条件下进行的，则称为等温过程。其方程为

$$p_1V_1 = p_2V_2 \tag{7-10}$$

气体状态变化缓慢进行的过程可看作是等温过程。如较大气罐中的气体经小孔向外排气，则气罐中气体状态变化也可看作是等温过程。

② 等容过程。一定质量的气体，若其状态变化是在容积不变的条件下进行的，则称为等容过程。其方程为

$$\frac{p_1}{T_1} = \frac{p_2}{T_2} \tag{7-11}$$

密闭气罐中的气体，由于外界环境温度的变化，罐内气体状态变化可看作为等容过程。

③ 等压过程。一定质量的气体，若其状态变化是在压力不变的条件下进行的，则称为等压过程。其方程为

$$\frac{V_1}{V_2} = \frac{T_1}{T_2} \tag{7-12}$$

负载一定的密闭气缸，被加热或放热时，缸内气体便在等压过程中改变气缸的容积。

④ 绝热过程。一定质量的气体，若其状态变化是在与外界无热交换的条件下进行，则称为绝热过程。其方程为

$$p/\rho^k = 常数 \tag{7-13}$$

或

$$pV^k = 常数 \tag{7-14}$$

式中：k—绝热指数，对于空气 $k = 1.4$。

气缸内气体受到快速压缩时，缸内气体状态的变化为绝热过程。小气罐上阀门突然开启向外界大量高速排气时，罐内气体状态变化可看作是绝热过程。

⑤ 多变过程。等温过程、等容过程、等压过程和绝热过程是千变万化的热力学过程中的特殊情况，若空气系统的热力学过程介于上述的特殊过程之间，则此过程称为多变过程。其方程为

$$pV^n = 常数 \tag{7-15}$$

式中：n—多变指数。

当 $n = 0$ 时，$pV^0 = p =$ 常数，为等压过程；

当 $n = 1$ 时，$pV' =$ 常数，为等温过程；

当 $n = \pm\infty$时，$pV =$ 常数，即 $V =$ 常数，为等容过程；

当 $n = k$ 时，$pV^k =$ 常数，为绝热过程。

【实施步骤】

1. 仔细阅读空气的性质的内容，回答下列问题：

(1) 空气的压力表达方式与液体的压力表达方式是否相同？试比较几种压力之间的大

小关系。

(2) 何谓理想气体？其状态变化过程有哪几种？空气的状态参数之间有何关系？

(3) 何谓多变过程？其方程表达的含义是什么？

2. 查阅相关资料，分组讨论气体的性质与液压的性质上的区别与联系。

【思考与练习】

1. 单位湿空气体积中所含水蒸气的质量称为什么？

2. 打气筒中气体状态变化过程可视为什么过程？

聚焦思政

一个国家的强大，最终是要有强大的国民，有强大的国民素质，具体地说是强大的民族自尊心、自信心和自豪感。它是由一系列国家实力和塑造工程来达到的。气动技术是实现现代生产自动化和自动化控制的重要工程技术。从20世纪80年代开始，生产制造各个领域的自动化、省力化越来越受到重视。气动技术由于它独特的优越性，在工业机械化和自动化领域中应用越来越广泛。目前生产技术领域应用气动技术的实例俯首皆是，随着科学技术的飞速发展，气动技术势必会得到迅猛发展。

随着工业生产自动化程度越来越高，对自动化控制系统的可靠性、精确性要求也在不断提升，这些推动着气动技术的创新和发展。与20世纪末期以气动元件的标准化、模块化、集成化、小型化以及延长器件的寿命为气动技术的重点发展方向不同，如今，气动系统的节能和使用气、电驱动组合的机电一体化已经成为气动技术的新的发展趋势。此外，系统化和强调诊断/监测功能也越来越受到重视。气动技术的这些发展趋势将在今后很长的时间里延续。气动技术已经走向工业自动化整体解决方案之路。

项目八　认识气动元件及搭建气动基本回路

气动元件是组成气压传动系统的最小单元，分为动力元件(气源装置)、气动控制元件、气动执行元件和气动辅助元件四类。

任何复杂的气动控制回路均由一些具有特定功能的基本回路组成，这些基本回路主要包括换向回路、压力控制回路等一些具有特定控制的回路和基本逻辑回路。这些回路的功用与相应的液压基本回路的功用基本相同。

【项目概述】

本项目分为5部分内容：认识气源与气源处理系统、拆装气动执行元件、认识气动方向控制阀及搭建气动方向控制回路、认识气动流量控制阀及搭建气动速度控制回路、认识气动压力控制阀及搭建气动压力控制回路。

任务8.1　认识气源与气源处理系统

【任务目标】

1. 知识目标

(1) 掌握气源装置各部分的作用；

(2) 掌握气源装置各组成部分的工作原理。

2. 能力目标

(1) 熟悉各气源装置及气源处理装置的图形符号及其作用；

(2) 能认识各类气动元件，知道元件的工作原理。

3. 素质目标

(1) 具备独立思考和主动探究能力；

(2) 具备团队协作意识和职业精神；

(3) 具备严谨、细致的工作作风。

【任务内容】

观察气压实训台并找出气源装置。

【相关知识】

认识气源与气源处理系统课件　　认识气源与气源处理系统微课

气源系统就是由气源设备组成的系统，气源设备是产生、处理和贮存压缩空气的设备，如图 8-1 所示的是典型的气源系统的组成。

通过电动机 6 驱动的空气压缩机 1，将大气压力状态下的空气压缩到较高的压力状态，输送到气动系统。压力开关 7 是根据压力的大小来控制电动机的起动和停止。当小气罐 4 内压力上升到调定的最高压力时，压力开关发出信号让电动机停止工作；当气罐内压力降至调定的最低压力时，压力开关又发出信号让电动机重新工作。当小气罐 4 内压力超过允许限度时，安全阀 2 自动打开向外排气，以保证空压机的安全。当大气罐 12 内压力超过允许限度时，安全阀 13 自动打开向外排气，以保证大气罐的安全。单向阀 3 是在空压机不工作时，用于阻止压缩空气反向流动。后冷却器 10 是通过降低压缩空气的温度，将水蒸气及污油雾冷凝成液态水滴和油滴。油水分离器 11 用于进一步将压缩空气中的油、水等污染物分离出来。在后冷却器、油水分离器、空气压缩机和气罐等的最低处，都需设有手动或自动排水器，以便于排除各处冷凝的液态油水等污染物。

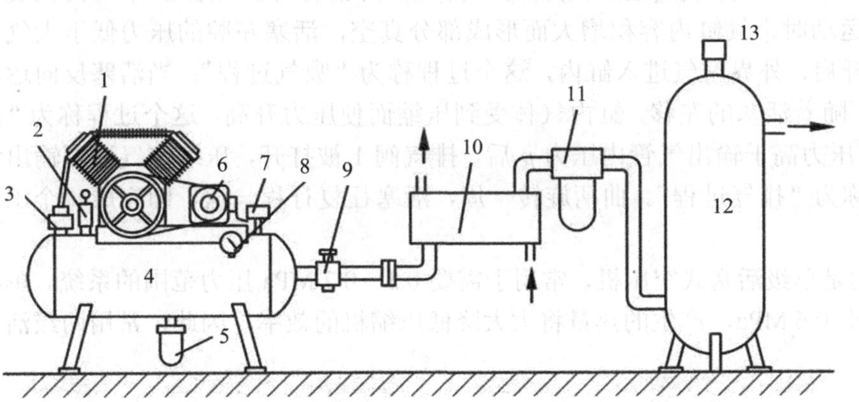

1—空气压缩机；
2—安全阀；
3—单向阀；
4—小气罐；
5—自动排水器；
6—电动机；
7—压力开关；
8—压力表；
9—截止阀；
10—后冷却器；
11—油水分离器；
12—大气罐；
13—安全阀。

图 8-1　气源系统的组成

1. 空气压缩机

1) 空气压缩机的作用与分类

空气压缩机是气动系统的动力源，它把电动机输出的机械能转换成压缩空气的压力能输送给气动系统。

空气压缩机的种类很多，按压力高低可分为低压型(0.2～1.0 MPa)、中压型(1.0～10 MPa)和高压型(＞10 MPa)；按排气量可分为微型压缩机(V＜1 m^3/min)、小型压缩机(V = 1～10 m^3/min)、中型压缩机(V = 10～100 m^3/min)和大型压缩机(V＞100 m^3/min)；若按工作原理可分为容积型和速度型(也称透平型或涡轮型)两类。

在容积型压缩机中，气体压力的提高是由于压缩机内部的工作容积被缩小，使单位体积内气体的分子密度增加而形成的。而在速度型压缩机中，气体压力的提高是由于气体分子在高速流动时突然受阻而停滞下来，使动能转化为压力能而达到的。

容积型压缩机按结构不同又可分为活塞式、膜片式和螺杆式等。速度型压缩机按结构不同分为离心式和轴流式等。目前，使用最广泛的是活塞式压缩机。

2) 活塞式压缩机的工作原理

活塞式压缩机是最常用的空气压缩机(简称空压机)形式，其工作原理如图 8-2 所示。

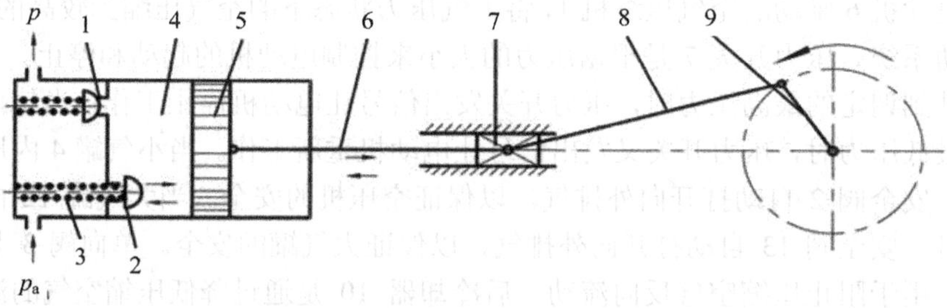

1—排气阀；2—吸气阀；3—弹簧；4—气缸；5—活塞；6—活塞杆；7—滑块；8—连杆；9—曲柄。

图 8-2　活塞式压缩机

活塞式压缩机通过曲柄连杆机构使活塞作往复运动而实现吸、压气，并达到提高气体压力的目的。曲柄 9 由原动机(电动机)带动旋转，从而驱动活塞 5 在缸体 4 内往复运动。当活塞向右运动时，气缸内容积增大而形成部分真空，活塞左腔的压力低于大气压力 p_a，吸气阀 2 开启，外界空气进入缸内，这个过程称为“吸气过程”；当活塞反向运动时，吸气阀关闭，随着活塞的左移，缸内气体受到压缩而使压力升高，这个过程称为“压缩过程”。当缸内压力高于输出气管内压力 p 后，排气阀 1 被打开，压缩空气送至输出气管内，这个过程称为“排气过程”。曲柄旋转一周，活塞往复行程一次，即完成一个工作循环。

图 8-2 所示的是单级活塞式空压机，常用于需要 0.3～0.7 MPa 压力范围的系统。单级空压机若压力超过 0.6 MPa，产生的热量将大大降低压缩机的效率，因此，常用两级活塞式空压机。

2. 后冷却器

1) 后冷却器的作用

空压机的排气温度很高，约为 70～180℃，且含有大量的水分和油分，此温度时空气中的水分基本呈气态。这些水分和油分在压缩空气冷却时，会变成冷凝水，对气动元件造成不良的影响。

后冷却器的作用就是将空压机出口的高温压缩空气冷却到40℃以下，使其中的水分和油雾冷凝成液态水滴和油滴，以便将它们去除。

2) 后冷却器的分类

后冷却器有风冷式和水冷式两种。

风冷式后冷却器具有占地面积小、重量轻、运转成本低、易维修等特点。适用于进口压缩空气温度低于100℃和处理空气量较少的场合。

水冷式后冷却器具有散热面积大、热交换均匀、分水效率高等特点。适用于进口压缩空气温度较高，且处理空气量较大、湿度大、粉尘多的场合。

3) 后冷却器的工作原理

图8-3为蛇管水冷式后冷却器，压缩空气在管内流动，冷却水在管外水套中流动。冷却水与热空气隔开，冷却水沿热空气的反方向流动，以降低压缩空气的温度。压缩空气的出口温度大约比冷却水的温度高10℃。

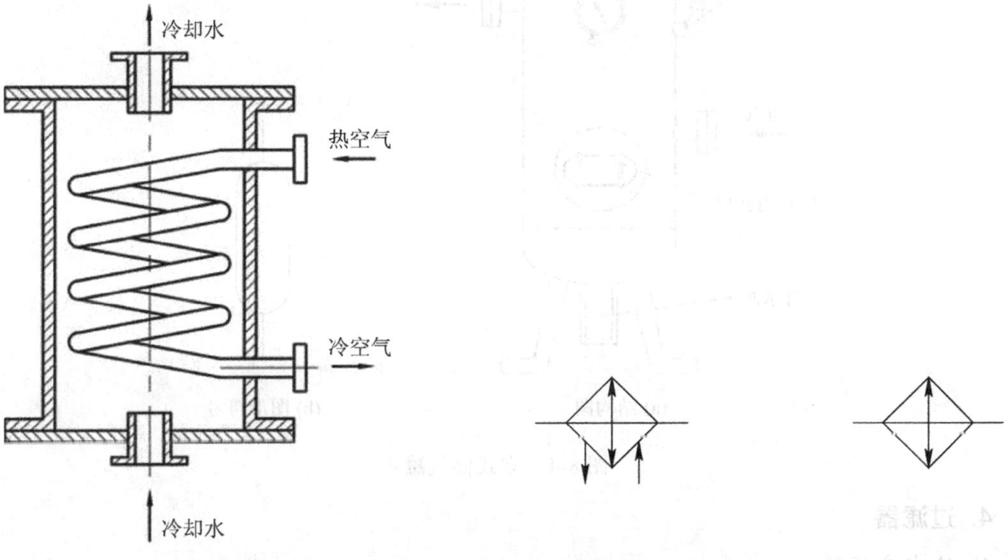

(a) 工作原理图　(b) 带冷却剂管路的冷却器图形符号　(c) 一般符号

图8-3　水冷式后冷却器

图8-3(b)为带冷却剂管路的冷却器图形符号，图8-3(c)为一般符号。

风冷式后冷却器是靠风扇产生的冷空气吹向带散热片的热气管道。而散热的后冷却器最低处应设置自动或手动排水器，以排除冷凝水。经风冷后的压缩空气的出口温度大约比室温高15℃。

3. 储气罐

储气罐通常又称贮气罐，它是气源装置的重要组成部分。

储气罐的主要作用如下：

(1) 贮存一定数量压缩空气。

(2) 调节用气量或以备空压机发生故障和临时需要应急使用，以维持短时间的供气，以保证气动设备的安全工作。

(3) 消除压力波动，保证输出气流的连续性、平稳性。

(4) 依靠绝热膨胀及自然冷却降温，进一步分离掉压缩空气中的水分和油分。

储气罐一般采用圆筒状焊接结构，有立式和卧式两种，通常以立式居多，立式如图 8-4(a)所示。立式储气罐的高度为其直径的 2～3 倍，同时应设置进气管在下，出气管在上，并尽可能加大两气管之间的距离，以利于进一步分离空气中的油和水。同时，气罐上应配置安全阀、压力表、排水阀和清理检查用的孔口等。

图 8-4(b)为储气罐的图形符号。

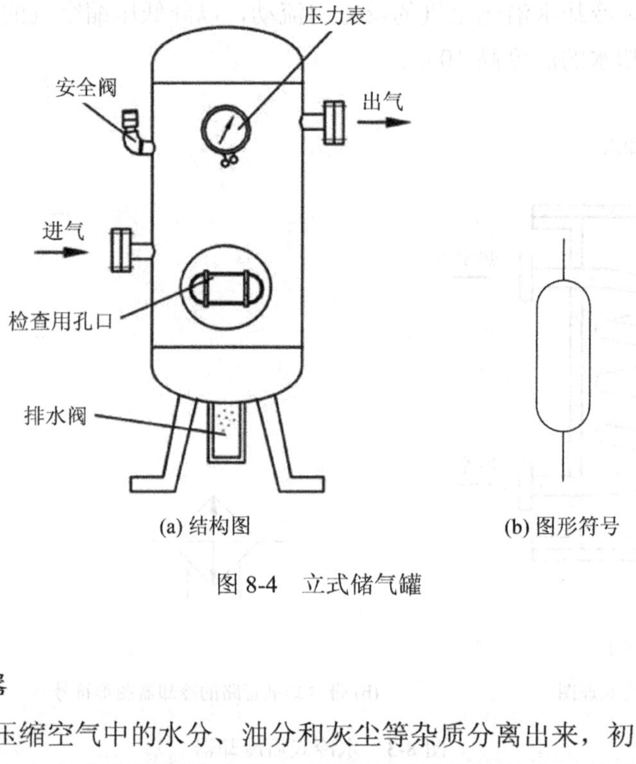

(a) 结构图　　(b) 图形符号

图 8-4　立式储气罐

4. 过滤器

1) 油水分离器

(1) 作用。将压缩空气中的水分、油分和灰尘等杂质分离出来，初步净化压缩空气。

(2) 工作原理。油水分离器通常安装在后冷却器后的管道上，其结构形式有环形回转式、撞击折回式、离心旋转式、水浴式以及以上形式的组合使用等。应用较多的是使气流撞击并产生环形回转流动的结构形式，其结构如图 8-5 所示。当压缩空气由进气管进入分离器壳体以后，气流先受到隔板的阻挡，产生流向和速度的急剧变化(流向如图中箭头所示)，而在压缩空气中凝聚的水滴、油滴等杂质受到惯性作用而分离出来，沉降于壳体底部，由下部的排污阀排出。

为了提高油水分离的效果，气流回转后的上升速度越小越好，则分离器的内径就会做得越大。一般上升速度控制在 1 m/s 左右，油水分离器的高度与内径比值为 3.5～4。

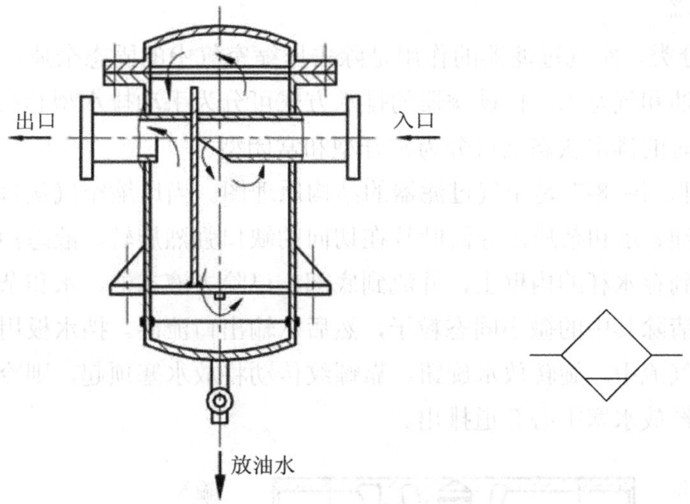

(a) 工作原理图　　(b) 图形符号

图 8-5　油水分离器

2) 主管道过滤器

(1) 作用。安装在主管路中，清除压缩空气中的油污、水和灰尘等，以提高下游干燥器的工作效率，延长精密过滤器的使用时间。

(2) 工作原理。图 8-6 是主管道过滤器。它采用微孔过滤、碰撞分离和离心分离三种形式来清除压缩空气中的油分、水分和固体颗粒等。从输入口进入的压缩空气中的气态油分和气态水分，在通过圆筒式烧结陶瓷滤管时，凝成小水滴被滤出。固态杂质(50 μm 以上)被拦截在滤管外。滤出的油、水和固态杂质定期经上排水口排出。过滤后的空气进入滤管内部，向下流向反射板撞击反射，再由导流板迫使气流离心分离，水分从下排水口排出。净化后的空气穿过多孔板从输出口输出。

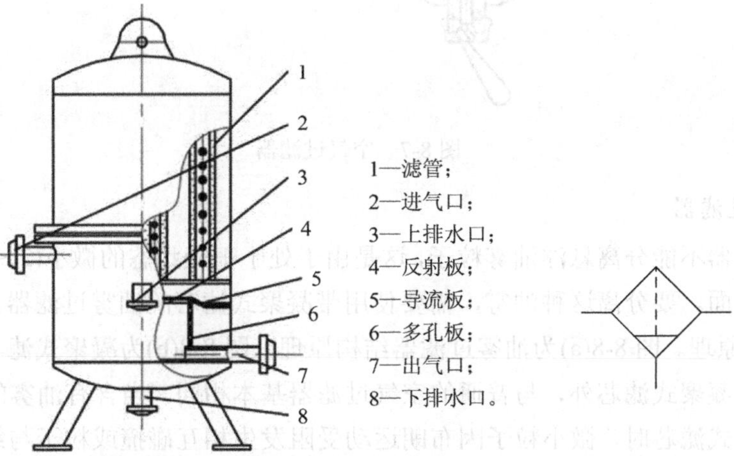

(a)　　(b) 图形符号

图 8-6　主管道过滤器

3) 空气过滤器

(1) 作用与分类。空气过滤器的作用是除去压缩空气中的固态杂质、水滴和污油滴，但不能除去气态油和气态水。按过滤器的排水方式可分为手动排水型和自动排水型。自动排水型按无气压时的排水状态又可分为常开型和常闭型。

(2) 工作原理。图 8-7 是空气过滤器的结构原理图。当压缩空气从输入口流入时，气体中所含的液态油、水和杂质沿导流叶片在切向的缺口强烈旋转，液态油水及固态杂质受离心力作用被甩到存水杯的内壁上，并流到底部。已除去液态油、水和杂质后的压缩空气通过滤芯进一步清除其中的微小固态粒子，然后从输出口流出。挡水板用来防止已积存的液态油水再混入气流中。旋转放水旋钮，靠螺纹传动将放水塞顶起，则冷凝水从放水塞与密封件之间空隙经放水塞中心孔道排出。

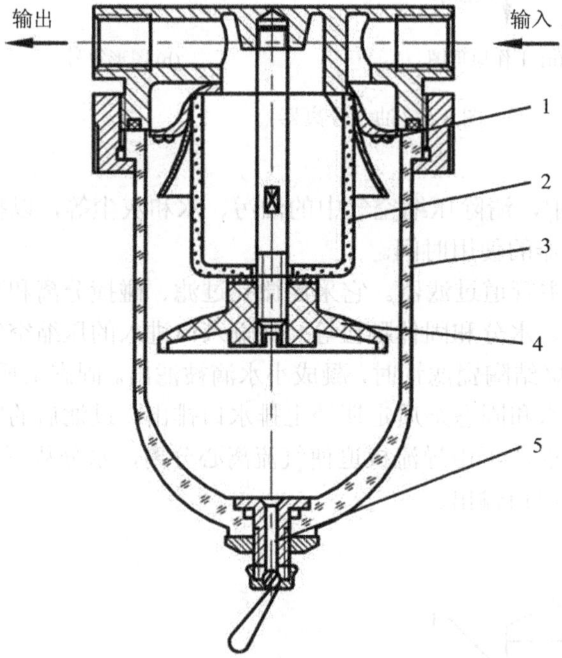

1—导流叶片；
2—滤芯；
3—水杯；
4—挡水板；
5—放水阀。

图 8-7　空气过滤器

4) 油雾过滤器

空气过滤器不能分离悬浮油雾粒子，这是由于处于干燥状态的微小(2～3 μm)油粒很难附着于固体表面。要分离这种油雾，需要使用带凝聚式滤芯的油雾过滤器。

(1) 结构原理。图 8-8(a)为油雾过滤器结构原理，图 8-8(b)为凝聚式滤芯结构。油雾过滤器除滤芯为凝聚式滤芯外，与普通的空气过滤器基本相同。当含有油雾的压缩空气由内向外通过凝聚式滤芯时，微小粒子因布朗运动受阻发生相互碰撞或粒子与纤维碰撞，粒子便聚合成较大油滴而进入泡沫塑料层，在重力作用下沉降到滤杯底而被清除。

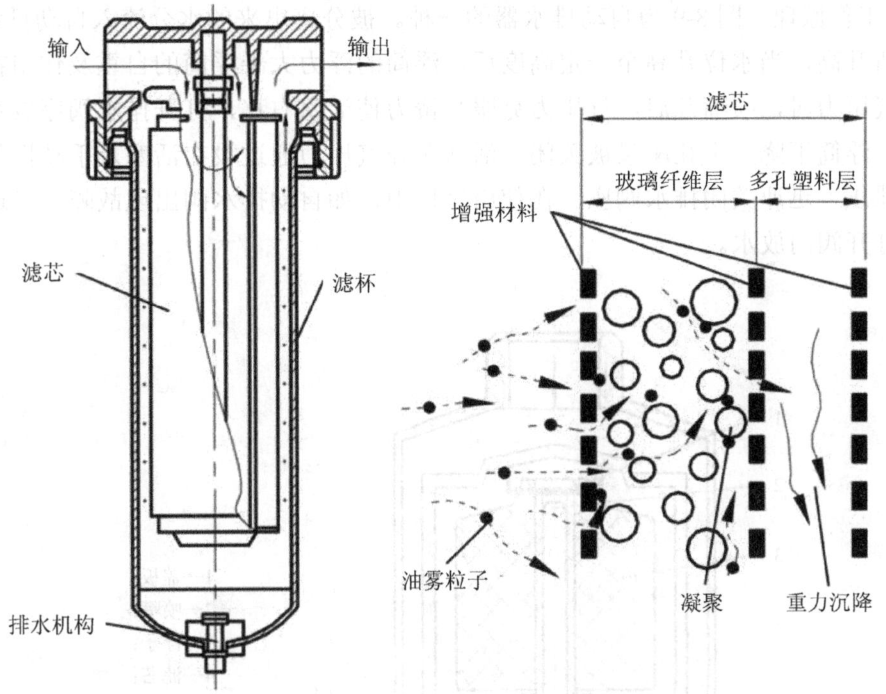

(a) 结构原理　　(b) 凝聚式滤芯结构

图 8-8　油雾过滤器

凝聚式滤芯的材料，通常用于油脂有较佳亲和性的玻璃纤维、纤维素和陶瓷等材料。过滤精度有 1 μm、0.3 μm、0.01 μm 等几种。

(2) 油雾过滤器的使用。

① 由于凝聚式滤芯的过滤度很小，容易堵塞，且不可能除去大量的水分，油雾过滤器的安装位置应紧接在空气过滤器之后。

② 选用油雾过滤器时除注意其过滤精度等参数外，应特别注意实际使用的流量不要超过最大允许流量，以防止油滴再次雾化。

③ 使用时需经常检查滤芯状况，当压降值超过 0.07 MPa 时，表明通过滤芯的气流速度增大，容易产生油滴被雾化的危险，必须及时更换滤芯。

5. 自动排水器

自动排水器用于自动排除管道低处、油水分离器、储气罐及各种过滤器底部等处的冷凝水。可安装于不便通过人工排污水的地方，如高处、低处、狭窄处。并可防止遗忘人工排水而造成压缩空气被冷凝水重新污染。

自动排水器有气动式和电动式两大类。

1) 气动自动排水器

(1) 分类。按工作原理，气动自动排水器可分为弹簧式、差压式和浮子式，其中使用最多的是浮子(筒)式。浮子式又可分为带手动操作排水型和不带手动操作排水型。

(2) 工作原理。图 8-9 为自动排水器的一种。被分离出来的水分流入自动排水器内，水位不断升高，当水位升高至一定高度后，浮筒的浮力大于浮筒的自重及作用在上孔座面上的气压力时，喷嘴开启，气压力克服弹簧力使活塞右移，打开排水阀座放水。排水少许后，浮筒下降，上孔座又被关闭。活塞左腔气压力通过设在活塞及手动操作杆内的溢流孔泄压，迅速关闭排水阀座。在使用过程中，如自动排水阀出现故障，可通过手动操作杆打开阀门放水。

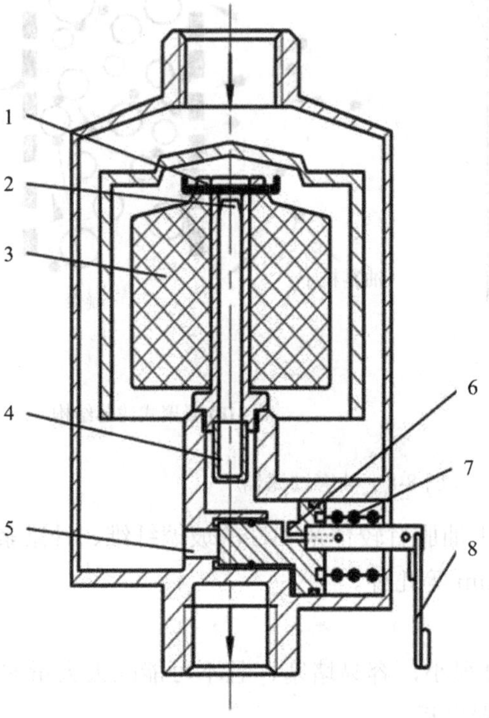

1—盖板；
2—喷嘴；
3—浮子；
4—滤芯；
5—排水口；
6—溢流孔；
7—弹簧；
8—操纵杆。

图 8-9　浮筒式自动排水器

(3) 使用维护。

① 自动排水器排水口必须垂直向下安装。

② 阀口及密封件处要保持清洁，弹簧不得断裂，O 型密封圈不能划伤，以防漏气漏水。

③ 若不能自动排水，则先利用手动操作杆排除积水，再利用工作间隙停机拆卸，检查喷嘴小孔及溢流孔是否被堵塞，并清洗滤芯。

2) 电动自动排水器

(1) 工作原理。图 8-10 为电动自动排水器的结构原理图。电动机驱动凸轮旋转，拨动杠杆，使阀芯每分钟动作 1～4 次，即排水口开启 1～4 次。按下手动按钮同样也可排水。

(2) 特点。

① 可靠性高，高黏度液体也可以排出。

② 排水能力大。

③ 可将气路末端或最低处的污水排尽，以防止管道锈蚀及污水干涸后产生的污染物危害下游的元件。

④ 抗震能力比浮子式强。

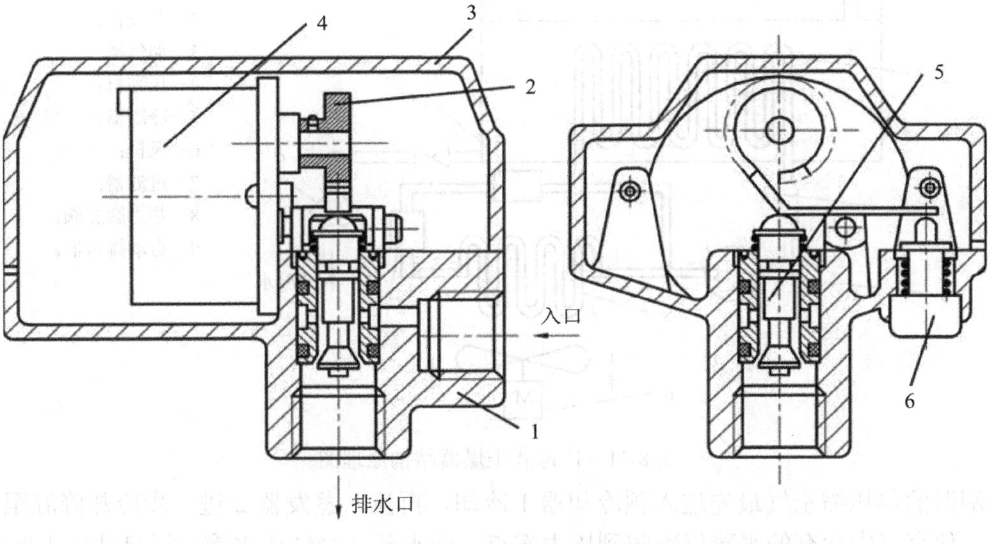

1—主体；2—凸轮；3—外罩；4—电动机；5—阀芯组件；6—手动按钮。

图 8-10 电动自动排水器结构原理图

(3) 使用维护。

① 安装前，必须清除储气罐内的残余水。

② 排水口必须垂向下。自动排水器的进口处应装截止阀，以便检查保养。

③ 阀芯组件内积有灰尘时，可按手动按钮进行清洗。

6. 干燥器

压缩空气经后冷却器、油水分离器、储气罐、主管道过滤器和空气过滤器得到初步净化后，仍含有一定量的水分，还不能满足一些精密机械、仪表等装置的要求，为防止初步净化后的气体中所含的水分对精密机械、仪表等产生锈蚀，需使用干燥器进一步清除水分。干燥器是用来清除水分的，不能清除油分。

干燥器有冷冻式、吸附式和高分子隔膜式等。

1) 冷冻式干燥器

(1) 工作原理。

冷冻式干燥器是利用冷媒与压缩空气进行热交换，把压缩空气冷却至 2～10℃的范围内，以去除压缩空气中的水分。

图 8-11 是冷冻式干燥器结构原理图，它主要由预冷却器、压缩机、蒸发器、热力膨胀阀、自动排水器等组成。

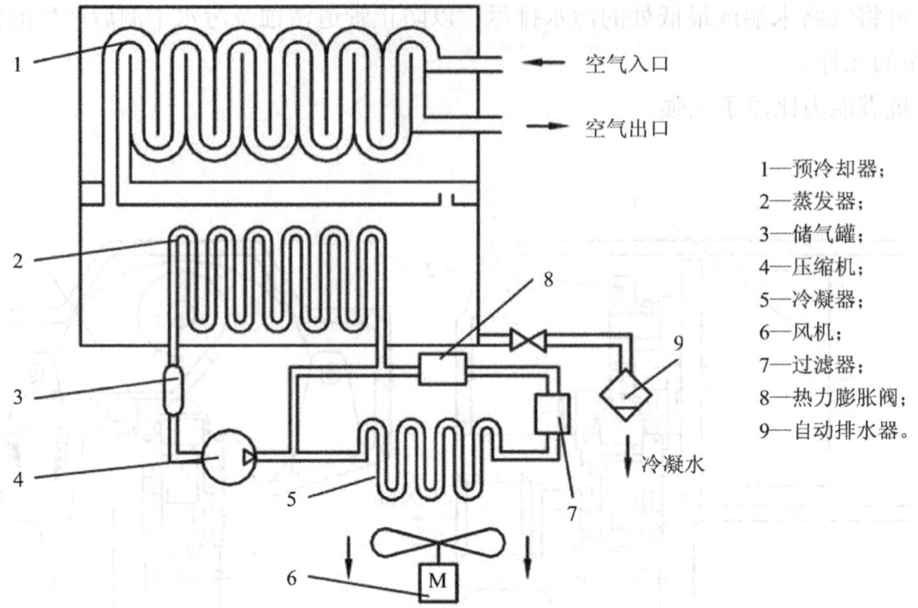

图 8-11　冷冻式干燥器结构原理图

潮湿的热压缩空气最先进入预冷却器 1 冷却，再流入蒸发器 2 进一步冷却降温至 2～10℃，使空气中含有的水蒸气冷却到压力露点，使水蒸气凝结成水滴，经自动排水器 9 排出。经蒸发器冷却后的压缩空气，流经预冷却器输出。空气在流经预冷却器的过程当中，通过热交换，一方面降低输入空气的温度，另一方面其本身的温度上升，防止输出管道系统被由于温差导致的“发汗”所腐蚀。

在制冷回路中，制冷剂由压缩机 4 压缩成高压气态状，经冷凝器 5 冷却后成为高压液态状，通过过滤器 7 过滤后，流经热力膨胀阀 8 输出。在膨胀阀里，制冷剂由于膨胀成为低压、低温的液态状，通过热交换器转变成气态，进入下一周期循环。

(2) 使用维护。

① 干燥器的进气温度高、环境温度高，都不利于空气充分进行热交换，也就不利于干燥器性能的发挥。当环境温度低于 2℃，冷凝水就会开始冻结，故进气温度应该控制在 40℃以下，可在前面设置后冷却器等。环境温度宜低于 35℃，可安装换气扇降温，如果环境温度过低，应用暖气加热。

② 干燥器的进气压力越高越好(在耐压强度允许的条件下)。空气压力高，则水蒸气含量减少，有利于干燥器性能的发挥。

③ 干燥器前应设置过滤器和分离器，以防止大量灰尘、冷凝水和油污等进入干燥器内，黏附在热交换器上，使效率降低。

④ 空气处理量不能超过干燥器的处理能力，否则干燥器出口的压缩空气达不到应有的干燥程度。

⑤ 干燥器应安置在通风良好、无尘埃、无振动、无腐蚀性气体的平稳地面或台架上。周围应留足够空间，以便通风和保养检修。安放在室外的，要防日晒雨淋。分离器使用半年便应清洗一次。

冷冻式干燥器适用于处理空气量较大、露点温度不要太低的场合。它具有结构紧凑、占用空间较小，噪声小、使用维护方便和维护费用低等优点。

目前广泛使用的制冷剂是 R-12、R-22 氟利昂族制冷剂，它对大气臭氧层有破坏作用，国际上已限制其使用量。

2) 吸附式干燥器

吸附式干燥器利用某些具有吸附水分性能的吸附剂来吸附压缩空气中所含的水分，从而降低压缩空气的露点温度。

(1) 工作原理。图 8-12 为无热再生吸附式干燥器。其中的吸附剂对水分具有高压吸附、低压脱附的特性。为利用吸附剂的这个特性，干燥器有两个填满吸附剂的相同容器甲和乙。

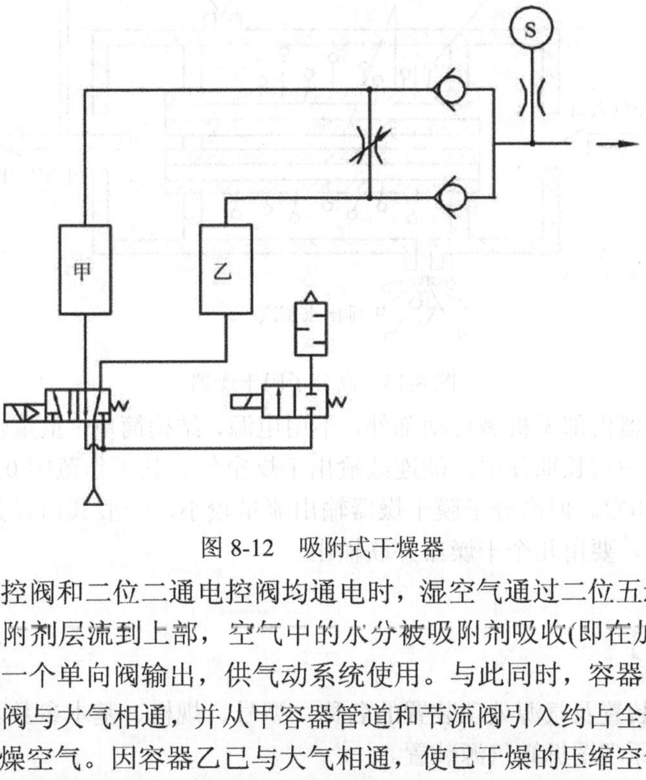

图 8-12　吸附式干燥器

当二位五通电控阀和二位二通电控阀均通电时，湿空气通过二位五通阀先从容器甲的下部流入，通过吸附剂层流到上部，空气中的水分被吸附剂吸收(即在加压条件下吸收)。干燥后的空气通过一个单向阀输出，供气动系统使用。与此同时，容器乙通过下部的二位五通阀及二位二通阀与大气相通，并从甲容器管道和节流阀引入约占全部干燥空气输出量的 10%～15%的干燥空气。因容器乙已与大气相通，使已干燥的压缩空气迅速减压流过容器中原来吸收水分已达饱和状态的吸附剂层，则被吸附在吸附剂上的水分就会脱附，实现了不需加热而使吸附剂再生的目的。脱附出的水分随空气由容器下部的二位五通阀和二位二通阀排到大气。

由一个定时器周期性地切换二位五通阀(通常约 5～10 min 切换一次)，使甲、乙两容器定期地交换工作，使吸附剂轮流吸附和再生，这样便可得到连续输出的干燥压缩空气。在干燥压缩空气的出口处，装有湿度显示器 S，可定性地显示压缩空气的露点温度，见表 8-1。

表 8-1　显示器的颜色与露点温度

显示器的颜色	深蓝	淡蓝	淡粉红	粉红
大气压露点温度	<−30℃	−18.5℃	−10.5℃	−4.5℃

(2) 使用维护。干燥器入口前应设置空气过滤器及油雾分离器，以防油污和灰尘等粘附在吸附表面而降低干燥能力，缩短使用寿命。

吸附剂长期使用会粉化，应在粉化之前予以更换，以免粉末混入压缩空气中。

3) 高分子膜干燥器

图 8-13 是高分子膜干燥器的原理，其工作原理是湿空气从中空的高分子膜纤维内部流过时，空气中的水蒸气透过高分子膜从外侧壁析出。于是，输出的空气是排除了水分的干燥空气。

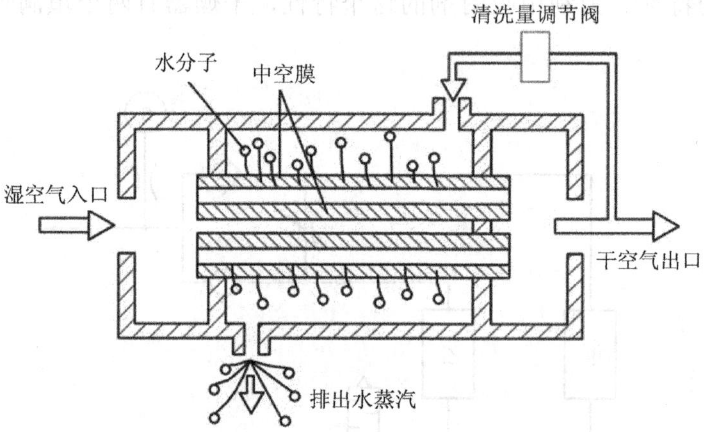

图 8-13　高分子膜干燥器

高分子膜干燥器内部无机械可动部件，不用电源，结构简单，重量轻，安装使用简便。它安装在空气管路中可长期使用，能连续输出干燥空气。其工作范围 0.4～1.5 MPa，大气压露点温度可达-70℃。但高分子膜干燥器输出流量较小，一般其口径为 25～40 mm，当需要大流量输出时，要用几个干燥器并联输出。

【实施步骤】

(1) 记录气源装置及气源处理装置的名称、型号、规格、基本参数。

(2) 参照结构原理图拆卸气源装置。

(3) 指出拆下的各零部件的名称，分析各主要零部件的结构、作用，以及各气源装置及气源处理装置的工作原理。

(4) 装配各气源装置及气源处理装置。

拆装注意事项：

(1) 拆装中，应注意用铜棒敲打零部件，以免损坏部件。

(2) 拆卸过程中，遇到元件卡住的情况下，不能硬砸乱敲。

(3) 装配前，零件应清洗干净。装配时，要遵循“先拆的后装，后拆的先装”的原则，合理安装。

(4) 安装完毕后，气源装置及气源处理装置运行应灵活平稳，没有阻滞和卡死现象。

【思考与练习】

1. 气源装置的主要作用是什么？
2. 气源处理装置的主要组成部分有哪些？

任务 8.2　拆装气动执行元件

【任务目标】

1. 知识目标

(1) 掌握气动执行元件的工作原理；
(2) 掌握气动执行元件的结构特点。

2. 能力目标

(1) 能够理解常用气动执行元件的工作原理，熟悉它们的图形符号；
(2) 能够根据不同应用场景选择合适的气动执行元件。

3. 素质目标

(1) 具备独立思考和主动探究能力；
(2) 具备团队协作意识和职业精神；
(3) 具备严谨、细致的工作作风。

【任务内容】

拆装气缸、气动马达，并分析其结构组成。

【相关知识】

气动执行元件课件　　气动执行元件微课

1. 气缸结构及工作原理

气动系统的执行元件是将压缩空气的压力能转换成机械能，以实现往复运动、摆动或回转运动。按照不同的运动方式，可将执行元件分为气缸和气动马达。

气缸的结构如图 8-14 所示，主要由前后端盖、活塞、活塞杆、缸筒和密封件组成。其工作原理以常用的双作用气缸为例，有活塞杆腔称为有杆腔，无活塞杆腔称为无杆腔。当压缩空气输入无杆腔作用在活塞上时，活塞克服阻力负载使活塞杆伸出，有杆腔排气；反之，当有杆腔进气时，无杆腔排气，使活塞杆缩回。

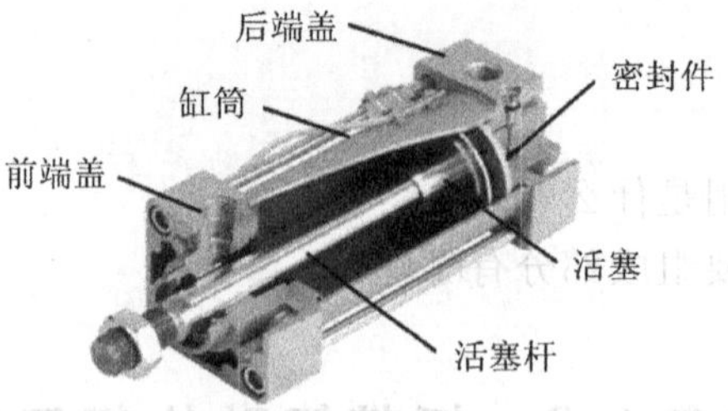

图 8-14　气缸的结构

2. 气缸的分类及特点

气缸的种类很多，按压缩空气作用在气缸活塞端面的方向进行分类，有单作用气缸和双作用气缸；按气缸安装形式分类，有固定式气缸、轴销式气缸、回转式气缸等；按气缸的功能及用途进行分类，可分为缓冲气缸、气一液阻尼缸、摆动气缸、冲击气缸等。可根据不同气缸的特点，在气动系统中选择合适的气缸，以下是几种常见气缸的特点：

(1) 单作用气缸。如图 8-15(a)所示，单作用气缸的活塞只能单向受气压推动，活塞反向复位需要借助弹簧或施加外力。

(2) 双作用气缸。如图 8-15(b)所示，双作用气缸的活塞在正、反两个方向上都靠气压推动，压缩空气可以在两个方向上做功。

(3) 气一液阻尼气缸。图 8-15(c)为串联式气一液阻尼缸，气一液阻尼缸是由气缸和液压缸共同组成的。左半部为气缸，右半部为油缸，当气缸从右腔供气时，液压缸活塞向左运动，此时液压缸左腔排油，油液只能经节流阀流回右腔，对整个活塞的运动起到阻尼作用。因此，调节节流阀，就能达到调节活塞运动速度的目的。当压缩空气进入气缸左腔时，液压缸右腔排油，此时单向阀开启，活塞能快速返回。油箱可补充因泄漏而减少的油量。

(4) 摆动气缸。图 8-15(d)为单叶片式摆动缸，左腔进气，右腔排气，叶片带动转子顺时针转动，反之，叶片与转子则逆时针转动。摆动气缸的输出为转矩，多用于要求转动输出的机构，且转角有限(一般＜360°)的工作场合，如夹具的回转、工件的翻转和阀门的开关等。

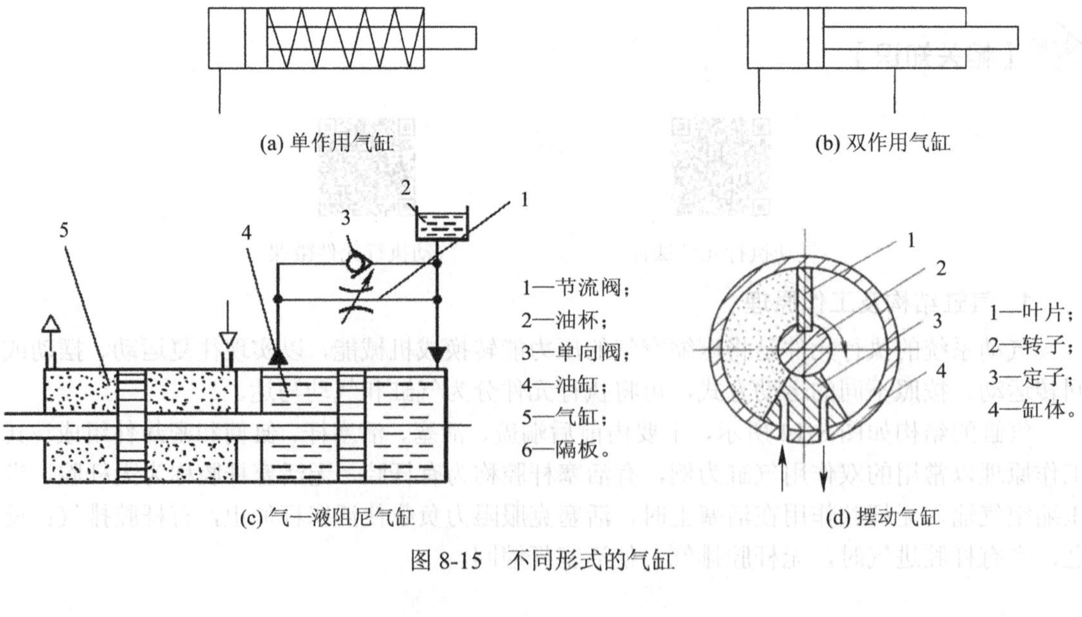

图 8-15　不同形式的气缸

3. 气动马达的作用及分类

气动马达是一种作连续旋转运动的气动执行元件，是一种把压缩空气的压力能转换成回转机械能的能量转换装置，它输出转矩，驱动执行机构做旋转运动。按照其结构分类有叶片式气动马达和活塞式气动马达。气动马达应用将日趋广泛，主要应用于专业性的机械制造业、油田、化工、造纸、炼钢、船舶、航空、工程机械等行业。

叶片式气动马达如图 8-16(a)所示，当压缩空气从 A 口进入定子内，会使叶片带动转子逆时针旋转，产生转矩。废气从排气口 C 排出；而定子腔内残留气体则从 B 口排出。如需改变气马达旋转方向，只需改变进、排气口即可。该马达结构简单、体积小、泄漏小、易启动、转矩均匀，但是叶片易磨损、噪音大，一般用于中小功率系统中。

活塞式气动马达如图 8-16(b)所示，压缩空气经进气孔进入分配阀(又称配气阀)后再进入气缸，推动活塞及连杆组件运动，再使曲轴旋转。在曲轴旋转的同时，带动固定在曲轴上的分配阀同步运动，使压缩空气随着分配阀角度位置的改变而进入不同的缸内。依次推动各个活塞运动，并由各活塞及连杆带动曲轴连续运转，与此同时，与进气缸相应的气缸则处于排气状态。

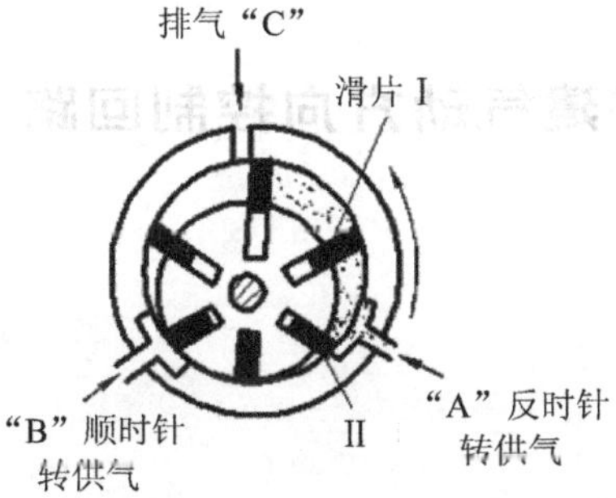

(a) 叶片式气动马达

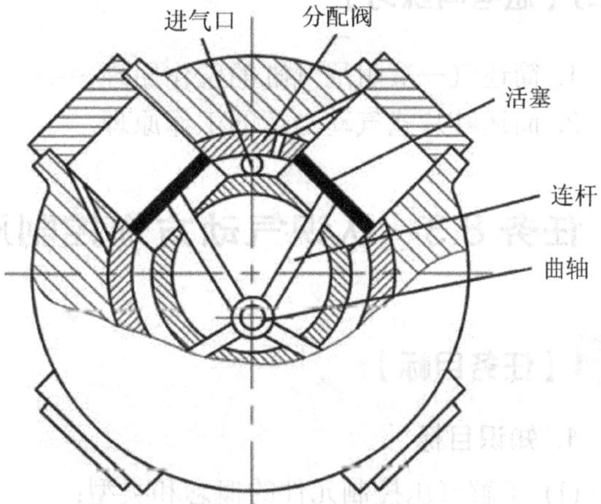

(b) 活塞式气动马达

图 8-16　气动马达

4. 气动马达的特点

(1) 可以实现无级调速。只要控制进气压力和流量，就能调节气动马达的输出功率和转速。

(2) 能实现正反转。大多数气动马达只要简单地用操纵阀来改变马达进、排气方向，即能实现气动马达输出轴的正转和反转，并且可以瞬时换向。

(3) 工作安全，不受振动、高温、电磁、辐射等影响，适用于恶劣的工作环境，在易燃、易爆、高温、振动、潮湿、粉尘等不利条件下均能正常工作。

(4) 有过载保护作用，不会因过载而发生故障。过载时，马达只是转速降低或停止，当过载解除，立即可以重新正常运转，并不产生机件损坏等故障。

【实施步骤】

(1) 记录各气动执行元件的名称、型号、规格、基本参数。

(2) 参照结构原理图拆卸双作用气缸和叶片气动马达并清洗干净。

(3) 指出拆下的各零部件的名称，分析各主要零部件的结构、作用，以及各气动执行元件的工作原理。

(4) 装配各气动执行元件。

拆装注意事项：

(1) 拆装中，应注意用铜棒敲打零部件，以免损坏部件和轴承。

(2) 拆卸过程中，遇到元件卡住的情况下，不能硬砸乱敲。

(3) 装配前，零件应清洗干净。装配时，要遵循“先拆的后装，后拆的先装”的原则，合理安装。

(4) 安装完毕后，气动执行元件运行应灵活平稳，没有阻滞和卡死现象。

【思考与练习】

1. 简述气－液阻尼气缸的工作原理。
2. 简述叶片式气动马达的工作原理。

任务 8.3　认识气动方向控制阀及搭建气动方向控制回路

【任务目标】

1. 知识目标

(1) 了解气压控制元件的概念和类型；

(2) 掌握气动方向控制阀的结构原理和图形符号；

(3) 理解气动换向回路的工作原理。

2. 能力目标

(1) 能够对气动方向控制阀进行故障分析和排除；

(2) 能够对气动方向控制回路进行排故和维护。

3. 素质目标

(1) 具备独立思考和主动探究能力；

(2) 具备团队协作意识和职业精神；

(3) 具备严谨、细致的工作作风。

【任务内容】

认识气动单向阀、气动换向阀；搭建双作用气缸换向回路。

【相关知识】

气动方向控制阀(一)课件　　气动方向控制阀(一)微课

气动方向控制阀(二)课件　　气动方向控制阀(二)微课

1. 气动方向控制阀

方向控制阀是改变气体的流动方向或通断的控制阀。方向控制阀按气流在阀内的作用方向，可分为单向型控制阀和换向型控制阀。

1) 单向型控制阀

只允许气流沿一个方向流动的控制阀叫单向型控制阀。如单向阀、梭阀、双压阀和快速排气阀等。

(1) 单向阀。

单向阀是指气流只能向一个方向流动，而不能反方向流动的阀。它的结构如图 8-17(a)所示，图形符号如图 8-17(b)所示，其工作原理与液压单向阀基本相同。

正向流动时，P 腔气压推动活塞的力大于作用在活塞上的弹簧力和活塞与阀体之间的摩擦阻力，则活塞被推开，P、A 接通。为了使活塞保持开启状态，P 腔与 A 腔应保持一定的压差，以克服弹簧力。反向流动时，受气压力和弹簧力的作用，活塞关闭，P、A 不通。弹簧的作用是增加阀的密封性，防止低压泄漏，另外，在气流反向流动时帮助阀迅速关闭。

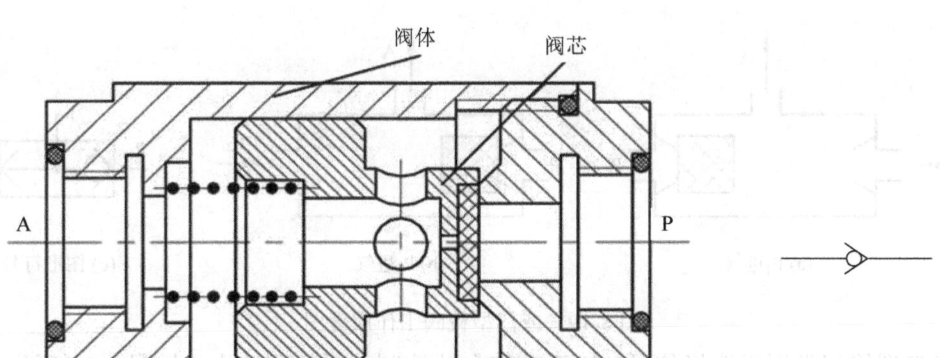

(a) 结构图　　(b) 图形符号

图 8-17　单向阀

单向阀的特性包括最低开启压力、压降和流量特性等。因单向阀是在压缩空气作用下开启的，因此在阀开启时，必须满足最低开启压力，否则不能开启。即使阀处在全开状态也会产生压降，因此在精密的压力调节系统中使用单向阀时，需预先了解阀的开启压力和压降值。一般最低开启压力在$(0.1\sim0.4)\times10^5$Pa，压降在$(0.06\sim0.1)\times10^5$Pa。

在气动系统中，为防止贮气罐中的压缩空气倒流回空气压缩机，在空压机和贮气罐之间应装有单向阀。单向阀还可与其他的阀组合成单向节流阀、单向顺序阀等。

(2) 或门型梭阀。

图 8-18 为或门型梭阀的结构简图。这种阀相当于由两个单向阀串联而成。无论是 P_1 口还是 P_2 口输入，A 口总是有输出的，其作用相当于实现逻辑或门的逻辑功能。

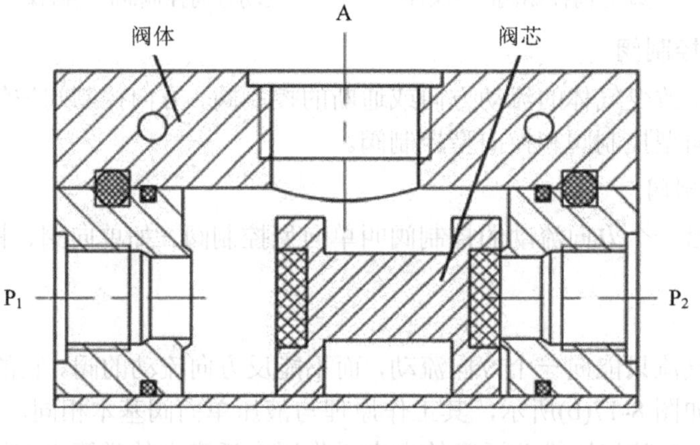

图 8-18　或门型梭阀结构

其工作原理如图 8-19 所示。当输入口 P_1 进气时将阀芯推向右端，通路 P_2 被关闭，于是气流从 P_1 进入通路 A，如图 8-19(a)所示；当 P_2 有输入时，则气流从 P_2 进入 A，如图 8-19(b)所示；若 P_1、P_2 同时进气，则哪端压力高，A 就与哪端相通，另一端就自动关闭。图 8-19(c)为其图形符号。

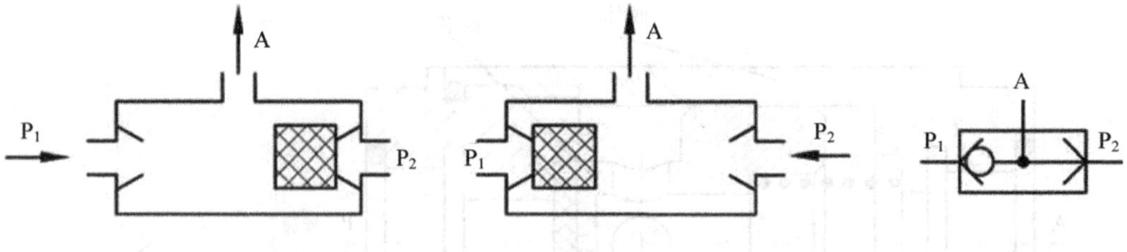

(a) P_1进气　　(b) P_2进气　　(c) 图形符号

图 8-19　或门型梭阀工作原理图

或门型梭阀常用于选择信号，如手动和自动控制并联的回路中，如图 8-20 所示。电磁阀通电，梭阀阀芯推向一端，A 有输出，气控阀被切换，活塞杆伸出；电磁阀断电，则活塞杆收回。电磁阀断电后，按下手动阀按钮，梭阀阀芯推向一端，A 有输出，活塞杆伸出；放开按钮，则活塞杆收回。即手动或电控均能使活塞杆伸出。

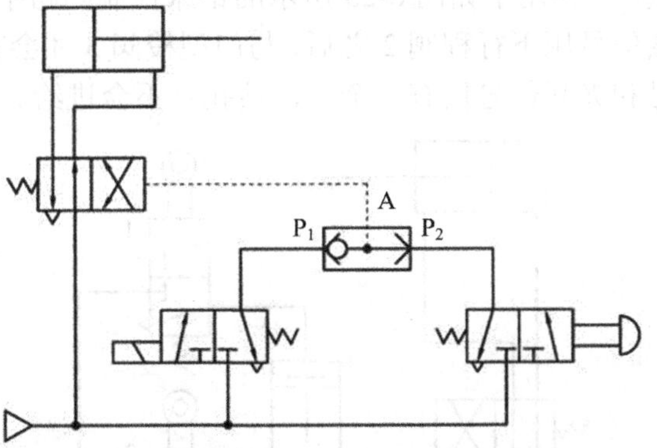

图 8-20　或门型梭阀应用于手动—自动换向回路

(3) 与门型梭阀(双压阀)。

与门型梭阀(即双压阀)有两个输入口，一个输出口。当输入口 P_1、P_2 同时都有输入时，A 才会有输出，因此具有逻辑“与”的功能。

图 8-21 是与门型梭阀的结构。

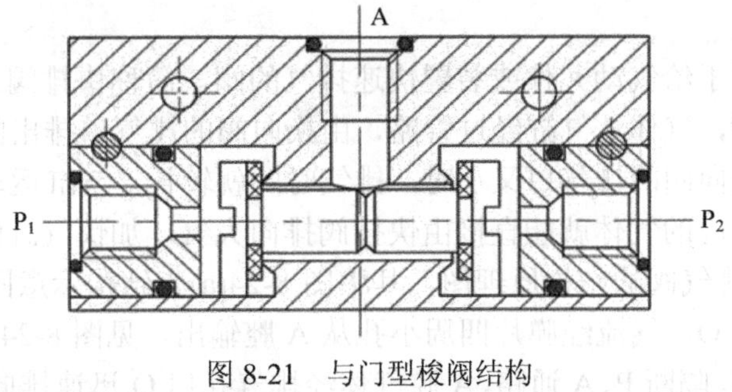

图 8-21　与门型梭阀结构

图 8-22 是与门型梭阀的工作原理图。

当 P_1 输入时，A 无输出，见图 8-22(a)；当 P2 输入时，A 无输出，见图 8-22(b)；当两输入口 P_1 和 P_2 同时有输入时，A 有输出，见图 8-22(c)。

与门型梭阀的图形符号见图 8-22(d)。

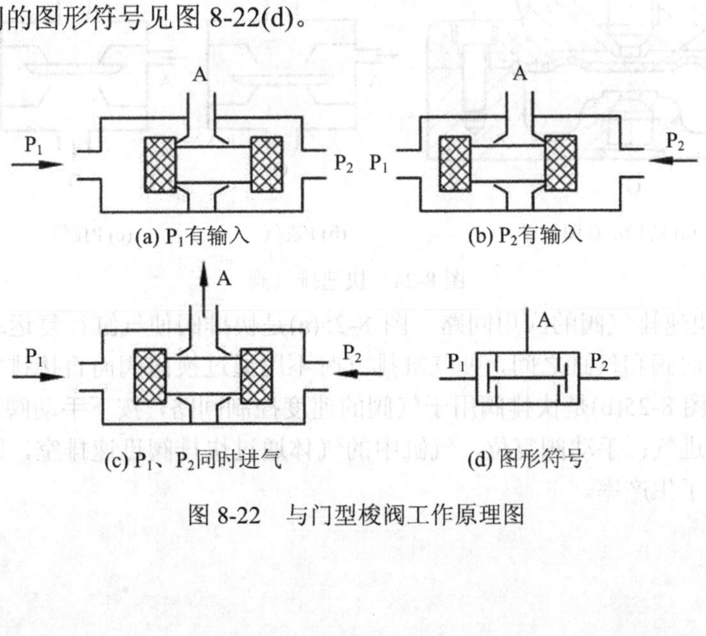

图 8-22　与门型梭阀工作原理图

与门型梭阀应用较广，如用于如图 8-23 所示的钻床控制回路中。只有工件定位信号压下行程阀 1 和工件夹紧信号压下行程阀 2 之后，与门型梭阀 3 才会有输出，使气控阀换向，钻孔缸进给。定位信号和夹紧信号仅有一个时，钻孔缸不会进给。

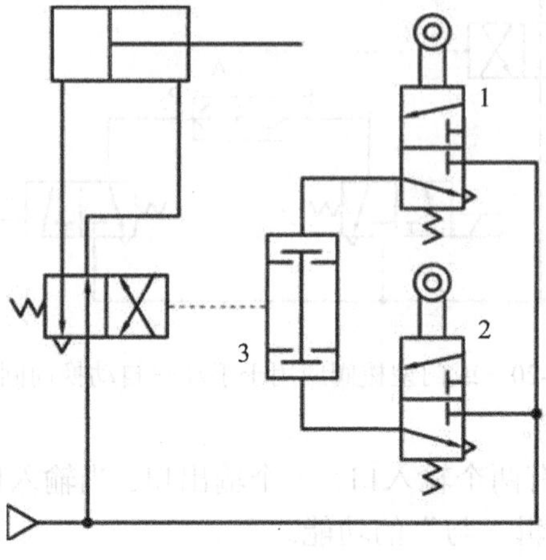

图 8-23　与门型梭阀的应用回路

(4) 快速排气阀。

快速排气阀是用于给气动元件或装置快速排气的阀，简称快排阀。

通常气缸排气时，气体从气缸经过管路，由换向阀的排气口排出的。如果气缸到换向阀的距离较长，而换向阀的排气口又小时，排气时间就较长，气缸运动速度较慢；若采用快速排气阀，则气缸内的气体就能直接由快排阀排向大气，加快气缸的运动速度。

图 8-24 是快速排气阀的结构原理图，其中图 8-24(a)为结构示意图。当 P 进气时，膜片被压下封住排气孔 O，气流经膜片四周小孔从 A 腔输出，见图 8-24(b)；当 P 腔排空时，A 腔压力将膜片顶起，隔断 P、A 通路，A 腔气体经排气孔口 O 迅速排向大气，见图 8-24(c)。快速排气阀的图形符号见图 8-24(d)。

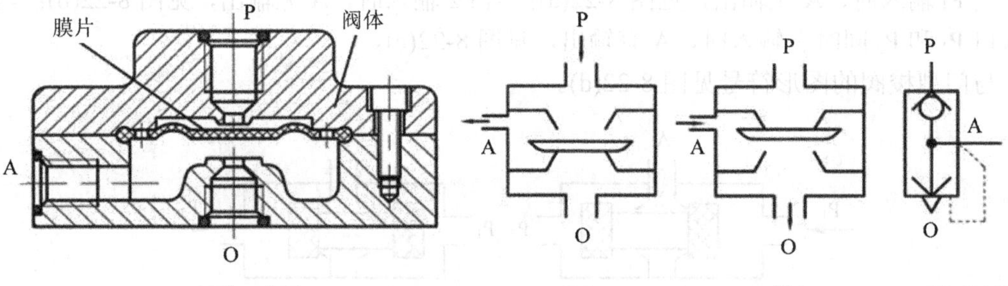

(a) 结构示意图　(b) P进气　(c) P排气　(d) 图形符号

图 8-24　快速排气阀

图 8-25 是快速排气阀的应用回路。图 8-25(a)是快排阀使气缸往复运动加速的回路，把快排阀装在换向阀和气缸之间，使气缸排气时不用通过换向阀而直接排空，可大大提高气缸运动速度。图 8-25(b)是快排阀用于气阀的速度控制回路，按下手动阀，由于节流阀的作用，气缸缓慢进气；手动阀复位，气缸中的气体通过快排阀迅速排空，因而缩短了气缸回程时间，提高了生产率。

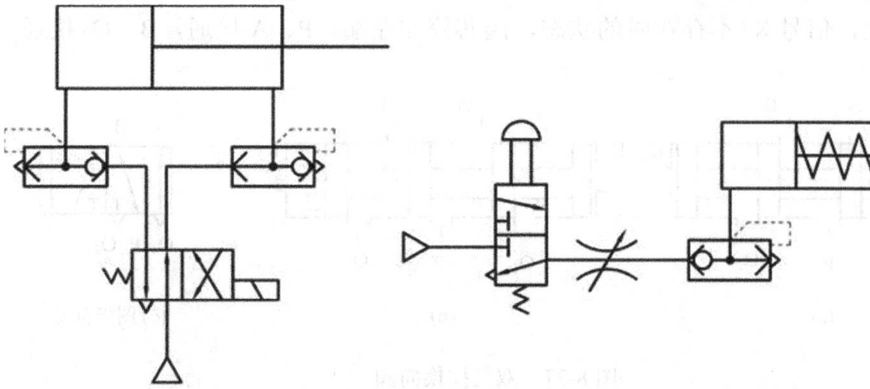

(a) 快排阀使气缸往复运动加速回路　　(b) 快排阀用于气阀的速度控制回路

图 8-25　快速排气阀的应用回路

2) 换向型控制阀

换向型控制阀是指可以改变气流流动方向的控制阀。按控制方式可分为气压控制、电磁控制、人力控制和机械控制。按阀芯结构可分为截止式、滑阀式和膜片式等。

(1) 气压控制换向阀。

气压控制换向阀利用气体压力使主阀芯运动而使气流改变方向。在易燃、易爆、潮湿、粉尘大、强磁场、高温等恶劣工作环境下，用气压力控制阀芯动作比用电磁力控制要安全可靠。气压控制可分成加压控制、泄压控制、差压控制、时间控制等方式。

① 加压控制。加压控制指加在阀芯上的控制信号压力值是逐渐上升的控制方式，当气压增加到阀芯的动作压力时，主阀芯换向。它有单气控和双气控两种。

图 8-26 为单气控换向阀工作原理，它是截止式二位三通换向阀。图 8-26(a)为无控制信号 K 时的状态，阀芯在弹簧与 P 腔气压作用下，P、A 断开，A、O 接通，阀处于排气状态；图 8-26(b)为有加压控制信号 K 时的状态，阀芯在控制信号 K 的作用下向下运动，A、O 断开，P、A 接通，阀处于工作状态。

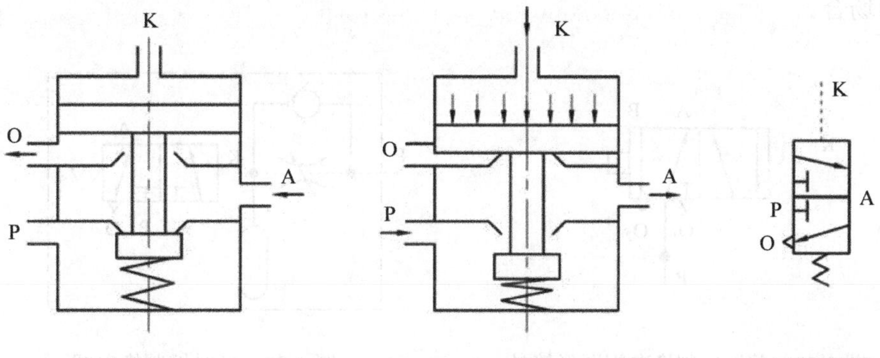

(a)　　(b)　　(c) 图形符号

图 8-26　单气控换向阀

图 8-27 为双气控换向阀工作原理，它是滑阀式二位五通换向阀。图 8-27(a)为控制信

号 K_1 存在，信号 K_2 不存在时的状态，阀芯停在右端，P、B 接通，A、O_1 接通；图 8-27(b) 为信号 K_2 存在，信号 K_1 不存在时的状态，阀芯停在左端，P、A 接通，B、O_2 接通。

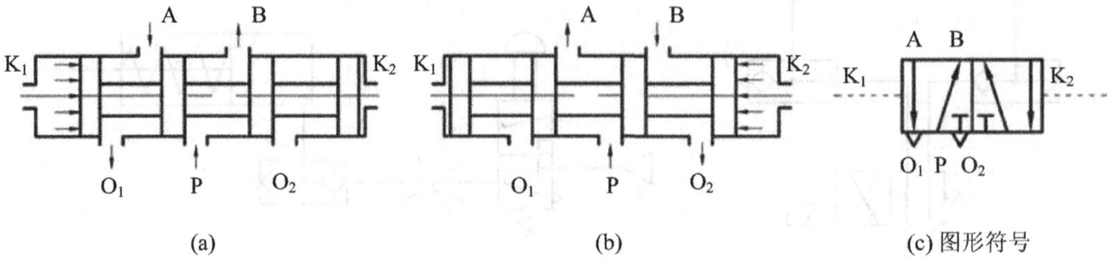

图 8-27　双气控换向阀

② 泄压控制。泄压控制指加在阀芯上的控制信号的压力值是渐降的控制方式，当压力降至某一值时阀便被切换。泄压控制阀的切换性能不如加压控制阀好。

③ 差压控制。差压控制是利用阀芯两端受气压作用的有效面积不等，在气压作用力的差值作用下，使阀芯动作而换向的控制方式。

图 8-28 是二位五通差压控制换向阀的图形符号，当 K 无控制信号时，P 与 A 相通，B 与 O_2 相通；当 K 有控制信号时，P 与 B 相通，A 与 O_1 相通。差压控制的阀芯靠气压复位，不需要复位弹簧。

④ 延时控制。延时控制的工作原理是利用气流经过小孔或缝隙被节流后，再向气室内充气，经过一定的时间，当气室内压力升至一定值后，再推动阀芯动作而换向，从而达到信号延迟的目的。

图 8-29 为二位三通延时阀，它由延时部分和换向部分两部分组成。其工作原理是：当 K 无控制信号时，P 与 A 断开，A 与 O 相通，A 腔排气；当 K 有控制信号时，控制气流先经可调节流阀，再到气容。由于节流后的气流量较小，气容中气体压力增长缓慢，经过一定时间后，当气容中气体压力上升到某一值时，阀芯换位，使 P 与 A 相通，A 腔有输出。当气控信号消除后，气容中的气体经单向阀迅速排空。调节节流阀开口大小，可调节延时时间的长短。这种阀的延时时间在 0～20 s 范围内，常用于易燃、易爆等不允许使用时间继电器的场合。

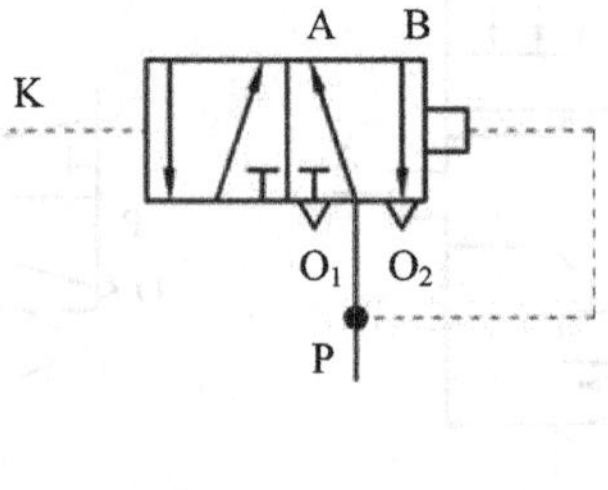

图 8-28　差压控制换向阀图形符号

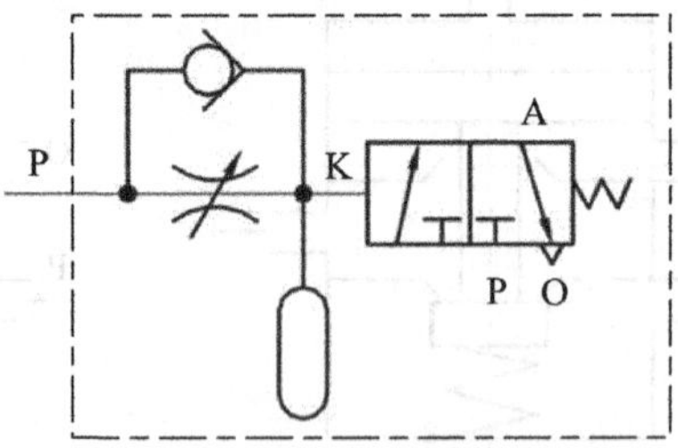

图 8-29　延时控制换向阀

图 8-30 为延时阀用于压注机的应用回路。按下手动阀 A，气缸下压工件，工件受压的时间长短由 B、C、D 组成的延时阀控制。

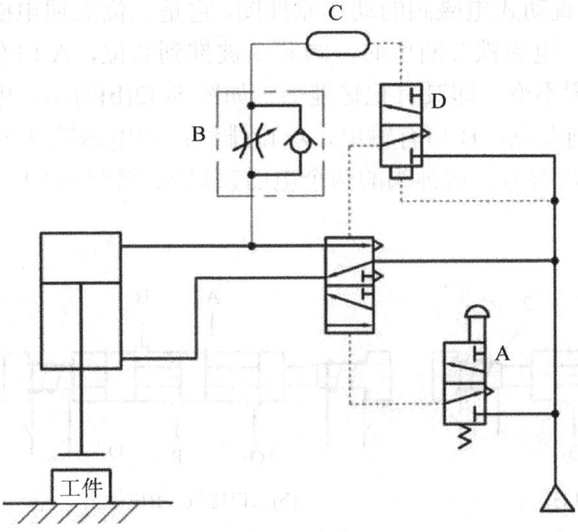

图 8-30　延时阀的应用

(2) 电磁控制换向阀。

电磁控制换向阀是由电磁铁通电对衔铁产生吸力，利用这个电磁力实现阀的切换以改变气流方向的阀。利用这种阀易于实现电、气联合控制，能实现远距离操作，故得到了广泛的应用。

电磁控制换向阀可分成直动式电磁阀和先导式电磁阀。

① 直动式电磁换向阀。

由电磁铁的衔铁直接推动阀芯换向的气动换向阀称为直动式电磁阀。直动式电磁换向阀有单电控和双电控两种。

图 8-31 为单电控直动式电磁阀的动作原理图，它是二位三通电磁阀。图 8-31(a)为电磁铁断电时的状态，阀芯靠弹簧力复位，使 P、A 断开，A、O 接通，阀处于排气状态。图 8-31(b)为电磁铁通电时的状态，电磁铁推动阀芯向下移动，使 P、A 接通，阀处于进气状态。图 8-31(c)为该阀的图形符号。

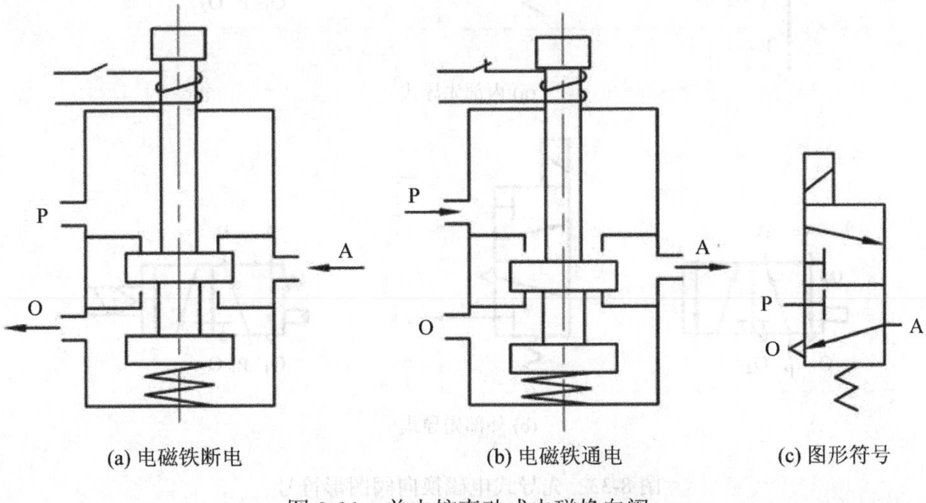

(a) 电磁铁断电　(b) 电磁铁通电　(c) 图形符号

图 8-31　单电控直动式电磁换向阀

图 8-32 为双电控直动式电磁阀的动作原理图，它是二位五通电磁换向阀。如图 8-32(a)所示，电磁铁 1 通电，电磁铁 2 断电时，阀芯 3 被推到右位，A 口有输出，B 口排气；电磁铁 1 断电，阀芯位置不变，即具有记忆能力。如图 8-32(b)所示，电磁铁 2 通电，电磁铁 1 断电时，阀芯被推到左位，B 口有输出，A 口排气；若电磁铁 2 断电，空气通路不变。图 8-32(c)为该阀的图形符号。这种阀的两个电磁铁只能交替得电工作，不能同时得电，否则会产生误动作。

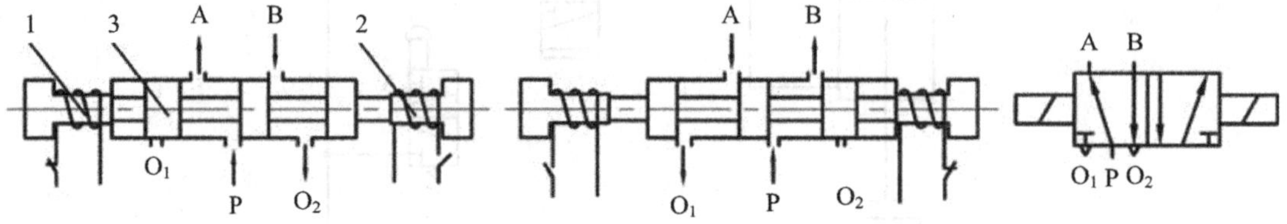

(a) A口输出，B口排气　　(b) A口排气，B口输出　　(c) 图形符号

图 8-32　双电控直动式电磁换向阀动作原理图

② 先导式电磁换向阀

先导式电磁换向阀由电磁先导阀和主阀两部分组成，电磁先导阀输出先导压力，此先导压力再推动主阀阀芯使阀换向。当阀的通径较大时，若采用直动式，则所需电磁铁要大，体积和电耗都大，为克服这些弱点，宜采用先导式电磁阀。

先导式电磁换向阀按控制方式可分为单电控和双电控方式。按先导压力来源，有内部先导式和外部先导式，它们的图形符号如图 8-33 所示。

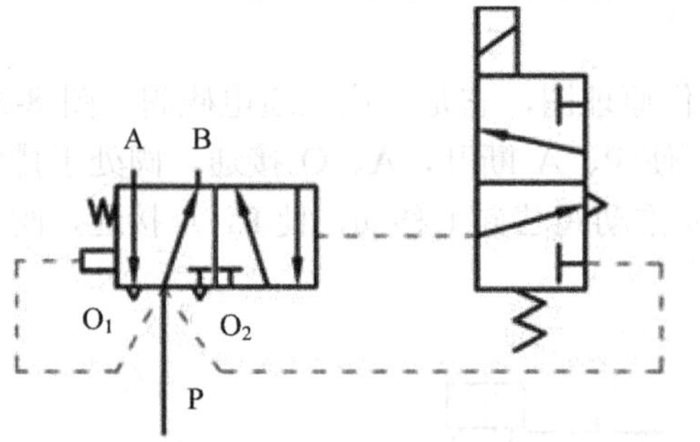

(a) 内部先导式

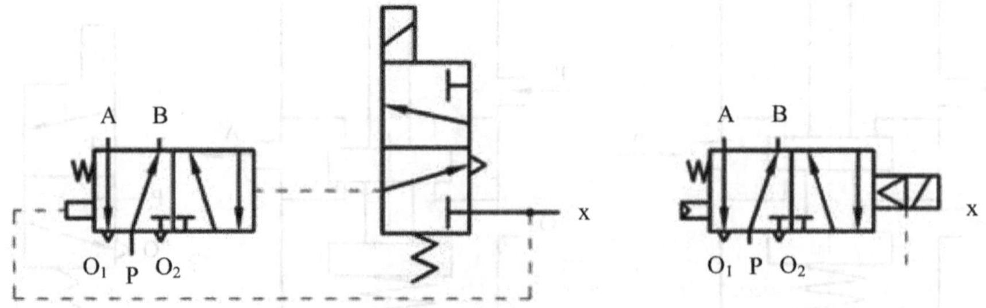

(b) 外部先导式

图 8-33　先导式电磁换向阀图形符号

图 8-34 是单电控外部先导式电磁换向阀的动作原理。

如图 8-34(a)所示，当电磁先导阀的激磁线圈断电时，先导阀的 x、A_1 口断开，A_1、O_1 口接通，先导阀处于排气状态，此时，主阀阀芯在弹簧和 P 口气压作用下向右移动，将 P、A 断开，A、O 接通，即主阀处于排气状态。如图 8-34(b)所示，当电磁先导阀通电后，使 x、A_1 接通，电磁先导阀处于进气状态，即主阀控制腔 A_1 进气。由于 A_1 腔内气体作用于阀芯上的力大于 P 口气体作用在阀芯上的力与弹簧力之和，因此将活塞推向左边，使 P、A 接通，即主阀处于进气状态。图 8-34(c)为单电控外部先导式电磁阀的详细图形符号，图 8-34(d)所示的是其简化图形符号。

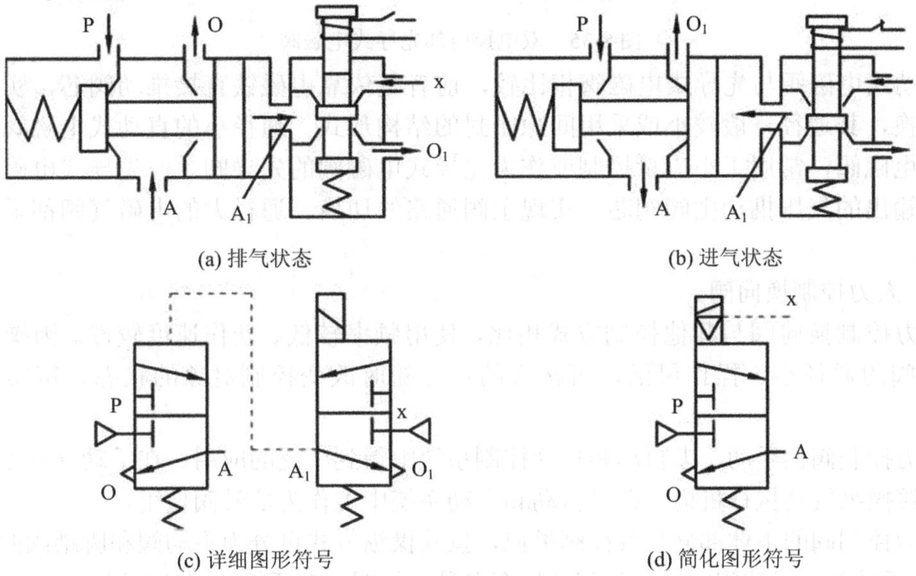

图 8-34　单电控外部先导式电磁阀

图 8-35 是双电控内部先导式电磁换向阀的动作原理图。如图 8-35(a)所示，当电磁先导阀 1 通电而电磁先导阀 2 断电时，由于主阀 3 的 K_1 腔进气，K_2 腔排气，使主阀阀芯移到右边。此时，P、A 接通，A 口有输出；B、O_2 接通，B 口排气。如图 8-35(b)所示，当电磁先导阀 2 通电而先导阀 1 断电时，主阀 K_2 腔进气，K_1 腔排气，主阀阀芯移到左边。此时，P、B 接通，B 口有输出；A、O_1 接通，A 口排气。双电控换向阀具有记忆性，即通电时换向，断电时并不返回，可用单脉冲信号控制。为保证主阀正常工作，两个电磁先导阀不能同时通电，电路中要考虑互锁保护。

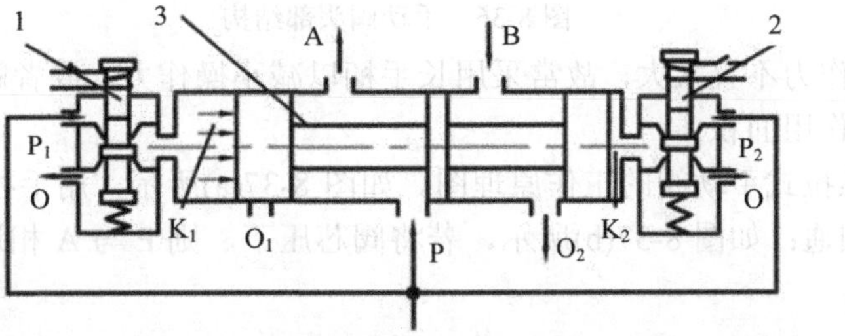

(a) K_1腔进气，K_2腔排气

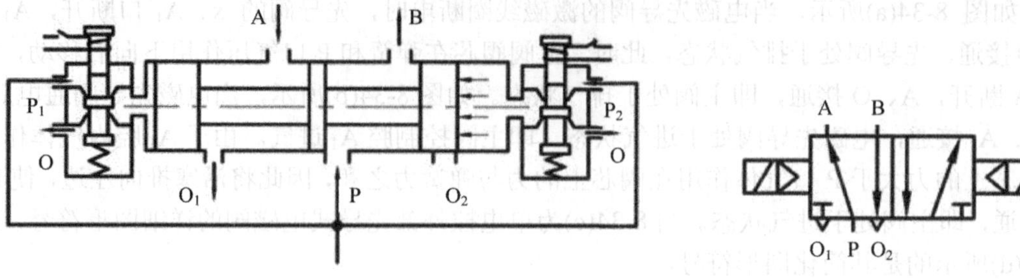

(b) K_2腔进气，K_1腔排气　　(c) 图形符号

图 8-35　双电控内部先导式电磁阀

直动式电磁阀与先导式电磁阀相比较，前者是依靠电磁铁直接推动阀芯，实现阀通路的切换，其通径一般较小或采用间隙密封的结构形式。通径小的直动式电磁阀也常称作微型电磁阀，常用于小流量控制或作为先导式电磁阀的先导阀。而先导式电磁阀是由电磁阀输出的气压推动主阀阀芯，实现主阀通路的切换。通径大的电磁气阀都采用先导式结构。

(3) 人力控制换向阀。

人力控制换向阀与其他控制方式相比，使用频率较低、动作速度较慢。因操作力不大，故阀的通径小、操作灵活，可按人的意志随时改变控制对象的状态，可实现远距离控制。

人力控制阀在手动、半自动和自动控制系统中得到广泛的应用。在手动气动系统中，一般直接操纵气动执行机构。在半自动和自动系统中多作为信号阀使用。

人力控制阀的主体部分与气控阀类似，按其操纵方式可分为手动阀和脚踏阀两类。

① 手动阀。手动阀的操纵头部结构有多种，如图 8-36 所示，有(a)按钮式、(b)蘑菇头式、(c)旋钮式、(d)拨动式、(e)锁定式等。

(a) 按钮式　(b) 蘑菇头式　(c) 旋钮式　(d) 拨动式　(e) 锁定式

图 8-36　手动阀头部结构

手动阀的操作力不宜太大，故常采用长手柄以减小操作力，或者阀芯采用气压平衡结构，以减小气压作用面积。

图 8-37 是推拉式手动阀的工作原理图。如图 8-37(a)所示，用手拉起阀芯，则 P 与 B 相通，A 与 O_1 相通；如图 8-37(b)所示，若将阀芯压下，则 P 与 A 相通，B 与 O_2 相通。

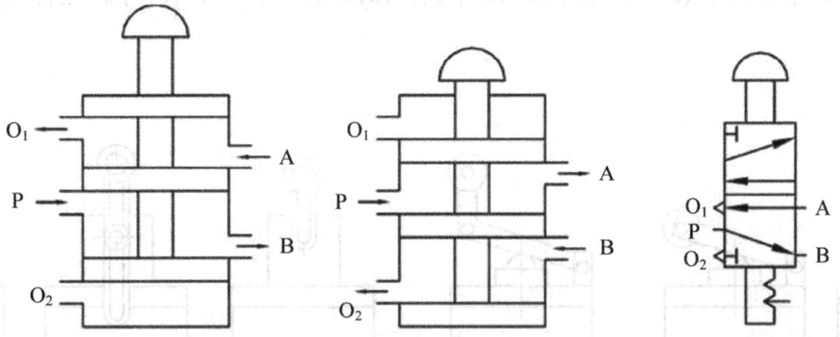

(a) 拉起阀芯　　(b) 压下阀芯　　(c) 图形符号

图 8-37　推拉式手动阀

旋钮式、锁式、推拉式等操作具有定位功能，即操作力除去后能保持阀的工作状态不变。图形符号上的缺口数表示有几个定位位置。

手动阀除弹簧复位外，也有采用气压复位的，好处是具有记忆性，即不加气压信号，阀能保持原位而不复位。

② 脚踏阀。在半自动气控冲床上，由于操作者两只手需要装卸工件，为提高生产效率，用脚踏阀控制供气更为方便，特别是操作者坐着干活的冲床。

脚踏阀有单板脚踏阀和双板脚踏阀两种。单板脚踏阀是脚一踏下便进行切换，脚一离开便恢复到原位，即只有两位式。双板脚踏阀有两位式和三位式之分。两位式的动作是踏下踏板后，脚离开，阀不复位，直到踏下另一踏板后，阀才复位。三位式有三个动作位置，脚没有踏下时，两边踏板处于水平位置，为中间状态；踏下任一边的踏板，阀被切换，待脚一离开又立即回复到中位状态。

图 8-38 是脚踏阀的结构示意图及头部控制图形符号。

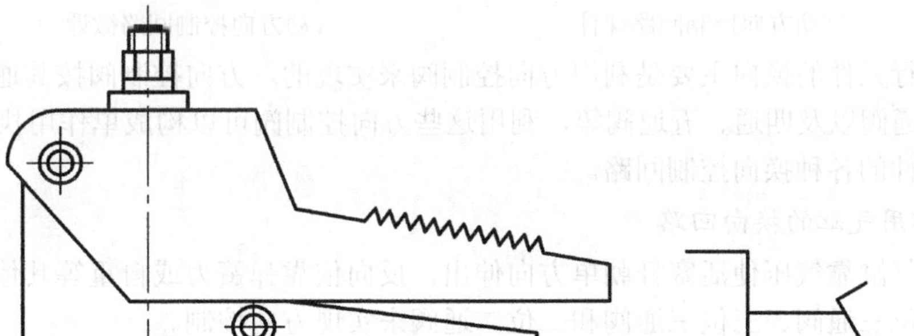

图 8-38　脚踏阀

(4) 机械控制换向阀。

机械控制换向阀是利用执行机构或其他机构的运动部件，借助凸轮、滚轮、杠杆和撞块等机械外力推动阀芯，实现换向的阀。

如图 8-39 所示，机械控制换向阀按阀芯的头部结构形式来分，常见的有：(a)直动圆头式，(b)杠杆滚轮式，(c)可通过滚轮杠杆式，(d)旋转杠杆式，(e)可调杠杆式，(f)弹簧触须式等。

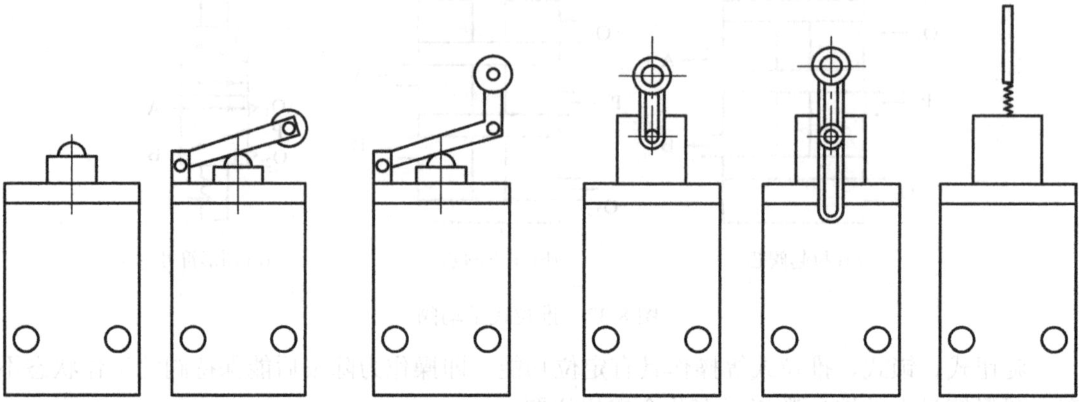

(a) 直动圆头式　(b) 杠杆滚轮式　(c) 可通过滚轮杠杆式　(d) 旋转杠杆式　(e) 可调杠杆式　(f) 弹簧触须式

图 8-39　机械控制阀的头部形式

直动圆头式由机械力直接推动阀杆的头部使阀切换。滚轮式头部结构可以减小阀杆所受的侧向力，杠杆滚轮式可减小阀杆所受的机械力。可通过滚轮杠杆式结构的头部滚轮是可折回的，当机械撞块正向运动时，阀芯被压下，阀换向。撞块走过滚轮，阀芯靠弹簧力返回。撞块返回时，由于头部可折，滚轮折回，阀芯不动，阀不换向。弹簧触须式结构操作力小，常用于计数发信号。

2. 气动方向控制回路

气动方向控制回路课件　　气动方向控制回路微课

气动执行元件的换向主要是利用方向控制阀来实现的。方向控制阀按其通路数来分，有二通、三通阀以及四通、五通阀等，利用这些方向控制阀可以构成单作用执行元件和双作用执行元件的各种换向控制回路。

1) 单作用气缸的换向回路

单作用气缸靠气压使活塞杆朝单方向伸出，反向依靠弹簧力或自重等其他外力返回。通常采用二位三通阀、三位三通阀和二位二通阀来实现方向控制。

(1) 采用二位三通阀控制。

图 8-40 为采用手控二位三通阀控制的单作用气缸换向回路，此方法适用于气缸缸径较小的场合。图 8-40(a)为采用弹簧复位式手控二位三通换向阀的换向回路；当按下按钮后阀进行切换，活塞杆伸出；松开按钮后阀复位，气缸活塞杆靠弹簧力返回。图 8-40(b)为采用带定位机构手控二位三通换向阀的换向回路，按下按钮后活塞杆伸出；松开按钮，因阀有定位机构而保持原位，活塞杆仍保持伸出状态，只有把按钮上拨时，二位三通阀才能换向，气缸进行排气，活塞杆返回。

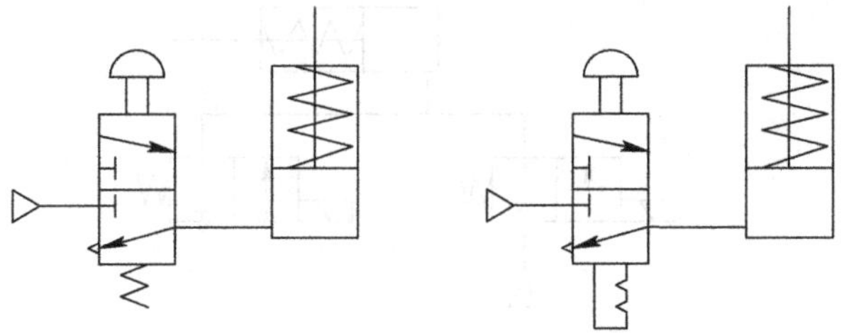

(a) 采用弹簧复位式　　(b) 采用定位机构手控

图 8-40　二位三通阀手动换向回路

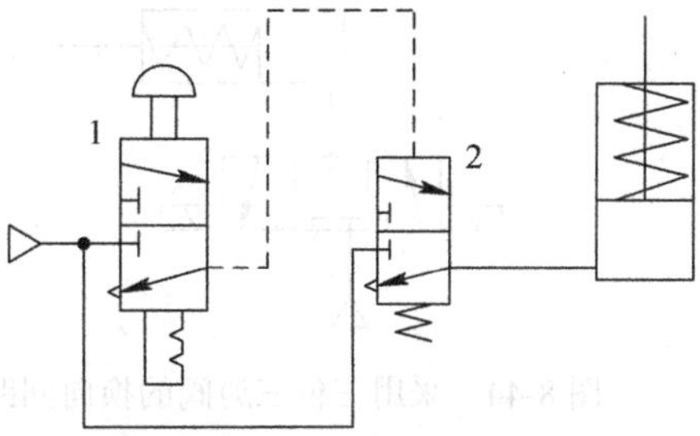

图 8-41　二位三通阀气控换向回路

图 8-41 为采用气控二位三通阀换向阀控制的换向回路。当缸径很大时，手控阀的流通能力过小将影响气缸运动速度。因此，直接控制气缸换向的主控阀需采用通径较大的气控阀 2，图中阀 1 为手动操作阀，阀 1 也可用机控阀代替。

图 8-42 为采用电控二位三通阀换向阀的控制回路，其中图 8-42(a)为采用单电控换向阀的控制回路，此回路如果气缸在伸出时突然断电，则单电控阀将立即复位，气缸返回。图 8-42(b)为采用双电控换向阀的控制回路，双电控阀为双稳态阀，具有记忆功能，当气缸在伸出时突然断电，气缸仍将保持在原来的状态。如果回路需要考虑失电保护控制，则最好选用双电控阀，双电控阀应水平安装。

图 8-43 为采用一个二位三通阀和一个二位二通阀的组合控制回路，该回路能实现单作用气缸的中间停止功能。

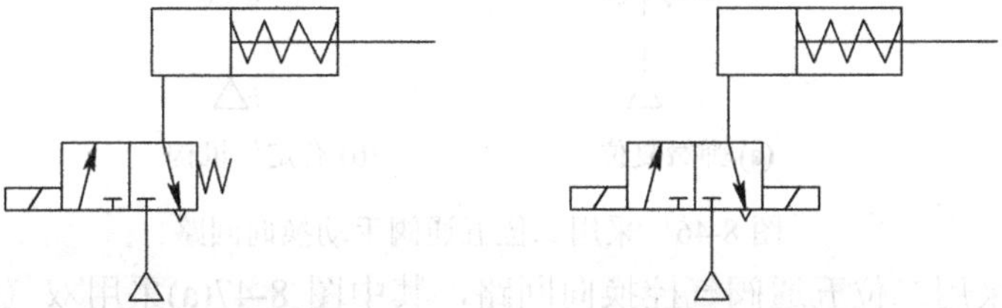

(a) 采用单电控换向阀　　(b) 采用双电控换向阀

图 8-42　二位三通电控换向回路

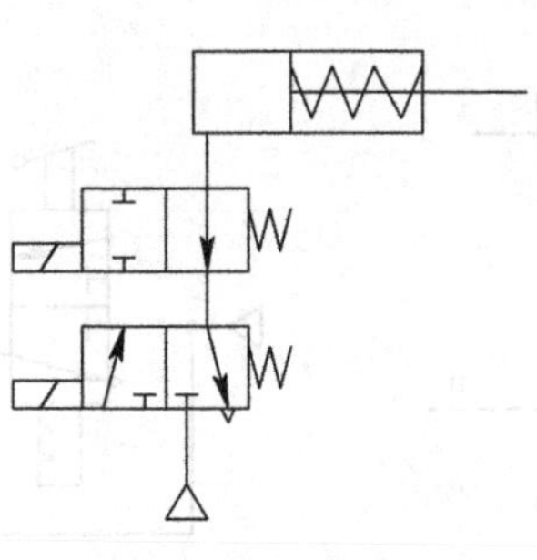

图 8-43　二位二通和二位三通联合电控换向回路

(2) 采用三位三通阀控制。如图 8-44 所示，采用三位三通阀的换向控制回路，能实现活塞杆在行程中途的任意位置停留。不过由于空气的可压缩性原因，其定位精度较差。

(3) 采用二位二通阀控制。图 8-45 为采用二位二通换向阀的控制回路，对于该回路应注意两个电磁阀不能同时通电。

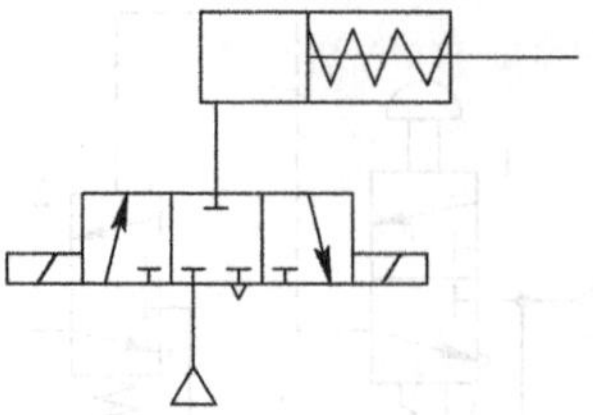

图 8-44　采用三位三通阀的换向回路

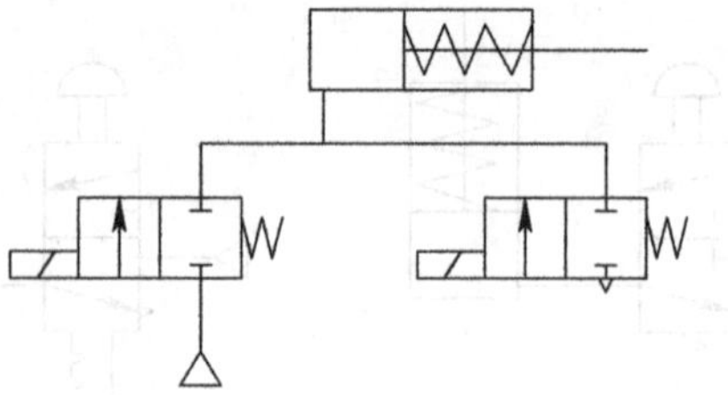

图 8-45　采用二位二通阀的换向回路

2) 双作用气缸的换向回路

双作用气缸的换向回路指通过控制气缸两腔的供气和排气来实现气缸的伸出和缩回运动的回路，一般采用二位五通阀和三位五通阀控制。

(1) 采用二位五通阀控制。

图 8-46 为采用二位五通阀手动控制的双作用气缸换向回路，其中图 8-46(a)为采用弹簧复位的手动二位五通阀换向回路，它是不带“记忆”的换向回路；图 8-46(b)为采用有定位机构的手动二位五通阀，是有“记忆”的手控阀换向回路。

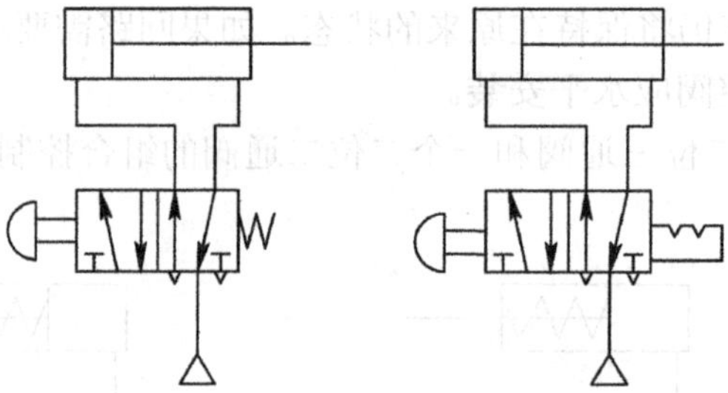

(a) 弹簧复位　　(b) 有定位机构

图 8-46　采用二位五通阀手动换向回路

图 8-47 为采用二位五通阀气控换向回路，其中图 8-47(a)采用双气控二位五通阀为主控阀，它是具有“记忆”的换向回路，气控信号 m 和 n 由手控阀或机控阀供给；图 8-47(b)中的换向回路采用了单气控二位五通阀为主控阀，由带定位机构的手控二位三通阀提供气控信号。

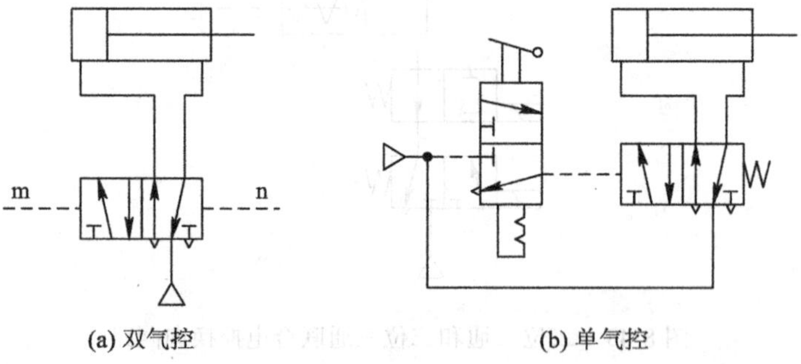

(a) 双气控　　(b) 单气控

图 8-47　采用二位五通阀气控换向回路

图 8-48 为采用了二位五通阀电控的气动换向回路，图 8-48(a)为单电控方式，图 8-48(b)为双电控方式。

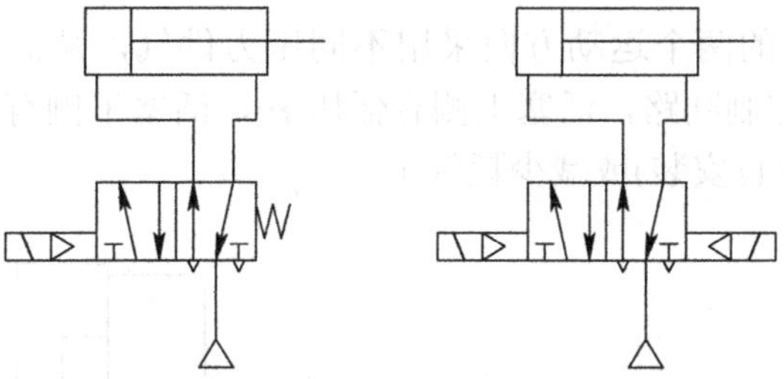

(a) 单电控　　(b) 双电控

图 8-48　二位五通阀双电控气动换向回路

(2) 采用三位五通阀控制。

当需要中间定位时，可采用三位五通阀构成的换向回路，如图 8-49 所示。

图 8-49(a)为双气控三位五通阀换向回路。当 m 信号输入时换向阀移至左位，气缸活塞杆伸出；当 n 信号输入时换向阀至右位，气缸活塞杆缩回；当 m、n 均排气时换向阀回到中位，活塞杆在中途停止运动。由于空气的可压缩性以及气缸活塞、活塞杆及其带动的运动部件产生的惯性力，仅用三位五通阀使活塞杆中途停下来，其定位精度不高。

图 8-49(b)是用双电控气动三位五通阀组成的换向回路。活塞可在中途停止运动，它用电气控制线路来进行控制。

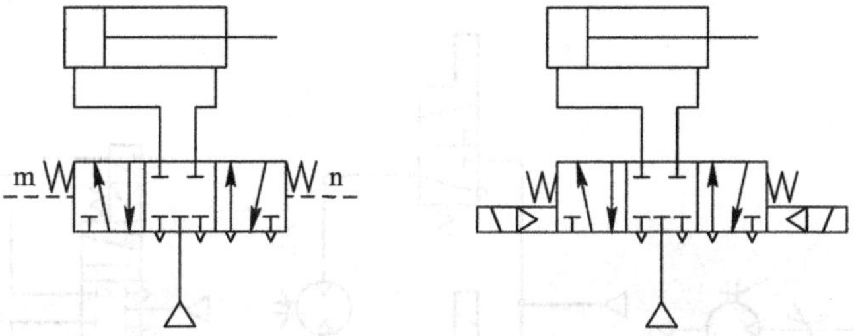

(a) 双气控　　(b) 双电控气动

图 8-49　三位五通阀换向回路

(3) 采用二位三通阀控制。

图 8-50 是由两个单控常通式二位三通阀组成的换向回路，活塞在中途可以停止运动。

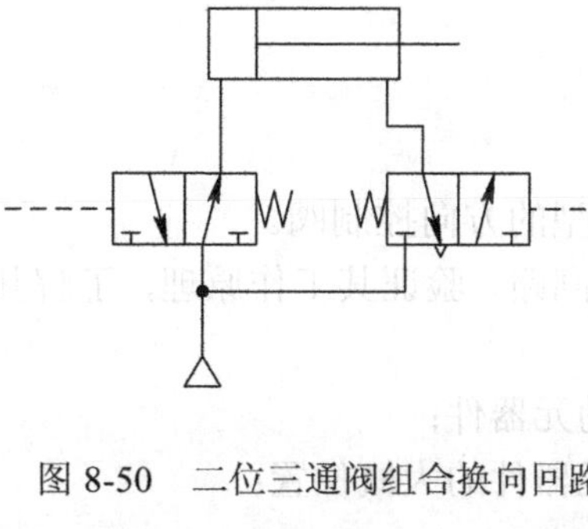

图 8-50　二位三通阀组合换向回路

3) 差动回路

差动回路是指气缸的两个运动方向采用不同压力供气，从而利用差压进行工作的回路。图 8-51 是差压式控制回路，活塞上侧有低压 p_2，活塞下侧有高压 p_1，目的是减小气缸运动的撞击(如气缸垂直安装)或减少耗气量。

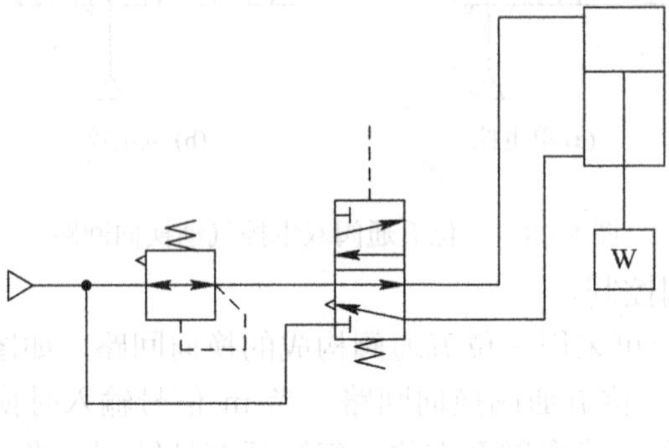

图 8-51　差动回路

4) 气动马达换向回路

图 8-52(a)为气动马达单方向旋转的回路，采用了二位二通电磁阀来实现转停控制，马达的转速用节流阀来调整。图 8-52(b)和图 8-52(c)所示的回路分别为采用两个二位三通阀和一个三位五通阀来控制气马达正反转的回路。

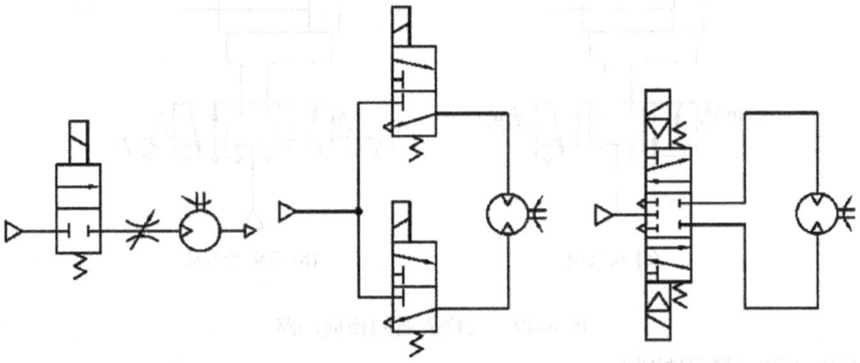

(a) 采用一个二位二通阀　　(b) 采用两个二位三通阀　　(c) 采用一个三位五通阀

图 8-52　气动马达换向回路

【实施步骤】

1. 查阅资料，了解不同类型的方向控制阀。

2. 组装各类气动方向控制回路，验证其工作原理，了解其性能特点，学习常见故障的诊断及排除方法。

(1) 选择组装回路所需要的元器件；

(2) 在实验台上布置好各元器件的大概位置；

(3) 按图纸组装系统回路，并进行调试；

(4) 验证结束，拆装回路，清理元器件及实验台。

【思考与练习】

1. 单作用气缸和双作用气缸的换向回路主要区别是什么？

2. 要想使双作用气缸自动换向，且在任意位置停止，可选择哪些换向阀？试画出回路图。

3. 何为差动回路？用一个二位三通阀控制一个单杆双作用气缸，试设计此差动回路。

任务 8.4　认识气动流量控制阀及搭建气动速度控制回路

【任务目标】

1. 知识目标

(1) 掌握气动节流阀、调速阀的原理和结构；

(2) 掌握气动节流调速回路的工作原理及应用场合。

2. 能力目标

(1) 熟悉气动节流调、调速阀的图形符号的含义；

(2) 能正确搭建、调试、使用各种气动节流调速回路。

3. 素质目标

(1) 具备独立思考和主动探究能力；

(2) 具备团队协作意识和职业精神；

(3) 具备严谨、细致的工作作风。

【任务内容】

认识气动节流阀、调速阀、快速排气阀；搭建不同类型的速度控制回路。

【相关知识】

1. 流量控制阀

气动流量控制阀课件　　　　气动流量控制阀微课

在气压传动系统中，有时需要控制气缸的运动速度，有时需要控制换向阀的切换时间和气动信号的传递速度，这些都需要调节压缩空气的流量来实现。流量控制阀就是通过改变阀的通流面积来实现流量控制的元件。流量控制阀包括节流阀、单向节流阀、排气节流阀等。

1) 节流阀

图 8-53 为圆柱斜切型节流阀的工作原理和图形符号。压缩空气由 P 口进入，经过节流后，由 A 口流出。旋转阀芯螺杆可改变节流口的开度大小。这种节流阀的结构简单，体积小，应用范围较广。

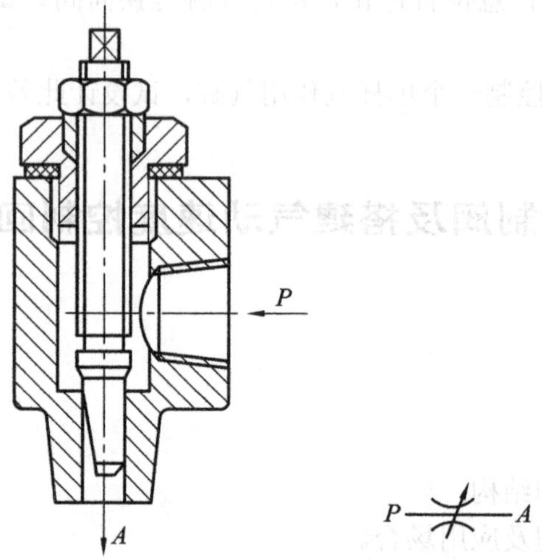

(a) 工作原理图　　(b) 图形符号

图 8-53　圆柱斜切型节流阀工作原理和图形符号

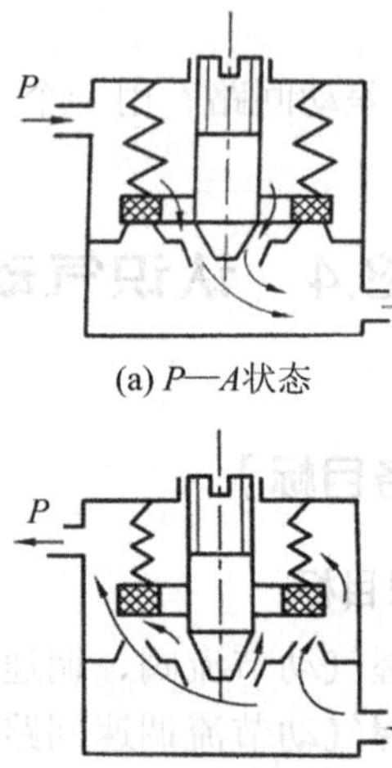

(a) P—A状态

(b) A—P状态

图 8-54　单向节流阀的工作原理

2) 单向节流阀

单向节流阀是由单向阀和节流阀并联而成的组合式流量控制阀，常用于控制气缸的运动速度，又称为速度控制阀，如图 8-54 所示。当气流沿着图 8-54(a)所示路径流动时，经节流阀节流；当气流沿 8-54(b)所示路径流动时，单向阀打开，不节流。单向节流阀常用于气缸的调速和延时回路。

3) 排气节流阀

排气节流阀是装在执行元件的排气口处，调节进入大气中的气体流量的一种控制阀。它不仅能调节执行元件的运动速度，还常带有消声器件，所以也能起降低排气噪声的作用。

图 8-55 为排气节流阀的工作原理图。其工作原理与节流阀类似，靠调节节流口处的同流面积来调节排气流量，由消声套来减小排气噪声。

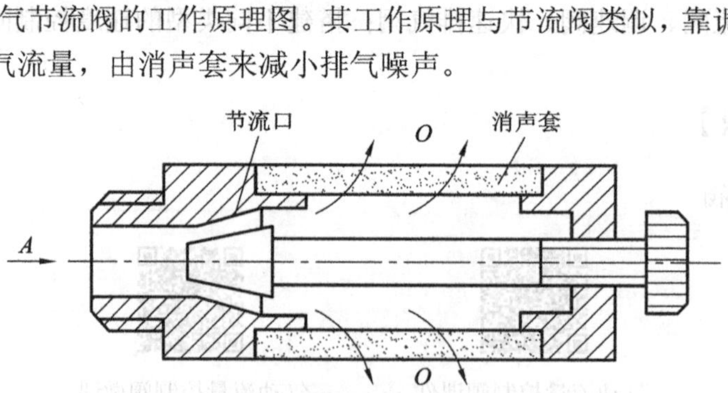

图 8-55　排气节流阀工作原理图

2. 速度控制回路

气动速度控制回路课件　　气动速度控制回路微课

在气压传动系统中，因气体具有压缩性，所以用流量控制的方式来调节气缸的运动速度是比较困难的，尤其是在超低速控制中， 要按照预定行程来控制速度，单用气动很难实现，外部负载变化大时，仅用气动流量阀也不会得到令人满意的效果。为提高其运动平稳性，建议采用气液联动。气动系统主要的调速方法是节流调速。

1) 单作用气缸速度控制回路

图 8-56 为单作用气缸速度控制回路。在图 8-56(a)回路中，两个单向节流阀反接，可分别控制活塞杆伸出和缩回的速度；在图 8-56(b)中，气缸活塞上升时节流调速，下降时则通过快速排气阀排气，使活塞快速返回。

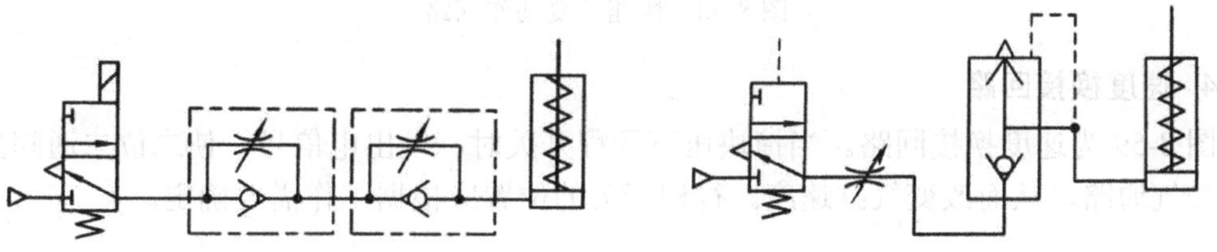

(a) 两个单向节流阀反接　　(b) 节流阀和排气阀调速

图 8-56　单作用气缸速度控制回路

2) 双作用气缸速度控制回路

图 8-57 为双作用气缸速度控制回路。图 8-57(a)是采用单向节流阀的双向调速回路；图 8-57(b)是采用排气节流的双向调速回路，它们都采用排气节流调速方式。当外负载变化不大时，采用排气节流调速方式，进气阻力小，负载变化对速度影响小，比进气节流调速效果好。

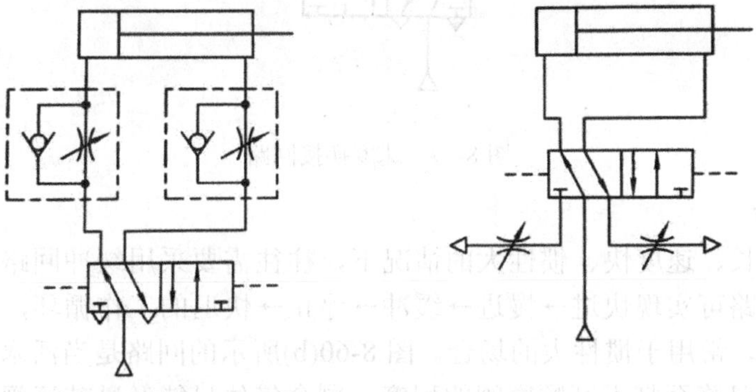

(a) 单向节流阀调速　　(b) 排气节流阀调速

图 8-57　双作用气缸速度控制回路

3. 快速往复动作回路

图 8-58 为采用快速排气阀的快速往复动作回路，若要实现气缸单向快速运动，可省去图中一只快速排气阀。

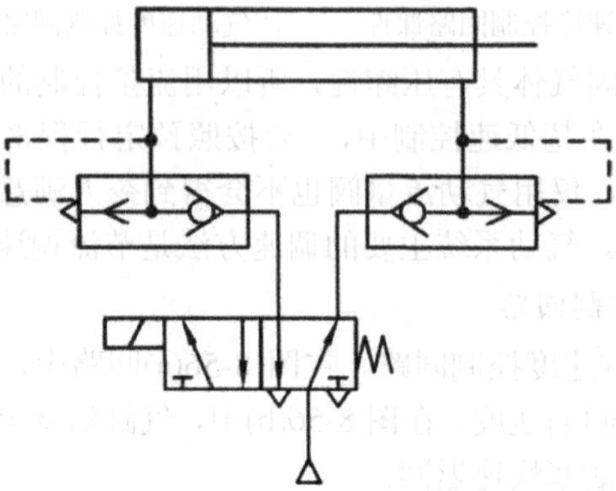

图 8-58　快速往复动作回路

4. 速度换接回路

图 8-59 为速度换接回路。当撞块压下行程开关时，发出电信号，使二位二通阀换向，改变排气通路，从而改变气缸速度。行程开关的位置应根据工作需要确定。

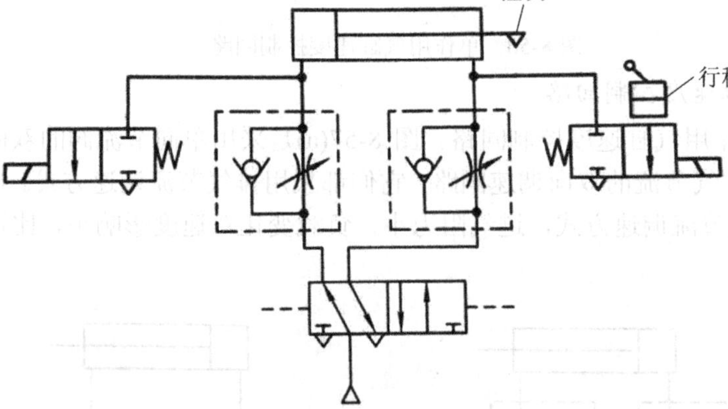

图 8-59　速度换接回路

5. 缓冲回路

气缸在行程长、速度快、惯性大的情况下，往往需要采用缓冲回路来消除冲击。图 8-60(a)所示的回路可实现快进→慢进→缓冲→停止→快退的工作循环，行程阀可根据需要调整缓冲过程，常用于惯性大的场合。图 8-60(b)所示的回路是当活塞返回至行程末端时，其左腔压力已降至打不开顺序阀的程度，剩余气体只能经过节流阀排出，使活塞得到缓冲，这种回路适用于行程长、速度快的场合。

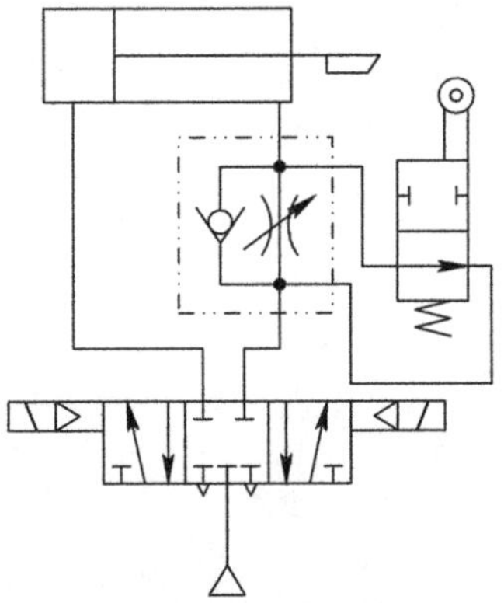

(a) 采用行程阀的缓冲回路

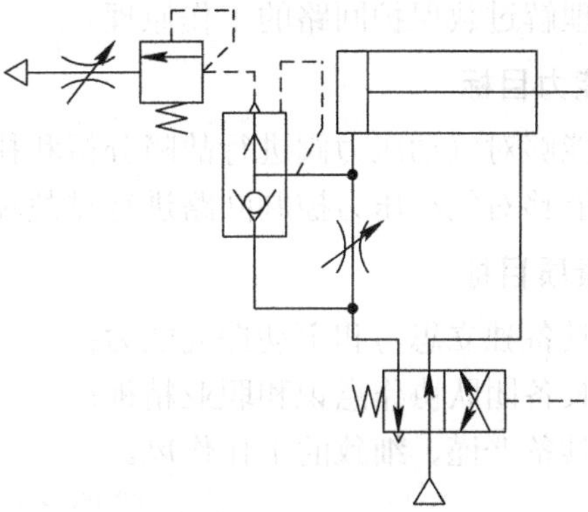

(b) 采用快速排气阀、顺序阀和节流阀的缓冲回路

图 8-60　缓冲回路

【实施步骤】

1. 查阅资料，了解不同类型的流量控制阀。

2. 组装各类气动速度控制回路，验证其工作原理，了解其性能特点，学习常见故障的诊断及排除方法。

(1) 选择组装回路所需要的元器件；

(2) 在实验台上布置好各元器件的大概位置；

(3) 按图纸组装系统回路，并进行调试；

(4) 验证结束，拆装回路，清理元器件及实验台。

【思考与练习】

1. 简述排气节流阀的作用及其工作原理。

2. 简述双作用气缸速度控制回路工作原理。

3. 简述过缓冲回路的工作原理。

任务 8.5　认识气动压力控制阀及搭建气动压力控制回路

【任务目标】

1. 知识目标

(1) 掌握气动压力阀的结构原理和图形符号；

(2) 理解一次压力回路的工作原理；

(3) 理解二次压力回路的工作原理；

(4) 理解高低压切换回路的工作原理；

(5) 理解过载保护回路的工作原理。

2. 能力目标

(1) 能够对气动压力阀进行故障分析和排除；

(2) 能够对气动压力控制回路进行排故和维护。

3. 素质目标

(1) 具备独立思考和主动探究能力；

(2) 具备团队协作意识和职业精神；

(3) 具备严谨、细致的工作作风。

【任务内容】

认识减压阀、溢流阀、顺序阀等；搭建各种压力控制回路。

【相关知识】

1. 压力控制阀

气动压力控制阀课件　　气动压力控制阀微课

气动不同于液压传动，液压系统中每套液压装置都自带液压源(泵站)，而在气动系统中，一般是由空气压缩机先将空气压缩，储存在储气罐内，然后经管道输送给各气动装置使用。而储气罐的空气压力往往比每台设备实际所需要的压力高，同时其压力值波动也较大，因此需要用减压阀(调压阀)将其压力减到每台装置所需要的压力，并使减压后的压力稳定在需要的值。

除用减压阀减压外，低压控制系统(如射流系统)还需要通过定值器获得压力更低、精度更高的气源压力。

有些气动回路需要依靠回路中压力的变化实现控制两个执行元件的顺序动作，所用的这种阀就是顺序阀。顺序阀与单向阀的组合称为单向顺序阀。

为了安全起见，当压力超过允许压力值时，所有的气动回路或储气罐需实现自动向外放气，这种压力控制阀叫作安全阀(溢流阀)。

1) 减压阀(调压阀)

减压阀按调节压力的方式分为直动式减压阀和先导式减压阀两大类。由旋钮直接调节调压弹簧改变减压阀输出压力的叫直动式减压阀。直动式减压阀按机能分为溢流式、恒量排气式和非溢流式 3 种形式。用预先调整好压力的空气代替调压弹簧进行调压的叫先导式减压阀。因为气动系统大多数是低压系统，直动式减压阀应用广泛，所以以直动式减压阀为例，下面分析它们的结构。

(1) 溢流式减压阀。

QTJ(或 QFJ)型减压阀应用最广。其结构及图形符号如图 8-61 所示。

① 溢流式减压阀的特点：减压过程中经常从溢流孔排出少量多余的气体。

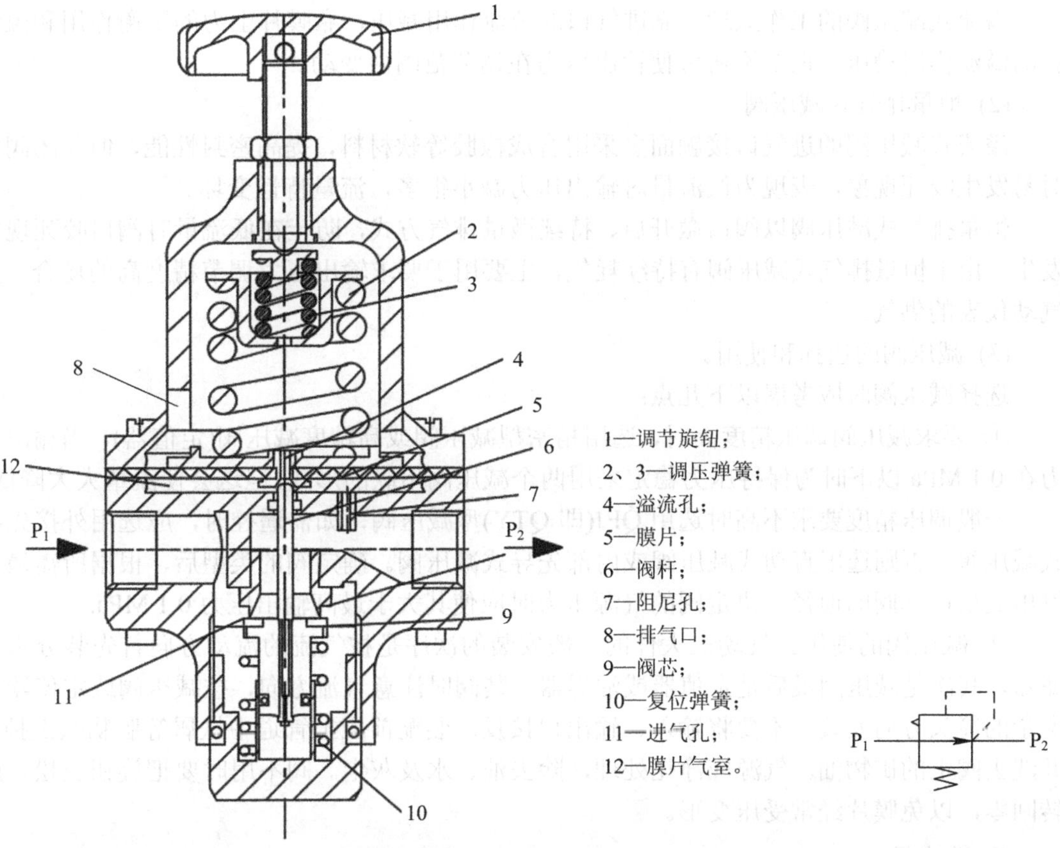

(a) 工作原理图　　　　(b) 图形符号

图 8-61　QTJ 型减压阀

② 动作原理：当阀处于工作状态时，将旋钮 1 向下旋动，压缩弹簧 2、3 将推动膜片 5 和阀芯 9 下移，进气口 11 被打开，气流从左端输入，经进气口 11 节流减压后从右端输出。输出气流的一部分由阻尼孔 7 进入膜片气室 12,在膜片 5 的下面产生一个向上的推力，这个推力总是企图把阀口关小，使其输出压力下降。当作用在膜片上的推力与弹簧力互相平衡后，减压阀保持一定值的输出压力。

当输入压力发生波动时，如输入压力瞬时升高，输出压力也随之升高，作用在膜片上的气体推力也相应增大，破坏了原有的力平衡，使膜片 5 向上移动。此时，有少量气体经溢流孔 4、排气口 8 排出。在膜片上移的同时，因复位弹簧 10 的作用，使阀芯 9 也向上移动，进气口 11 开度减小，节流作用增大，使输出压力下降，直至达到新的平衡，并基本稳定至预先调定的压力值。若输入压力瞬时下降，输出压力相应下降，膜片下移，进气口开度增大，节流作用减小，输出压力又基本回升至原值。当不使用时，旋松旋钮 1，使弹簧 2、3 恢复自由状态，阀芯 9 在复位弹簧 10 的作用下，关闭进气口 11，此时，减压阀便处于截止状态，无气流输出。安装减压阀时，要按气流的方向和减压阀上所标示的箭头方向安装。调压时，应由低向高调至规定的压力值。减压阀不工作时应及时把旋钮松开，以免膜片永久变形。

溢流式减压阀的工作原理：靠进气口的节流作用减压，靠膜片上力的平衡作用和溢流孔的溢流作用稳压。调节旋钮可使输出压力在调节范围内变动。

(2) 恒量排气式减压阀。

溢流式减压阀的进气口接触面多采用合成橡胶等软材料，提高密封性能，但关闭阀门时易发生咬死现象，表现为低流量时输出压力减小很多，流量特性变坏。

恒量排气式减压阀以阀口微开启、持续微量排气方式，防止在低流量时阀口咬死现象发生。由于恒量排气式减压阀有持续耗气，主要用于要求输出压力调节精度高的场合，如气动仪表的供气。

(3) 减压阀的选择和使用。

选择减压阀时应考虑以下几点：

① 要求减压阀调压精度高时，选用精密型减压阀或高精度减压阀(定值器)，当输出压力在 0.1 MPa 以下时为保持压力稳定采用两个减压阀串联的形式，但这会使流量大大降低。

一般调压精度要求不高时选用 QFJ(即 QTY)型减压阀，如需遥控时，应选用外接先导式减压阀，否则选用直动式减压阀或内部先导式减压阀。确定阀的类型后，根据所需最大输出流量选择阀的通径。决定阀的气源压力时应使其大于最高输出压力 0.1 MPa.

② 减压阀的使用。气动三大件的一般安装的次序是按气流的流动方向首先装分水过滤器，其次是减压阀最后是定值器或油雾器。装阀时注意气流方向，按减压阀或定值器上所示的箭头方向安装，不要将输入、输出口接反。装配前应把管道中铁屑等脏物吹洗掉，并洗去阀上的矿物油。气源应净化处理，除去油、水及灰尘。阀不用时要把旋钮放松，旋转回零，以免膜片经常受压变形。

2) 溢流阀

溢流阀是一种保持回路工作压力恒定的压力控制阀，而安全阀是一种防止系统过载、保证安全的压力控制阀。溢流阀和安全阀在结构和功能方面往往是相似的，有时不加以区别。它们的作用是当系统中的工作压力超过调定值时，将多余的压缩空气排入大气，以保持进口压力的调定值。

(1) 溢流阀的工作原理。

图 8-62 为溢流阀的工作原理示意图。阀的进气口与控制系统(或装置)连接。当系统中的气体压力为零时，作用在阀芯上的弹簧力(或重锤)使它紧压在阀座上。

随着系统中的气压增加，即在阀芯下面产生一个气压作用力，若此力小于弹簧力(或重锤)时，两者作用力之差形成阀芯和阀座之间的密封力。当系统中压力上升到某一值时，阀的密封力变为零。若压力继续上升到阀的开启压力 p 时，阀芯开始打开，压缩空气从排气口急速喷出。阀开启后，若系统中的压力继续上升到阀的全开压力 p 时，则阀芯全部开启，从排气口排出额定的流量。此后，系统中的压力逐渐降低，当低于系统工作压力的调定值(即阀的关闭压力 p'')时，阀门关闭，并保持密封。

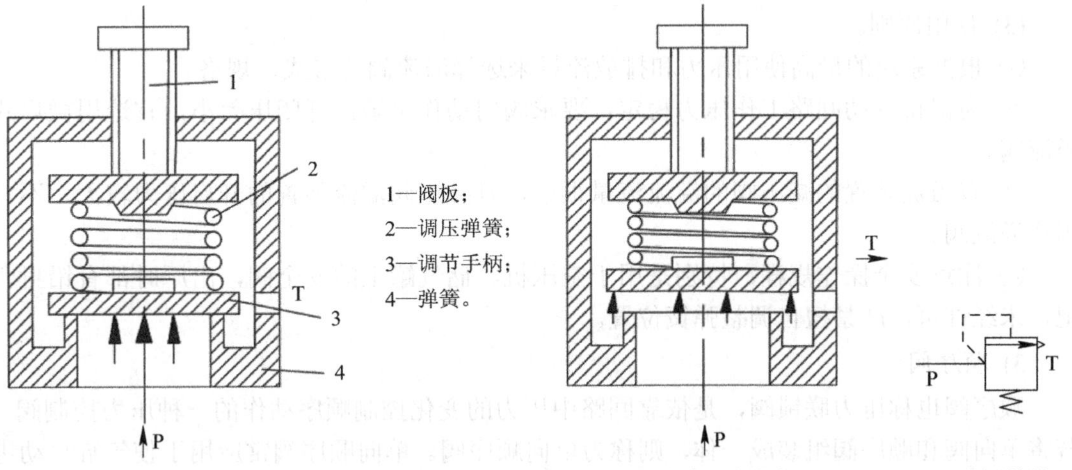

(a) 阀芯关闭状态　(b) 阀芯开启状态　(c) 图形符号

图 8-62　溢流阀工作原理图

(2) 溢流阀结构。

按溢流阀的作用原理，可将其分为两种类型：微启式(比例作用式)和全启式(突开式)。一般微启式用于溢流阀，全启式用于安全阀。

图 8-63 为微启式溢流阀。该阀的工作特效属于比例作用式，即阀门的开度是随系统压力的升高而逐渐开启的。因此，阀的排放量也是逐渐增大的，一旦系统中的压力低于调定值，阀门即关闭。这样有利于保证系统的工作压力稳定。

图 8-64 为全启式安全阀，其特点是阀门开启以额定的排放流量迅速排出气体，当系统中的压力稍低于调定压力时阀门即关闭。保证回路中的压力维持在工作压力而不致下降过多。

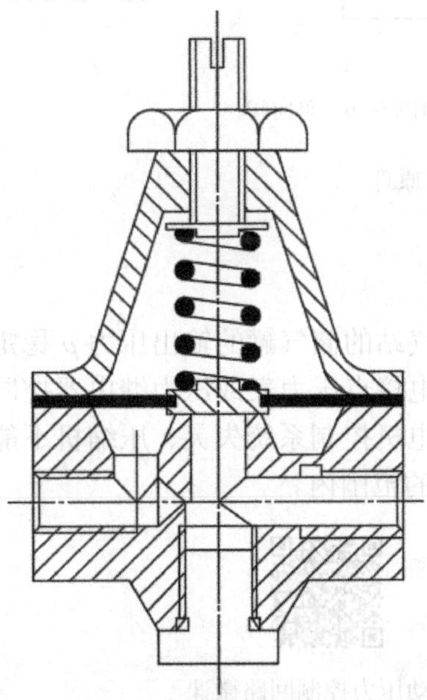

图 8-63　微启式溢流阀

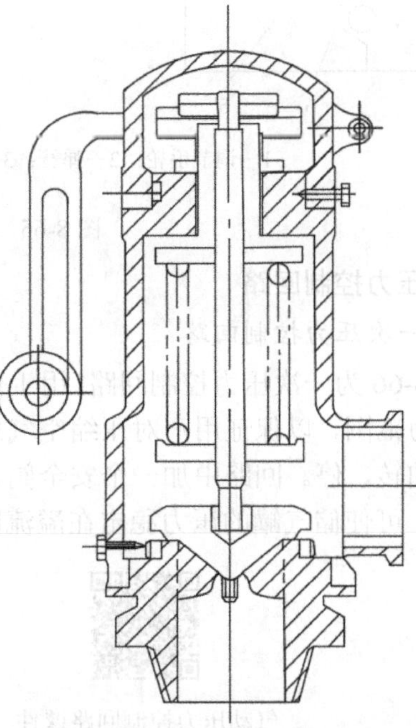

图 8-64　全启式安全阀

(3) 使用原则。

① 根据系统的最高使用压力和排放流量来选择溢流阀的形式、规格。

② 为保持气动回路工作压力稳定，要求阀门动作灵敏，开闭压差小，宜选用微启式溢流阀。

③ 有溢流装置的减压阀的溢流流量很小，且减压阀溢流装置的开启压力较大，不宜用作溢流阀。

④ 注意安全操作规程，特别是用于空压机、储气罐上的安全阀，出厂时都有铅封印记，未经许可，严禁擅自调整弹簧位置。

3) 顺序阀

顺序阀也称压力联锁阀，是依靠回路中压力的变化控制顺序动作的一种压力控制阀。若将单向阀和顺序阀组装成一体，则称为单向顺序阀。单向顺序阀常应用于使气缸自动进行一次往复运动，不便安装机械控制阀的场合。

顺序阀的工作原理比较简单，图 8-65 为单向顺序阀的工作原理图。它们都是靠弹簧的预压缩量控制阀开启压力的大小。

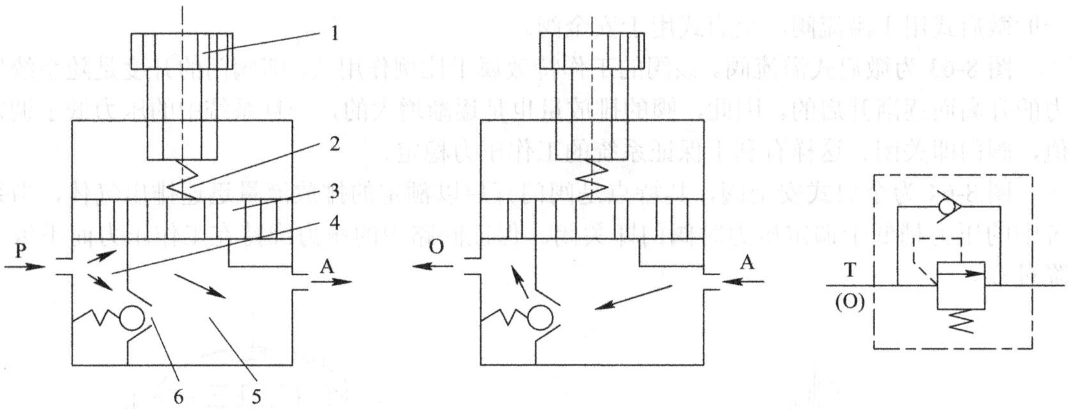

1—调节手轮；2—弹簧；3—活塞；4、5—工作腔；6—单向阀。

图 8-65　单向顺序阀工作原理

2. 压力控制回路

1) 一次压力控制回路

图 8-66 为一次压力控制回路，用于使控制压缩空气站的储气罐的输出压力 p 稳定在一定的压力范围，以保证用户对压缩空气压力的需要。电接点压力表或压力继电器控制空气压缩机的转、停。回路中加一个安全阀，其作用是当电机控制系统失灵、压缩机不能停止运转时，可使储气罐的压力稳定在溢流阀调定压力值的范围内。

气动压力控制回路课件　　　　气动压力控制回路微课

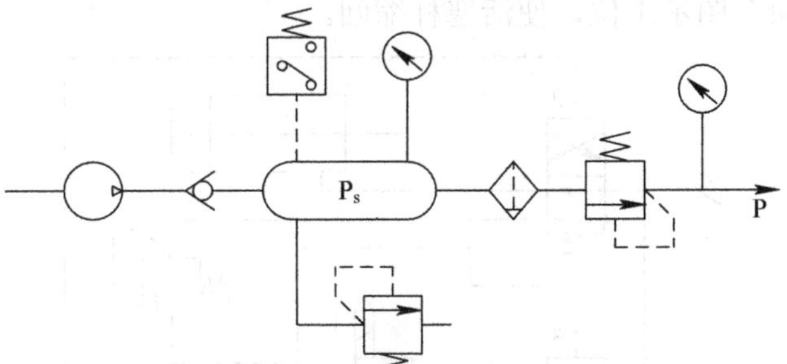

图 8-66　一次压力控制回路

2) 二次压力控制回路

二次压力控制回路是每台气动装置的气源入口处的压力调节回路，如图 8-67(a)所示。从压缩空气站来的压缩空气，经分水过滤器、减压阀、油雾器供给气动设备使用。调节溢流式减压阀能得到气动设备所需的工作压力。如回路中需要多种不同的压力，可采用如图 8-67(b)所示高低压控制回路。

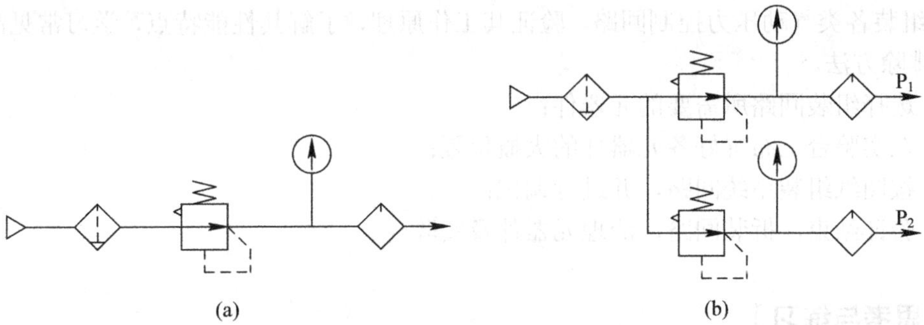

图 8-67　二次压力控制回路

3) 高低压切换回路

图 8-68 为利用换向阀和减压阀实现高低压切换输出的回路。

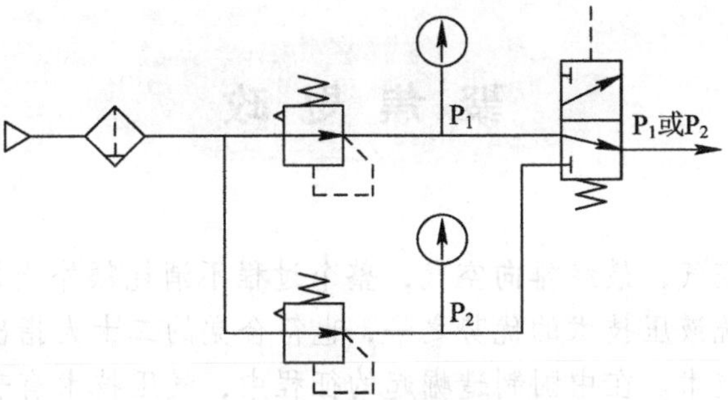

图 8-68　高低压切换回路

4) 过载保护回路

如图 8-69 所示，正常工作时，电磁换向阀 1 通电，使换向阀 2 换向，气缸外伸。如果在活塞杆受压的方向发生过载，则顺序阀动作，换向阀 3 切换，换向阀 2 的控制气体排出，在弹簧力的作用下换至图示工位，使活塞杆缩回。

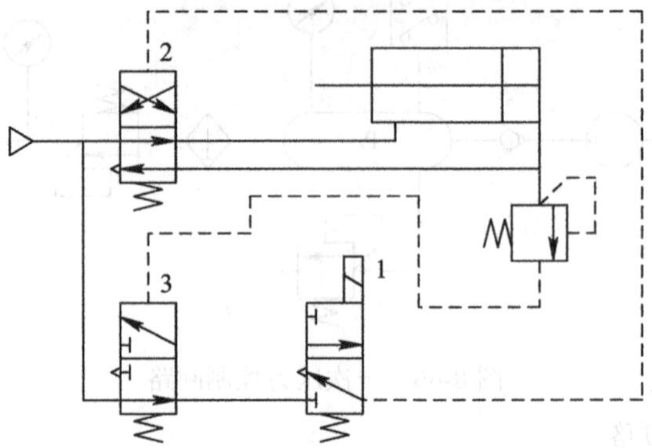

图 8-69 过载保护回路

【实施步骤】

1. 查阅资料，了解不同类型的压力控制阀。

2. 组装各类气动压力控制回路，验证其工作原理，了解其性能特点，学习常见故障的诊断及排除方法。

(1) 选择组装回路所需要的元器件；

(2) 在实验台上布置好各元器件的大概位置；

(3) 按图纸组装系统回路，并进行调试；

(4) 验证结束，拆装回路，清理元器件及实验台。

【思考与练习】

1. 简述溢流式减压阀工作原理。

2. 简述二次压力控制回路的工作原理。

聚 焦 思 政

工作介质来源于空气，最终排向空气，整个过程不消耗额外能量，对空气没有污染，这是气压技术相比传统液压技术的优势之一，也符合党的二十大指出的绿色发展精神。大国重器也离不开气压技术。在中国制造崛起的征程中，气压技术有着不可磨灭的贡献。以路甬祥为代表的一大批科学家和技术人员在该领域贡献了他们的青春和智慧，其爱国情、强国志、报国行激励我们青年一代砥砺前行。

项目九　分析典型气压传动系统

气压传动技术是实现工业生产自动化和半自动化的方式之一。由于气压传动系统使用安全、可靠，可以在高温、振动、腐蚀、易燃、易爆、多尘埃、强磁、辐射等恶劣环境下工作，所以气动技术应用日益广泛，本项目分析两个典型气压传动系统。

【项目概述】

本项目分为两部分任务内容：分析 YL-335B 自动化生产线气压传动系统和分析公共汽车车门启闭气压传动系统。

任务 9.1　分析 YL-335B 自动化生产线气压传动系统

【任务目标】

1. 知识目标

(1) 对 YL-335B 自动生产线有基本认知；

(2) 认识 YL-335B 自动生产线的气压系统，了解其工作原理。

2. 能力目标

(1) 能够认识 YL-335B 自动化生产线的气动元件，并了解其作用；

(2) 能够分析 YL-335B 自动化生产线的气动工作原理。

3. 素质目标

(1) 具备独立思考和主动探究能力；

(2) 具备团队协作意识和职业精神；

(3) 具备严谨、细致的工作作风。

【任务内容】

认识 YL-335B 自动化生产线的基本组成，作用，控制原理，了解自动化生产线的气动元件、气动工作原理。

【相关知识】

1. YL-335B 自动化生产线概述

自动生产线主要用于机械制造、石油化工、轻工纺织、食品制药、汽车生产、电子信息等多个领域，它在现代化工业进程中发挥着非常重要的作用。YL-335B 自动生产线是国家职业技能大赛的指定产品，其所涉及的核心技术包括机械、气动、传感器、电气、PLC、变频器、伺服驱动、通信等，是电气自动化技术、机电一体化技术等专业的重要教学载体。

自动生产线在机械加工中应用广泛，其主要功能是实施加工和装配，其中涉及气动控制、电气控制、自动检测、电机调速、PLC 编程等。

自动生产线所涉及的技术领域非常广泛，如机械加工技术、气动液压技术、机电装配技术、电气控制技术、计算机控制技术、信息检测技术、通信网络技术等。目前，随着电气自动化和机械自动化水平的不断提高，新技术、新工艺的不断出现，自动生产线的整体水平也在提高。随着智能制造技术、嵌入式技术、物联网技术的发展，自动生产线的功能将会得到高度扩充。

YL-335B 自动生产线由供料单元、加工单元、装配单元、分拣单元和输送单元五个部分组成，其外观结构如图所示。如图 9-1 所示的 YL-335B 自动生产线中，每个工作单元可以自成一个独立系统(执行单机操作)，同时，各个单元组合构成了整体的自动生产线。YL-335B 每个单元的执行机构以气动执行机构为主，但输送单元的机械手装置的整体运动采用伺服电机驱动(位置控制)，分拣单元的传送带驱动采用了调速技术(通用变频器驱动)，位置控制技术和变频技术是现代工业企业应用最为广泛的电气控制技术。

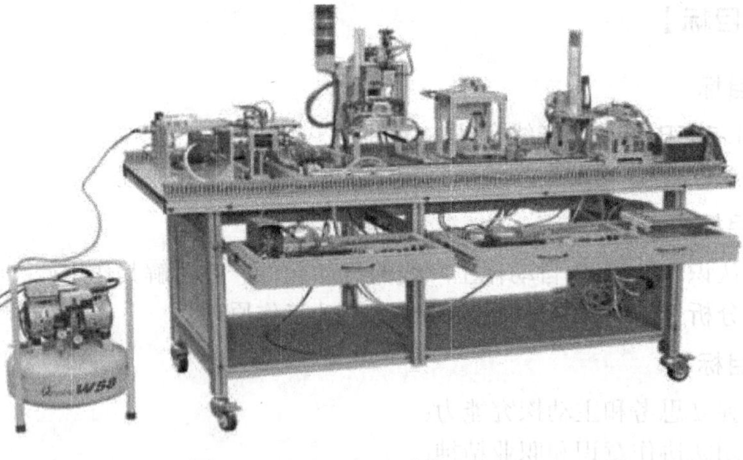

图 9-1　YL-335B 自动化生产线

2. YL-335B 自动化生产线气动部分

1) 供料单元的气动元件的安装与连接

(1) 组成与工作原理。

供料单元的气路控制原理如图 9-2 所示。供料单元的气动系统主要包括气源、气动汇流板、气缸、单电控二位五通换向阀、单向节流阀、消声器、快插接头、气管等，它们的主要作用是完成顶料和工件推出。

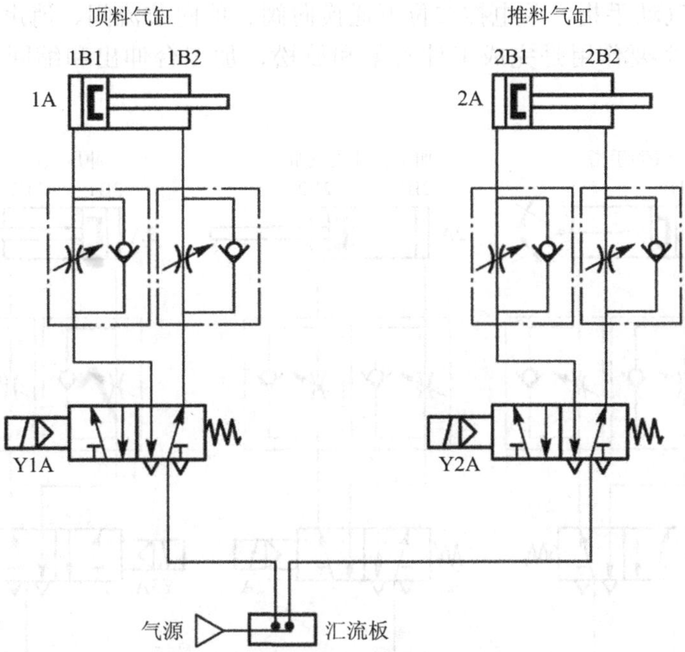

图 9-2　供料单元的气路控制原理图

供料单元的气动执行元件由 2 个双作用气缸组成，其中，1B1、1B2 为安装在顶料气缸上的 2 个位置检测传感器(磁性开关)；2B1、2B2 为安装在推料气缸上的 2 个位置检测传感器(磁性开关)。单向节流阀用于气缸调速，气动汇流板用于组装单电控换向阀及附件。

气源经汇流板分给 2 个换向阀的进气口，气缸 1A、2A 的两个工作口与电磁阀工作口之间均安装了单向节流阀，通过尾气节流来调整气缸伸出、缩回的速度。排气口安装的消声器可减小排气的噪声。

(2) 安装方法。

① 单向节流阀应分别安装在气缸的工作口上，并缠绕好密封带，以免运行时漏气。

② 单电控二位五通换向阀的进气口和工作口应安装好快插接头，并缠绕好密封带，以免运行时漏气。

③ 气动汇流板的排气口应安装好消声器，并缠绕好密封带，以免运行时漏气。

④ 气动元件对应气口之间用塑料气管进行连接，做到安装美观，气管不交叉并保持气路畅通。

(3) 调试方法。

供料单元气路系统的调试主要是针对气缸的运行情况进行的，其调试方法是通过手动控制单向换向阀，观察气缸的动作情况：气缸运行过程中检查各管路的连接处是否有漏气现象，是否存在气管不畅通现象。同时，通过对各单向节流阀的调整来获得稳定的气缸运行速度。

2) 加工单元气动元件安装与连接

(1) 组成与工作原理。

加工单元的气路控制原理如图 9-3 所示，加工单元的气动系统主要包括气源、气动汇流板、气缸、气动手指、单电控二位五通换向阀、单向节流阀、消声器、快插接头和气管等，它们的主要作用是完成工件夹紧和放松、加工台伸出和缩回与冲压气缸的冲压和抬起。

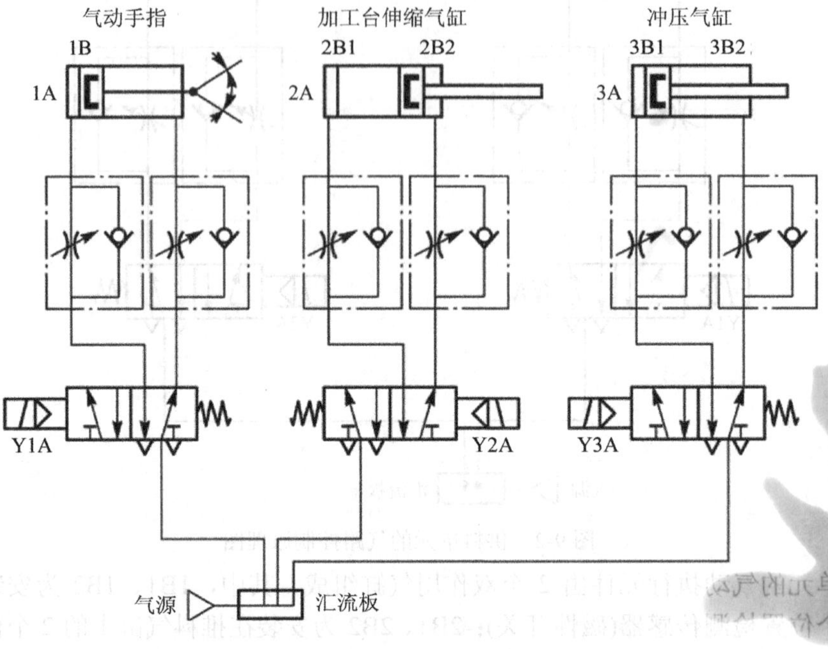

图 9-3　加工单元的气路控制原理

加工单元的气动执行元件由 2 个双作用气缸和 1 个气动手指组成，其中，1B 为安装在气动手指上的 1 个位置检测传感器(磁性开关)；2B1、2B2 为安装在加工台伸缩气缸上的 2 个位置检测传感器(磁性开关)；3B1、3B2 为安装在冲压气缸上的 2 个位置检测传感器(磁性开关)。单向节流阀用于气缸和气动手指的调速，汇流板用于组装单电控换向阀及附件。

图中气源经汇流板分给 3 个换向阀的进气口，气缸 1A、2A、3A 的两个工作口与电磁阀工作口之间均安装了单向节流阀，通过尾气节流来调整气缸冲压和返回、伸出和缩回、夹紧和放松的速度。排气口安装的消声器可减小排气的噪声。

(2) 安装方法与供料单元相同。

(3) 调试方法。

加工单元气路系统的调试主要是针对气动执行元件的运行情况进行的，其调试方法是通过手动控制单向换向阀，观察各气动执行元件的动作情况。气动执行元件运行过程中检查各管路的连接处是否有漏气现象，是否存在气管不畅通现象。同时，通过对各单向节流阀的调整来获得稳定的气动执行元件运行速度。

3) 装配单元气动元件安装与连接

(1) 组成与工作原理。

装配单元气路系统如图 9-4 所示。装配单元的气动系统主要包括气源、气动汇流板、直线气缸、摆动气缸、气动手指、单电控二位五通换向阀、单向节流阀、消声器、快插接头、气管等，它们的主要作用是完成推料、挡料。机械装配单元的气动执行元件由4个双作用气缸、1个摆动气缸和1个气动手指组成。其中：

1B1、1B2为安装在顶料气缸上的2个位置检测传感器(磁性开关)；

2B1、2B2为安装在挡料气缸上的2个位置检测传感器(磁性开关)；

3B1、3B2为安装在摆动气缸上的2个位置检测传感器(磁性开关)；

4B1、4B2为安装在气动手指上的2个位置检测传感器(磁性开关)；

5B1、5B2为安装在手爪升降气缸上的2个位置检测传感器(磁性开关)；

6B1、6B2为安装在手爪伸缩气缸上的2个位置检测传感器(磁性开关)。

单向节流阀用于气缸、摆动气缸和气动手指的调速，气动汇流板用于组装单电控换向阀及附件。

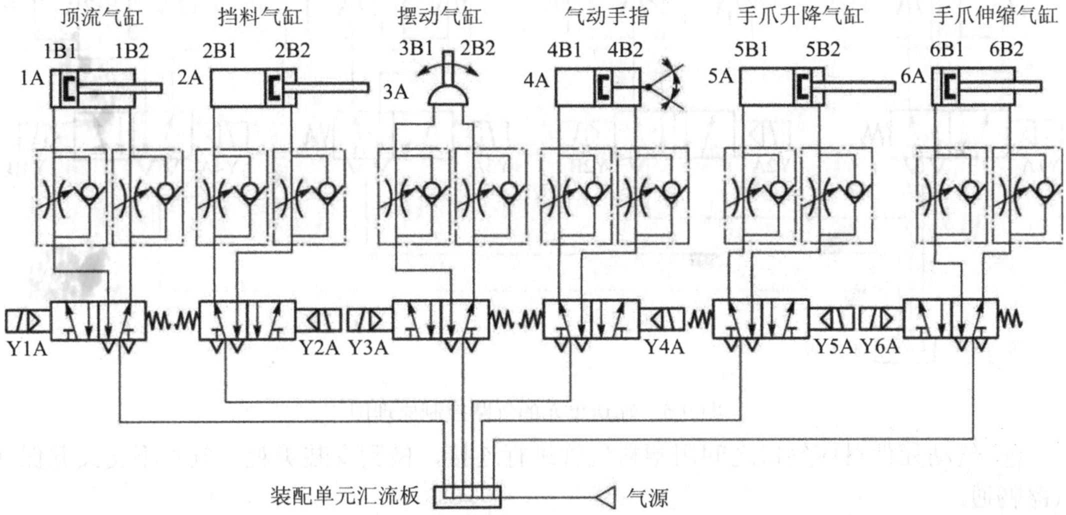

图9-4　装配单元气路系统

安装方法与供料单元相同。调试方法与加工单元一致。

4) 输送单元气动元件安装与连接

(1) 组成与工作原理。

输送单元的气路控制原理图如图9-5所示。输送单元的气动系统主要包括气源、气动汇流板、直线气缸、摆动气缸、气动手指、单电控二位五通换向阀、双电控二位五通换向阀、单向节流阀、消声器、快插接头和气管等，它们的主要作用是完成机械手的伸缩、抓取、升降、旋转等操作。

输送单元的气动执行元件由2个双作用气缸组成。其中，1B1、1B2为提升气缸上的2个位置检测传感器(磁性开关)；2B1、2B2为摆动气缸上的2个位置检测传感器(磁性开关)；3B1、3B2为机械手伸缩气缸上的2个位置检测传感器(磁性开关)；4B为气动手指的夹紧位置检测传感器(磁性开关)；单向节流阀用于气缸的调速，气动汇流板用于组装单电控换向阀及附件。单电控二位五通换向阀控制伸缩气缸和提升气缸；双电控二位五通换向阀控制摆动气缸和气动手指。

(2) 安装方法。

① 单向节流阀应分别安装在气缸的工作口上，并缠绕好密封带，以免运行时漏气。

② 单电控 5/2 换向阀、双电控 5/2 换向阀的进气口和工作口应安装好快插接头，并缠绕好密封带，以免运行时漏气。

③ 汇流板的排气口应安装好消声器，并缠绕好密封带，以免运行时漏气。

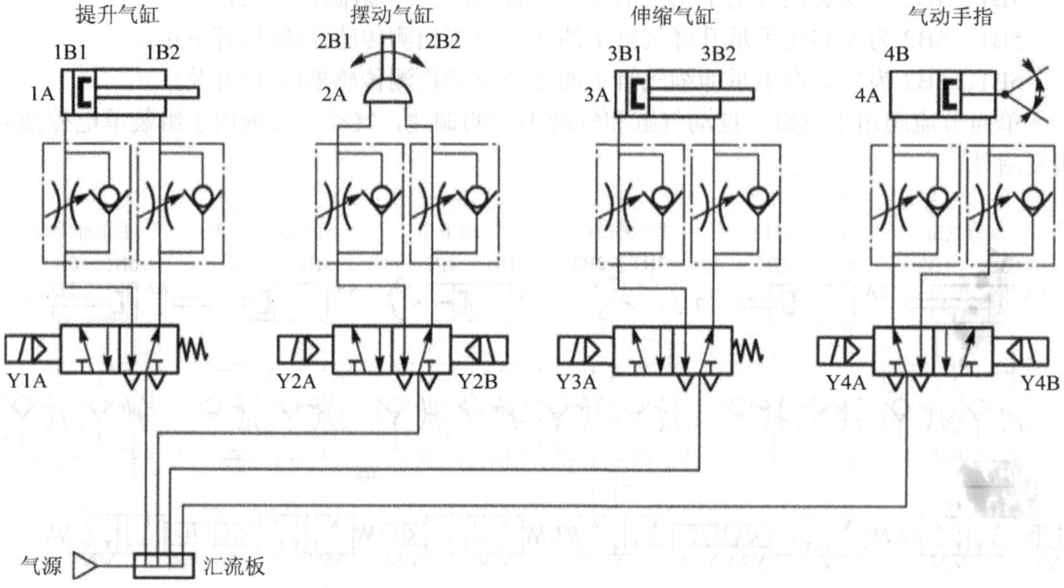

图 9-5　输送单元的气路控制原理图

④ 气动元件对应气口之间用塑料气管进行连接，做到安装美观，气管不交叉并保证气路畅通。

(3) 调试方法。

输送单元气路系统的调试主要是针对气动执行元件的运行情况进行的，其调试方法是通过手动控制单向换向阀、双向换向阀，观察各气动执行元件的动作情况，气动执行元件运行过程中检查各管路的连接处是否有漏气现象，是否存在气管不畅通现象。同时，通过对各单向节流阀的调整来获得稳定的气动执行元件运行速度。

【实施步骤】

(1) 认识 YL-335B 自动化生产线气压系统的组成。

(2) 按照动作要求，实现气压系统的各个动作。

【思考与练习】

1. 简述 YL-335B 自动化生产线气压系统的组成。
2. 简述每个加工单元的气压动作顺序、工作原理。
3. 简述每个单元的气压系统调试方法。

任务 9.2　分析公共汽车车门启闭气压传动系统

【任务目标】

1. 知识目标

(1) 掌握公共汽车车门气压传动系统的工作原理；

(2) 了解汽车车门气压控制系统的组成元件。

2. 能力目标

(1) 能够认识公共汽车车门气压传动系统的气动元件、了解每个元件作用；

(2) 根据系统要求，能正确判断出汽车车门气压控制系统中常见故障产生的原因。

3. 素质目标

(1) 具备独立思考和主动探究能力；

(2) 具备团队协作意识和职业精神；

(3) 具备严谨、细致的工作作风。

【任务内容】

汽车车门气压控制系统常见故障的查找及排除。

【相关知识】

公共汽车车门气压控制系统的分析

图 9-6 为汽车车门气压控制系统原理图。

车门的开启与关闭靠气缸 7 来实现，气缸是由双气控阀 4 来控制的，而双气控阀又由 A、B、C、D 的按钮阀来操纵，气缸运动速度的快慢由单向节流阀 5 或 6 来调节。通过阀 A 或间 B 使车门开启，通过阀 C 或阀 D 使车门关闭。起安全作用的先导阀 8 安装在车门上。

当操纵按钮阀 A 或阀 B 时，气源压缩空气经阀 A 或阀 B 到梭阀 1，把控制信号送到阀 4 的 a 侧，使阀 4 向车门开启的方向切换。气源压缩空气经阀 4 和阀 5 到气缸 7 的有杆腔，使车门开启。

当操纵按钮阀 C 或 D 时，压缩空气经阀 C 或阀 D 到梭阀 2，把控制信号送到阀 4 的 b 侧，使阀 4 向车门关闭的方向切换。气源压缩空气经阀 4 和阀 6 到气缸 7 的无杆腔，使车门关闭。

车门在关闭的过程中如碰到障碍物，便推动阀 8，此时气源压缩空气经阀 8 把控制信号通过阀 3 送到阀 4 的 a 侧，使阀 4 向车门开启的方向切换，必须指出，如果阀 C 或阀 D 仍然保持在压下状态，则阀 8 起不到自动开启车门的安全作用。

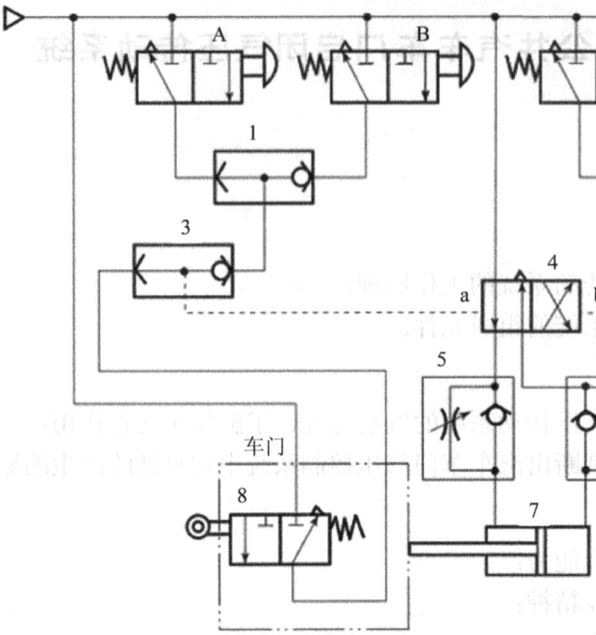

1、2、3—梭阀；4—双气控阀；5、6—单向节流阀；7—气缸；8—先导阀；A、B、C、D—按钮阀。

图 9-6 汽车车门气压控制系统

【实施步骤】

(1) 根据汽车车门气压控制系统原理图正确选择各元件，熟练进行汽车车门气压控制系统回路的连接，能正确调节各元件。

(2) 根据汽车车门气压控制系统原理图，分析压力故障可能是由哪些元件引起的。

(3) 根据汽车车门气压控制系统原理图，分析执行元件运动方向故障可能是由哪些元件引起的。

(4) 根据汽车车门气压控制系统原理图，分析执行元件运动速度故障可能是由哪些元件引起的。

(5) 用排除法找出故障并排除。

(6) 对训练过程中取得的数据和观察到的现象进行分析与总结，得出结论。

(7) 完成任务，经老师检查评价后，关闭电源，拆下管线，将元件放回到原来位置。

【思考与练习】

1. 简述公共汽车车门启闭气压控制系统的组成。
2. 简述公共汽车车门开启的工作原理。

聚焦思政

自动化生产线设备是现代化工业发展必不可少的设备之一，从一个典型的生产线中，我们可以看到它使用了多种技术。对我们来说，需要将液压、气压、机械、电控等各方面的知识综合使用，融会贯通，不断创新，全面发展，成为该领域的一名高素质技术技能人才。

附　录

附录 1　液压元件图形符号(GB/T 786.1—2021)

附表 1-1　控制机构

描　述	图　形	描　述	图　形
带有可拆卸把手和锁定要素的控制机构		带有可调行程限位的推杆	
带有定位的推/拉控制机构		带有手动越权锁定的控制机构	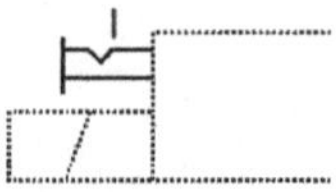
带有五个锁定位置的旋转控制机构	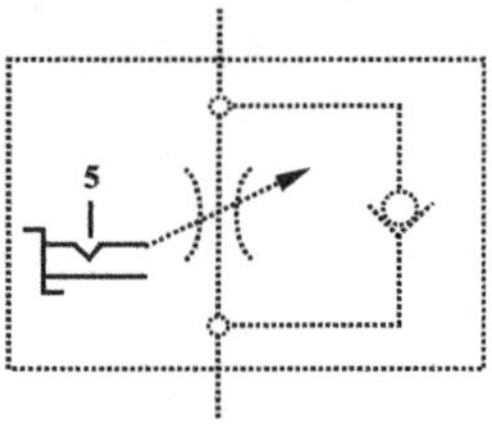	用于单方向行程控制的滚轮杠杆	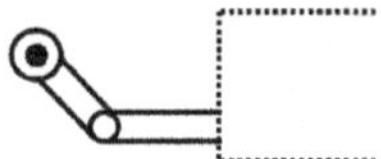
使用步进电动机的控制机构	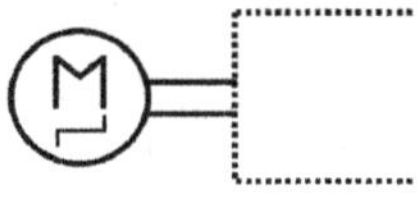	带有一个线圈的电磁铁(动作指向阀芯)	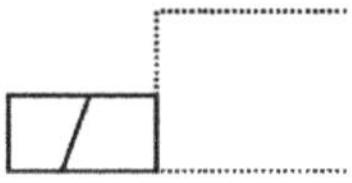
带有一个线圈的电磁铁(动作背离阀芯)	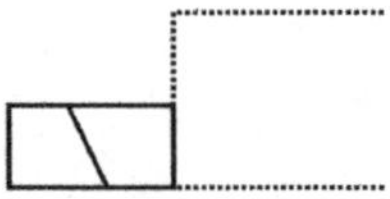	带有两个线圈的电气控制装置(一个动作指向阀芯，另一个动作背离阀芯)	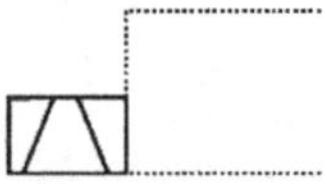
带有一个线圈的电磁铁(动作指向阀芯，连续控制)	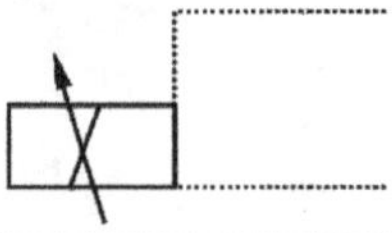	带有一个线圈的电磁铁(动作背离阀芯，连续控制)	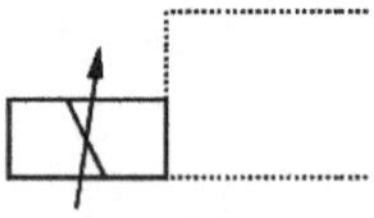
带两个线圈的电气控制装置(一个动作指向阀芯，另一个动作背离阀芯，连续控制)	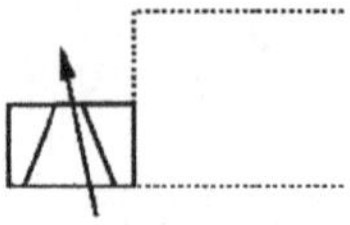	外部供油的电液先导控制机构	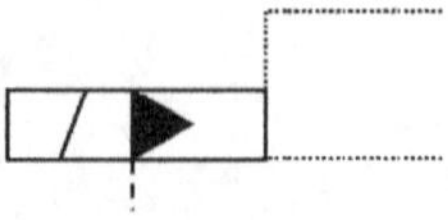
机械反馈	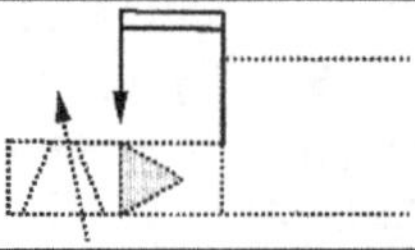	外部供油的带有两个线圈的电液两级先导控制机构(双向工作，连续控制)	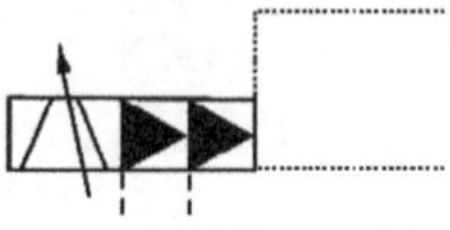

附表 1-2　控制阀

描　述	图　形	描　述	图　形
二位二通方向控制阀(双向流动，推压控制，弹簧复位，常闭)	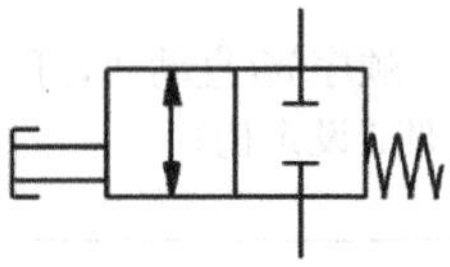	二位二通方向控制阀(电磁铁控制，弹簧复位，常开)	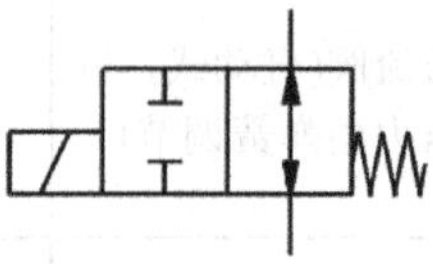
二位四通方向控制阀(电磁铁控制，弹簧复位)	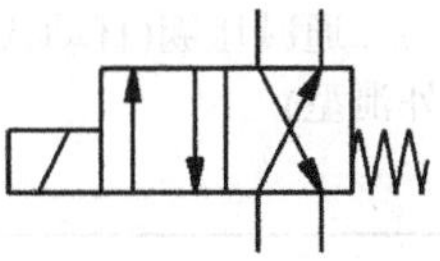	二位三通方向控制阀(带有挂锁)	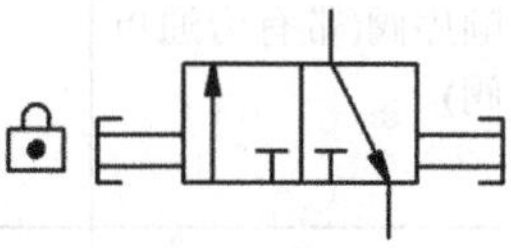
二位三通方向控制阀(单向行程的滚轮杠杆控制，弹簧复位)	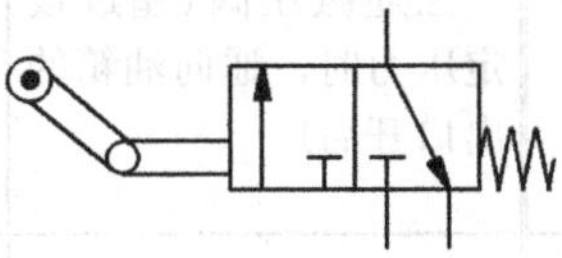	二位三通方向控制阀(单电磁铁控制，弹簧复位)	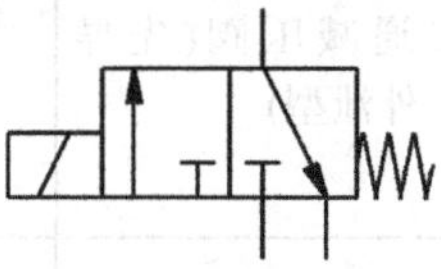
二位三通方向控制阀(单电磁铁控制，弹簧复位，手动越权锁定)	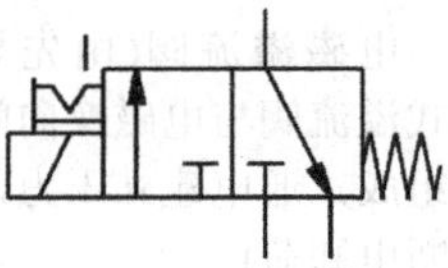	二位四通方向控制阀(单电磁铁控制，弹簧复位，手动越权锁定)	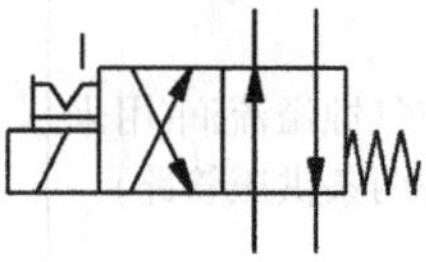
二位四通方向控制阀(双电磁铁控制，带有锁定机构，也称脉冲阀)	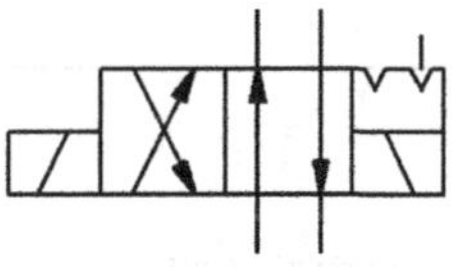	二位四通方向控制阀(电液先导控制，弹簧复位)	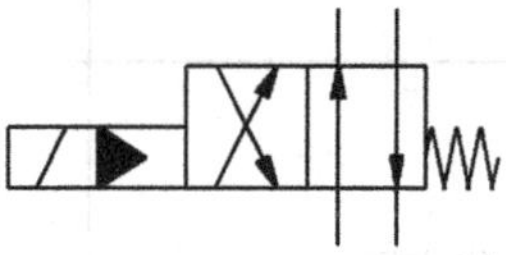
三位四通方向控制阀(电液先导控制，先导级电气控制，主级液压控制，先导级和主级弹簧对中，外部先导供油，外部先导回油)	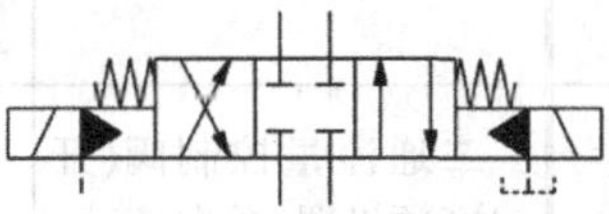	三位四通方向控制阀(双电磁铁控制，弹簧对中)	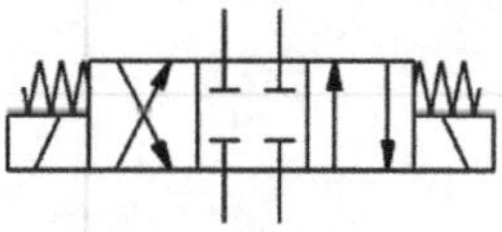
二位四通方向控制阀(液压控制，弹簧复位)	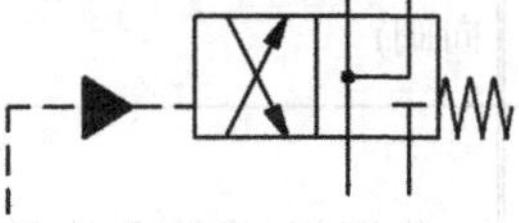	三位四通方向控制阀(液压控制，弹簧对中)	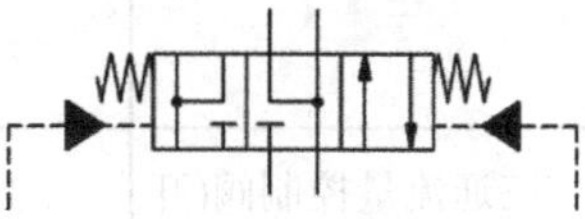
二位五通方向控制阀(双向踏板控制)	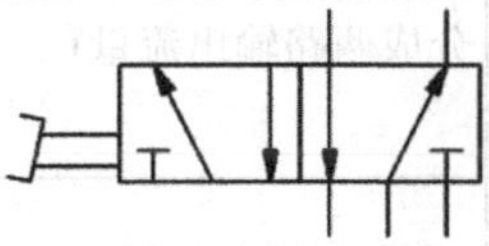	三位五通方向控制阀(手柄控制，带有定位机构)	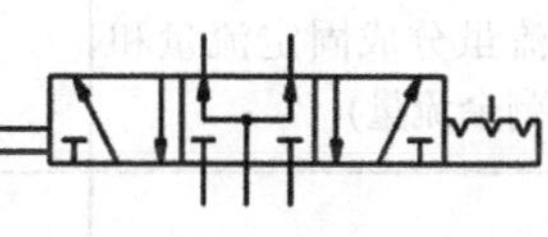
二位三通方向控制阀(电磁控制，无泄漏，带有位置开关)	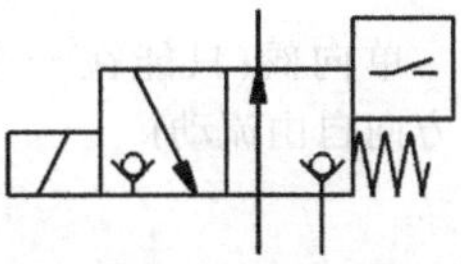	二位三通方向控制阀(电磁控制，无泄漏)	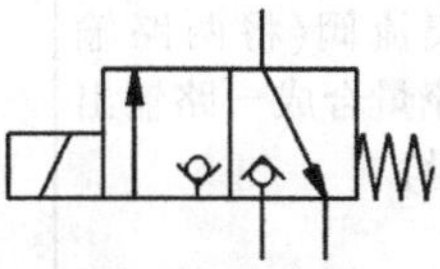

续表一

描　述	图　形	描　述	图　形
溢流阀(直动式，开启压力由弹簧调节)	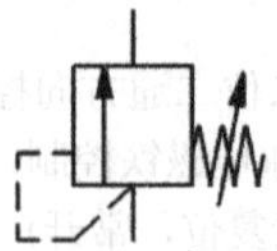	顺序阀(直动式，手动调节设定值)	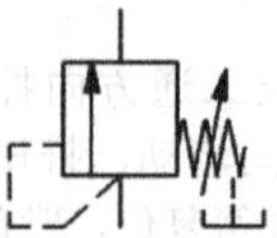
顺序阀(带有旁通单向阀)	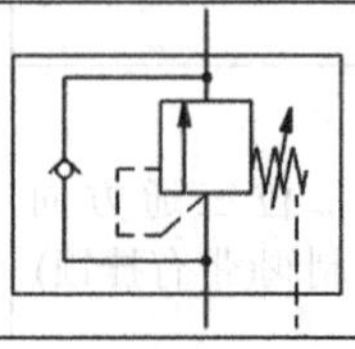	二通减压阙(直动式，外泄型)	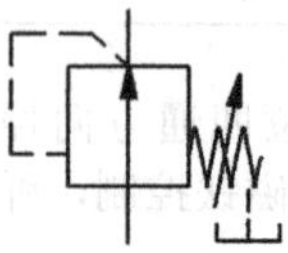
二通减压阀(先导式，外泄型)	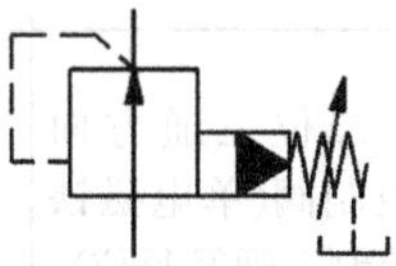	三通减压阀(超过设定压力时，通向油箱的出口开启)	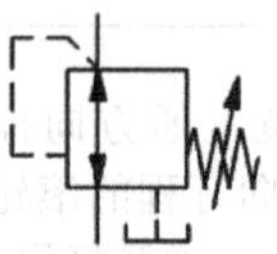
防气蚀溢流润(用来保护两条供压管路)	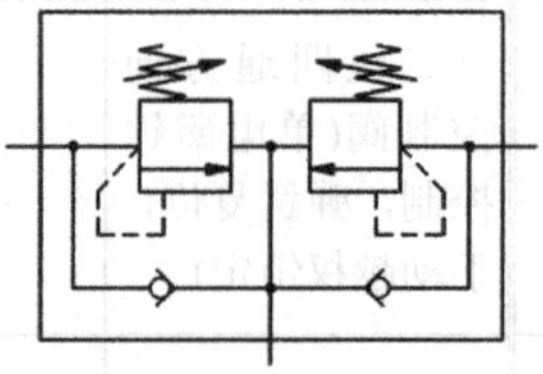	电磁溢流阀(由先导式溢流阀与电磁换向阀组成，通电建立压力，断电卸荷)	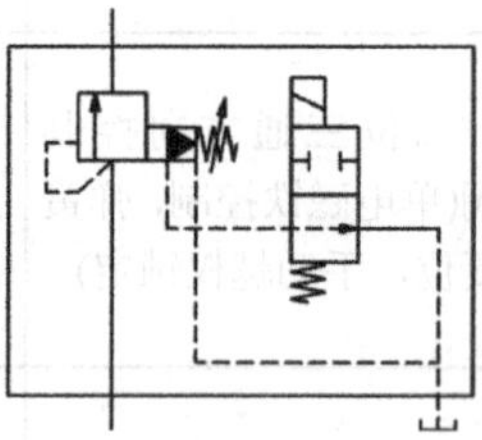
节流阀		单向节流阀	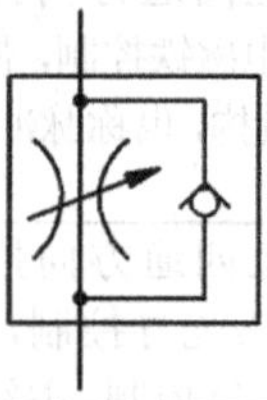
流量控制阀(滚轮连杆控制.弹簧复位)	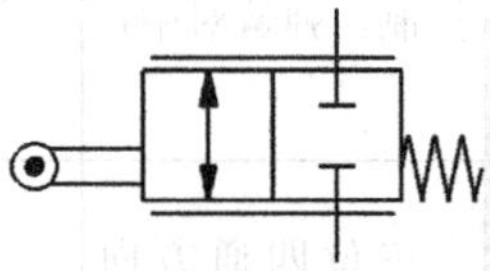	二通流量控制阀(开口度预设置，单向流动，流量特性基本与压降和黏度无关，带有旁路单向阀)	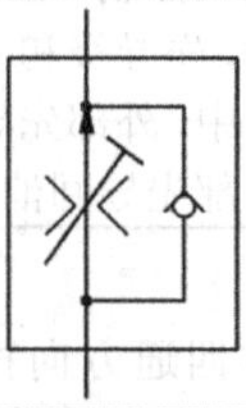
三通流量控制阀(开口度可调节，将输入流虽分成固定流量和剩余流量)	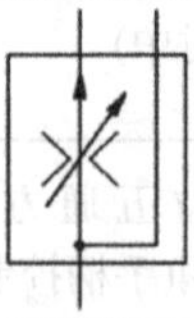	分流阀(将输入流量分成两路输出流量)	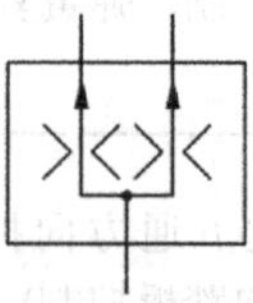
集流阀(将两路输入流量合成一路输出流量)	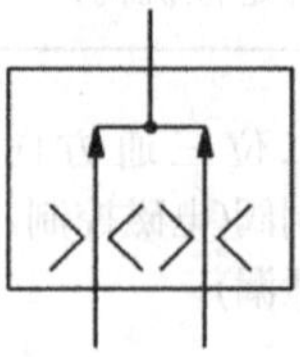	单向阀(只能在一个方向自由流动)	

续表二

描　述	图　形	描　述	图　形
单向阀(带有弹簧，只能在一个方向自由流动，常闭)		液控单向阀(带有弹簧，先导压力控制，双向流动)	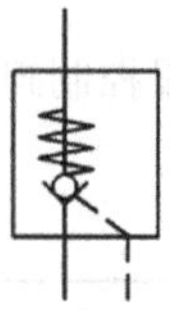
双液控单向阀	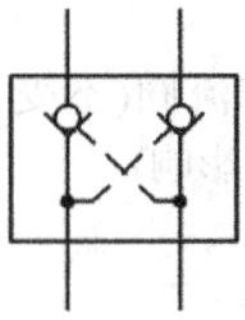	梭阀(逻辑为“或”，压力高的入口自动与出口接通)	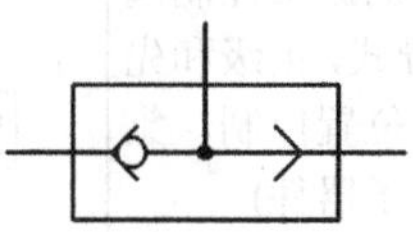
比例方向控制阀(直动式)	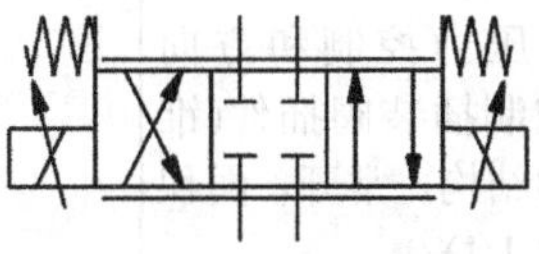	比例方向控制阀(直动式)	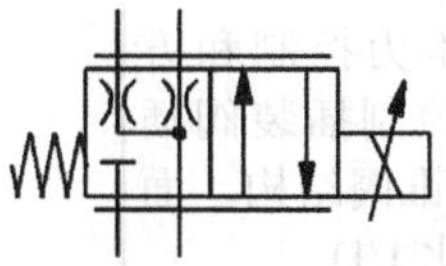
比例方向控制阀(主级和先导级位置闭环控制，集成电子器件)	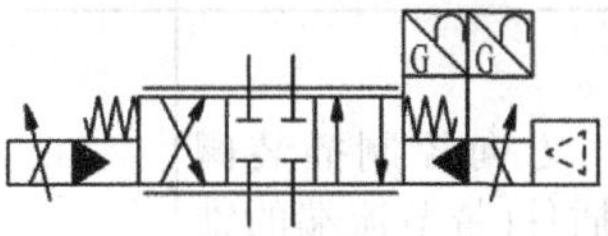	伺服阀(主级和先导级位置闭环控制，集成电子器件)	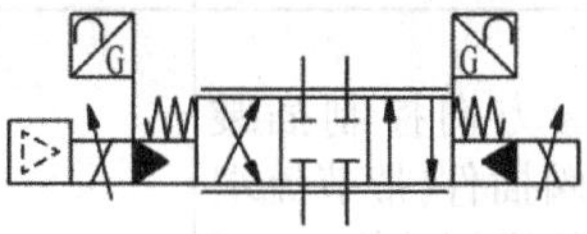
伺服阀(先导级带双线圈电气控制机构，双向连续控制，阀芯位置机械反馈到先导级，集成电子器件)	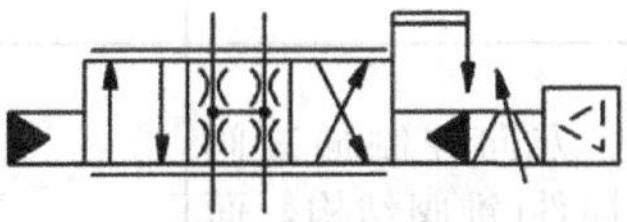	伺服阀(带有电源失效情况下的预留位置，电反馈，集成电子器件)	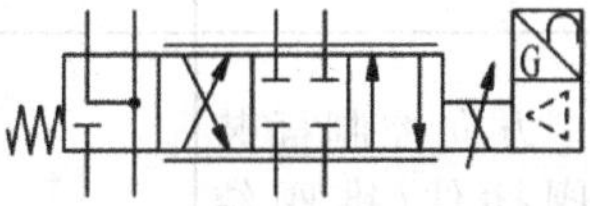
比例溢流阀(直动式，通过电磁铁控制弹簧来控制)	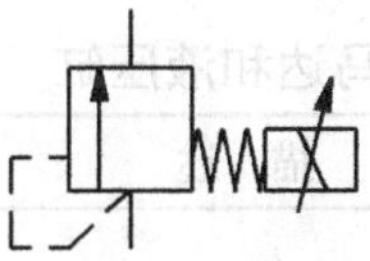	比例溢流阀(直动式，电磁铁直接控制，集成电子器件)	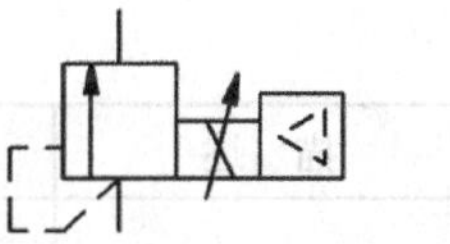
比例溢流阀(直动式，带有电磁铁位置闭环控制,集成电子器件)	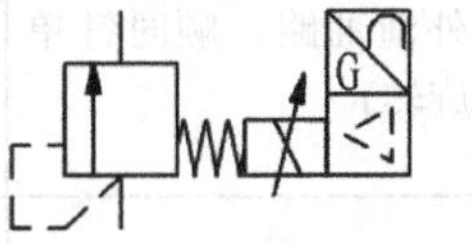	比例溢流阀(带有电磁铁位置反馈的先导控制，外泄型)	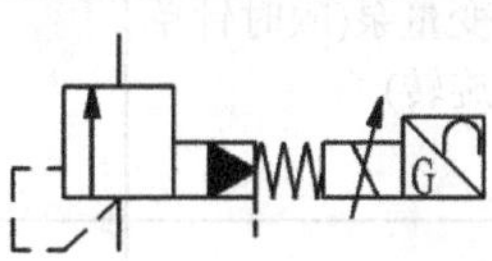
三通比例减压阀(带有电磁铁位置闭环控制，集成电子器件)	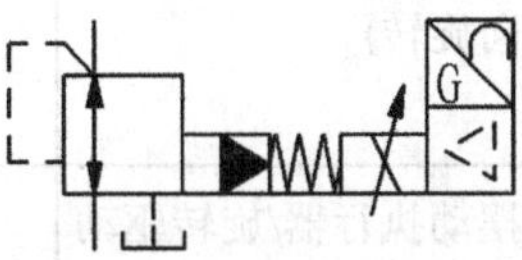	比例溢流阀(先导式,外泄型,带有集成电子器件，附加先导级以实现手动调节压力或最高压力下溢流功能)	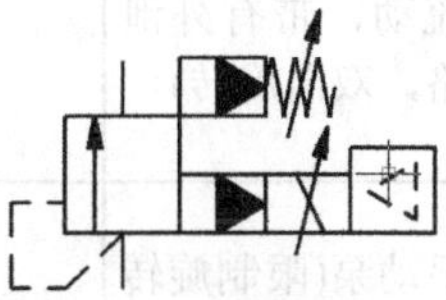

续表三

描　述	图　形	描　述	图　形
比例流量控制阀(直动式)	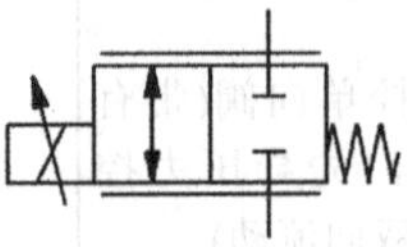	比例流量控制阀(直动式，带有电磁铁位置闭环控制，集成电子器件)	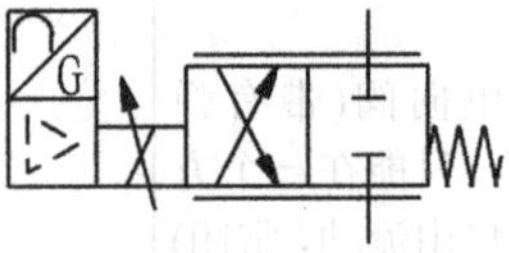
比例流量控制阀(先导式，主级和先导级位置控制，集成电子器件)	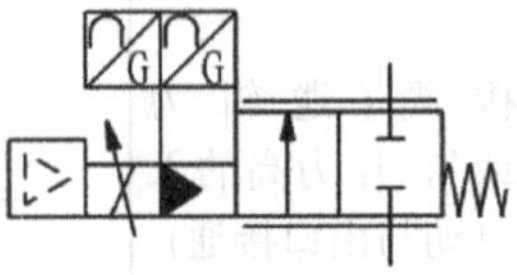	比例节流阀(不受黏度变化影响)	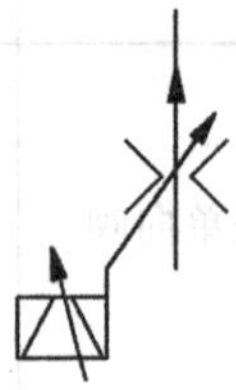
压力控制和方向控制插装阀插件(锥阀结构，面积比 1:1)	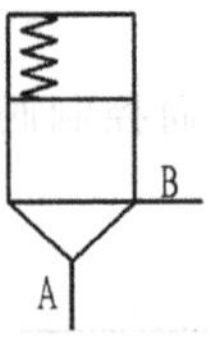	压力控制和方向控制插装阀插件(锥阀结构，常开，面积比 1:1)	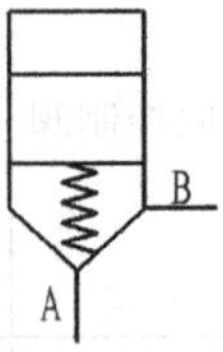
方向控制插装阀插件(带节流端的锥阀结构，面积比≤0.7)	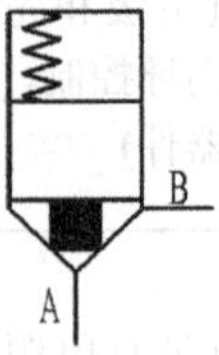	方向控制插装阀插件(带节流端的锥阀结构面积比>0.7)	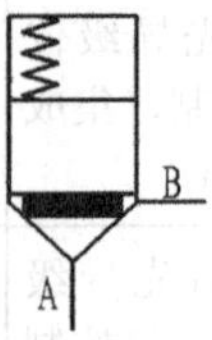
方向控制插装阀插件(锥阀结构，面积比≤0.7)	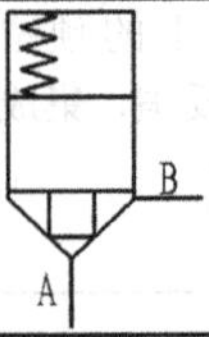	方向控制插装阀插件(锥阀结构，面积比>0.7)	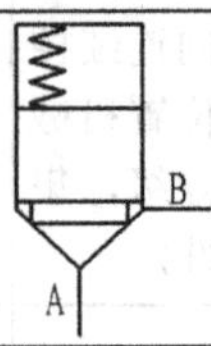

附表 1-3　液压泵、液压马达和液压缸

描　述	图　形	描　述	图　形
变量泵(顺时针单向旋转)	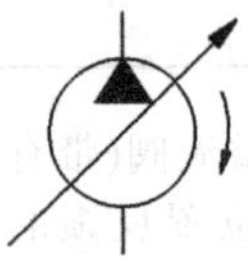	变量泵(双向流动，带有外泄油路，顺时针单向旋转)	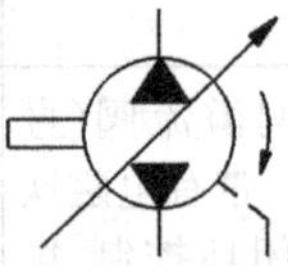
变量泵/马达(双向流动，带有外泄油路，双向旋转)	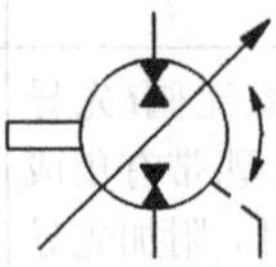	定量泵/马达(顺时针单向旋转)	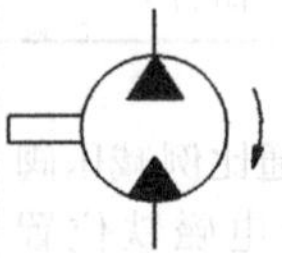
手动泵(限制旋转角度，手柄控制)	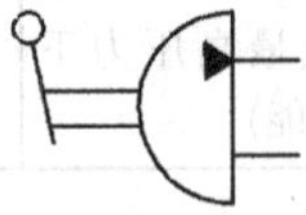	摆动执行器/旋转驱动装置(带有限制旋转角度功能，双作用)	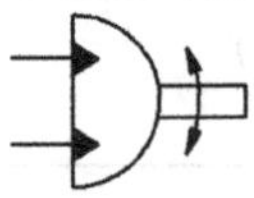

续表

描　述	图　形	描　述	图　形
摆动执行器/旋转驱动装置(单作用)	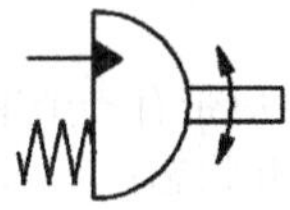	单作用单杆缸(靠弹簧力回程，弹簧腔带连接油口)	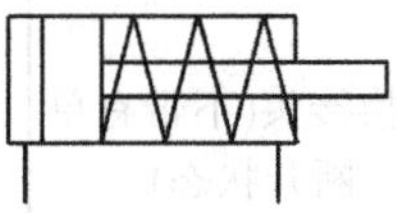
双作用单杆缸	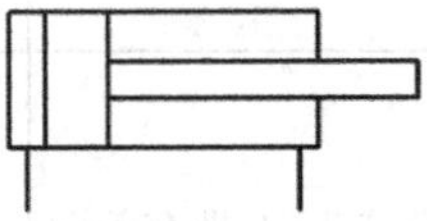	双作用双杆缸(活塞杆直径不同，双侧缓冲，右侧缓冲带调节)	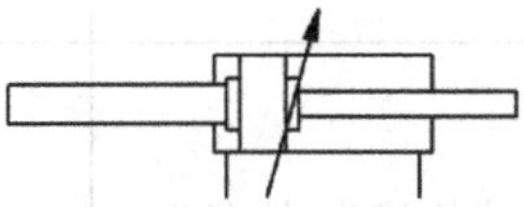
双作用膜片缸(带有预定行程限位器)	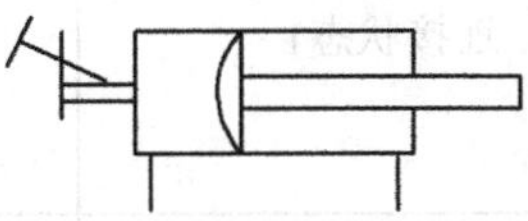	单作用膜片缸(活塞杆终端带有缓冲，带排气口)	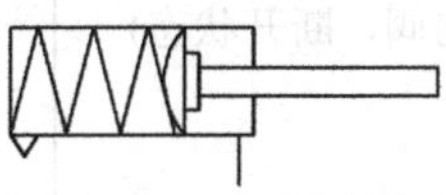
单作用柱塞缸	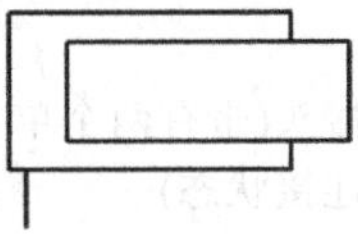	单作用多级缸	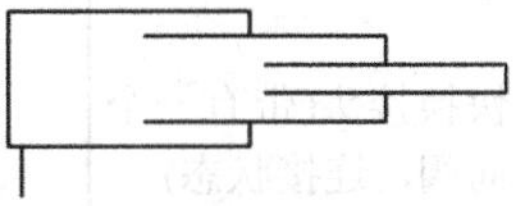
双作用多级缸	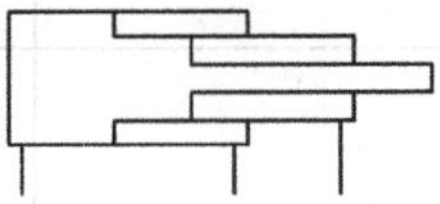	双作用带式无杆缸(活塞两端带有位置缓冲)	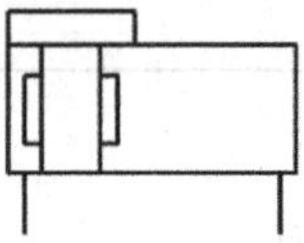
双作用绳索式无杆缸(活塞两端带有可调节位置缓冲)	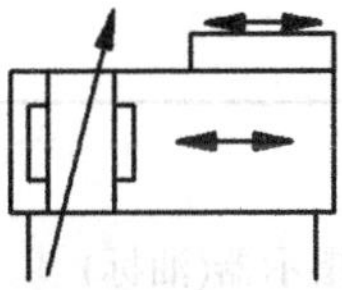	双作用磁性无杆缸(仅右边终端带有位置开关)	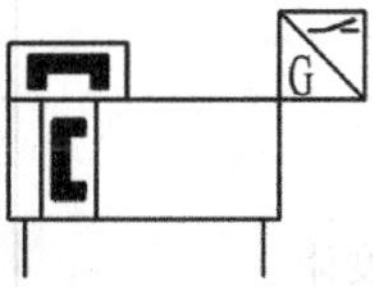
行程两端带有定位的双作用缸	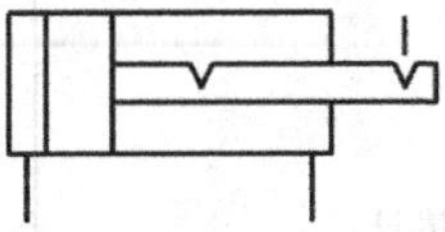	双作用双杆缸(左终点带有内部限位开关，内部机械控制，右终点带有外部限位开关，由活塞杆触发)	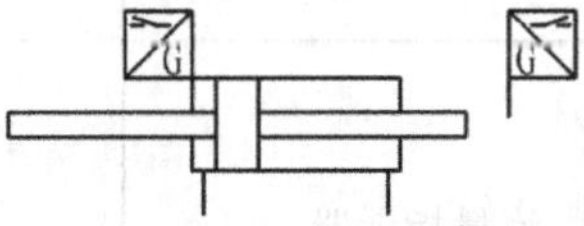
单作用气-液压力转换器(将气体压力转换为等值的液体压力)	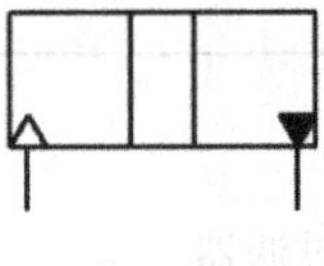	单作用增压器(将气体压力p1转换为更高的液体压力p2)	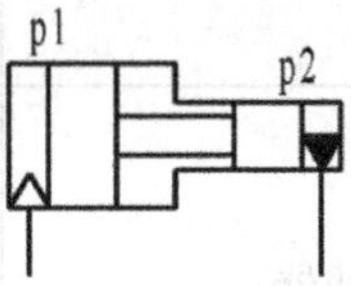

附表 1-4　辅助元件

描　述	图　形	描　述	图　形
软管总成		三通旋转式接头	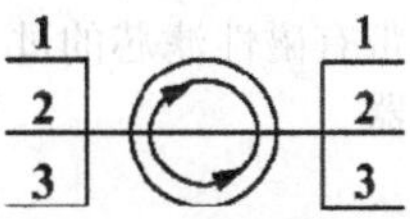

续表一

描　述	图　形	描　述	图　形
快换接头(不带有单向阀，断开状态)		快换接头(带有一个单向阀，断开状态)	
快换接头(带有两个单向阀，断开状态)	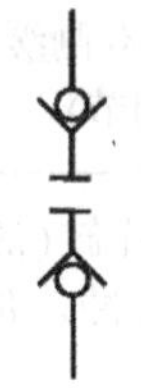	快换接头(不带有单向阀，连接状态)	
快换接头(带有一个单向阀，连接状态)		快换接头(带有两个单向阀，连接状态)	
压力计		压差表	
温度计		液位指示器(油标)	
流量指示器		流量计	
过滤器	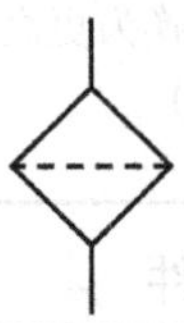	通气过滤器	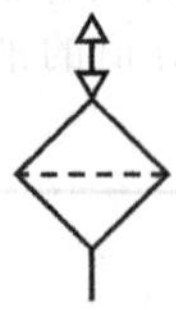
带有磁性滤芯的过滤器		带有压力表的过滤器	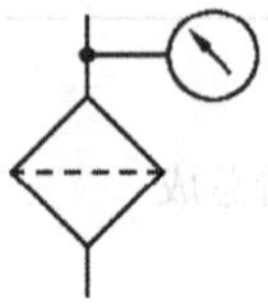

续表二

描　述	图　形	描　述	图　形
带有旁路节流的过滤器	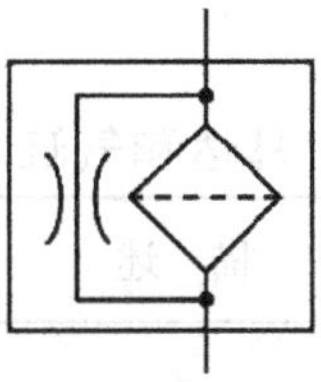	带有旁路单向阀的过滤器	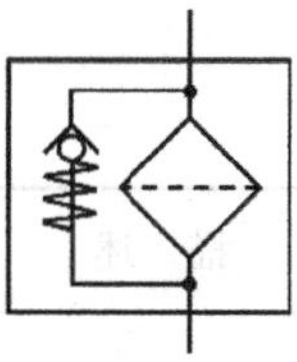
不带有冷却方式指示的冷却器	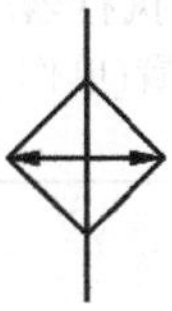	采用液体冷却的冷却器	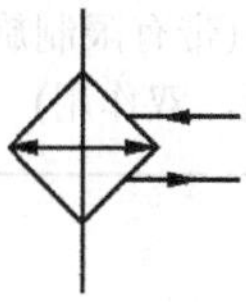
加热器		温度调节器	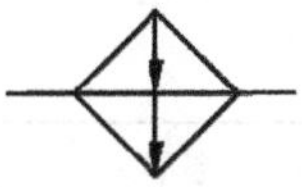
隔膜式蓄能器		囊式蓄能器	
活塞式蓄能器		气瓶	
带有气瓶的活塞式蓄能器	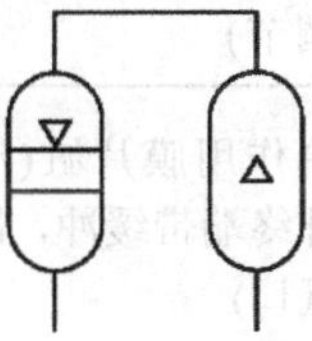	润滑点	

附录 2　气动元件图形符号(GB/T 786.1—2021)

附表 2-1　空气压缩机、马达和气缸

描　述	图　形	描　述	图　形
摆动执行器/旋转驱动装置(带有限制旋转角度功能，双作用)	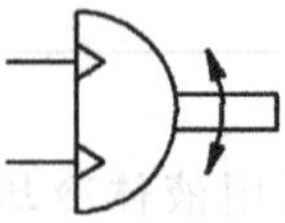	摆动执行器/旋转驱动装置(单作用)	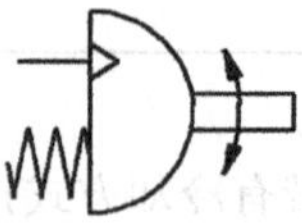
气马达	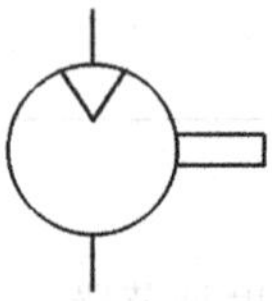	空气压缩机	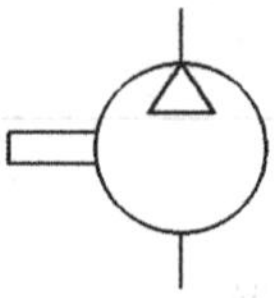
气马达(双向流通，固定排量，双向旋转)	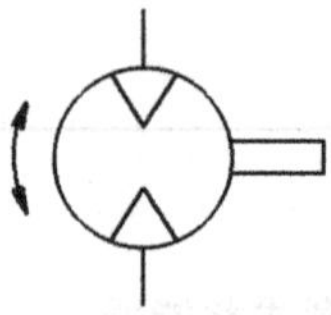	真空泵	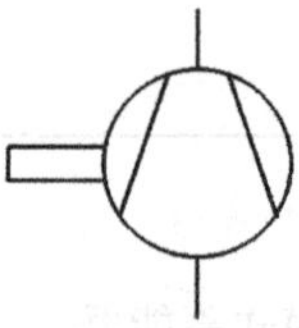
连续气液增斥器(将气体压力 pl 转换为较高的液体压力 p2)	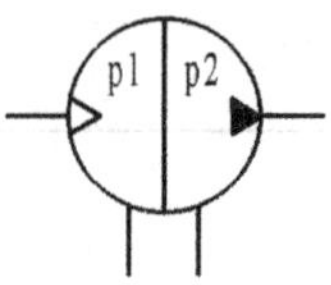	单作用单杆缸(弹簧复位，弹簧腔带连接气口)	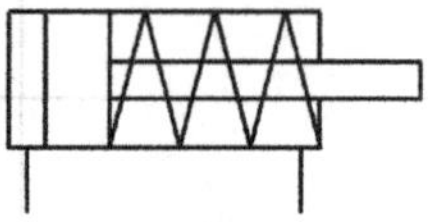
双作用单杆缸	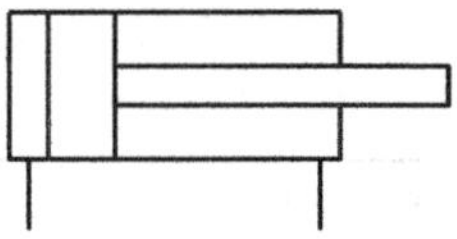	双作用双杆缸(活塞杆直径不同，双侧缓冲，右侧缓冲带调节)	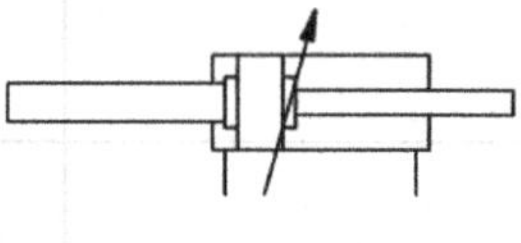
双作用膜片缸(带有预定行程限位器)	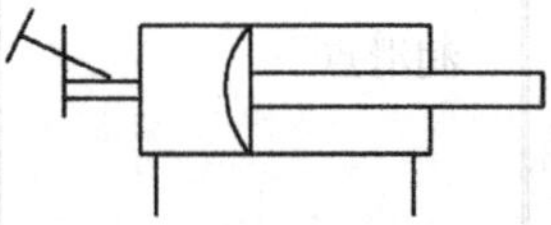	单作用膜片缸(活塞杆终端带缓冲，带排气口)	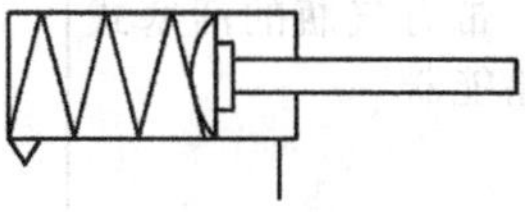
双作用带式无杆缸(活塞两端带有位置缓冲)	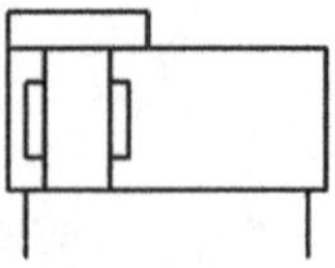	双作用缆索式无杆缸(活塞两端带有可调节位置缓冲)	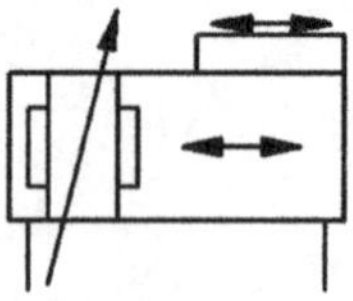
双作用磁性无杆缸(仅右边终端带有位置开关)	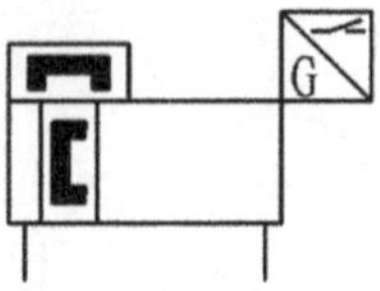		

附表 2-2 气源装置、气动辅件

描 述	图 形	描 述	图 形
气源处理装置(FRL 装置，包括手动排水过滤器、手动调节式溢流减压阀、压力表和油雾器) 第一个图为详细示意图第二个图为简化图	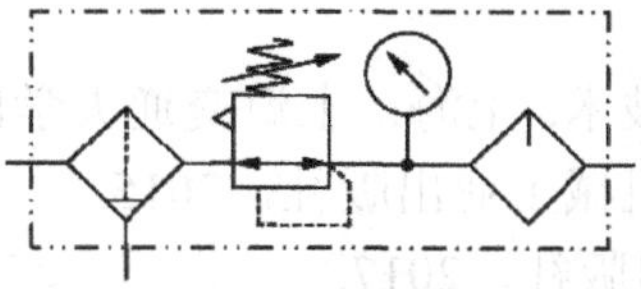 	双压阀(逻辑为“与”，两进气口同时有压力时，低压力输出)	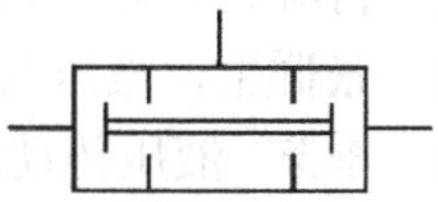
梭阀(逻辑为“或”，压力高的入口自动与出口接通)	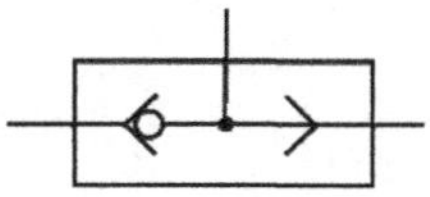	快速排气阀(带消音器)	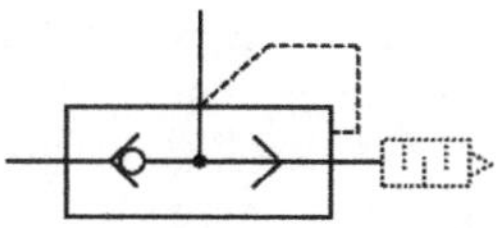
手动排水分离器	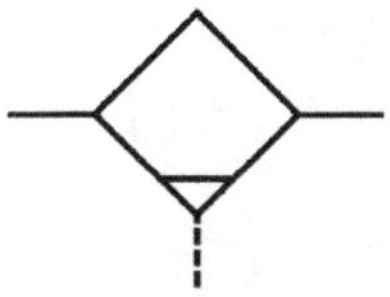	带有手动排水分离器的过滤器	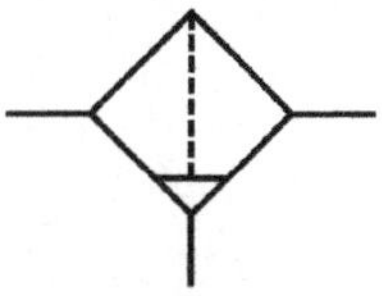
自动排水分离器	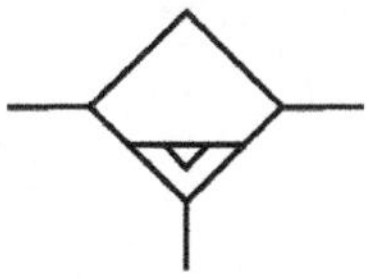	吸附式过滤器	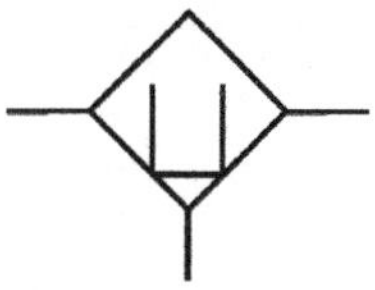
油雾分离器	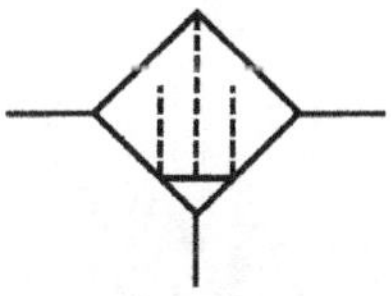	空气干燥器	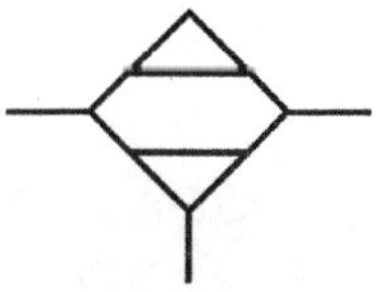
油雾器	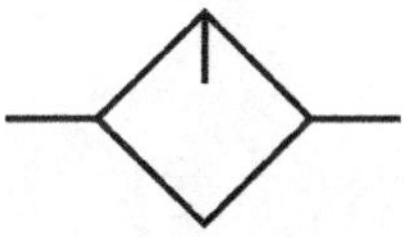	手动排水式油雾器	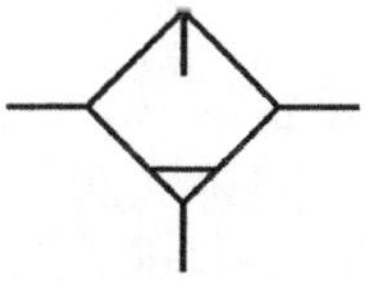
手动排水式精分离器	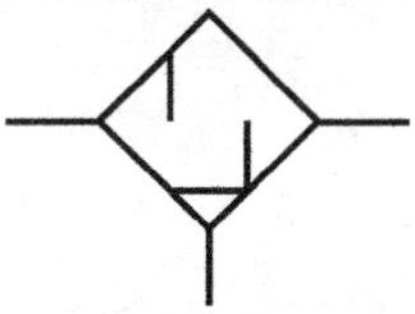	气罐	
真空发生器	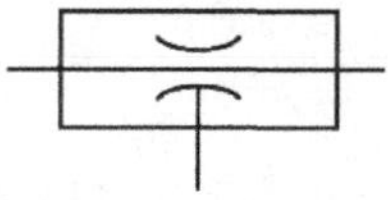		

参考文献

[1] 肖雄亮，方月娥. 液压与气压传动技术. 上海：上海交通大学出版社，2016.
[2] 张群生，液压与气压传动. 北京：机械工业出版社，2015.
[3] 李芝. 液压传动. 北京：机械工业出版社，2017.
[4] 左健民. 液压与气动技术. 北京：机械工业出版社，2017.
[5] 潘玉山. 液压与气动技术. 北京：机械工业出版社，2016.